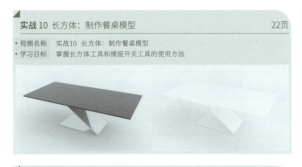

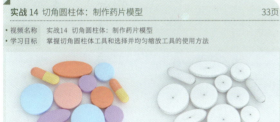

基础建模技术

高级建模技术

基
础
建
模
技
术

实战20 弯曲：制作手镯模型   51页

- 视频名称 实战20 弯曲：制作手镯模型
- 学习目标 掌握弯曲修改器的使用方法

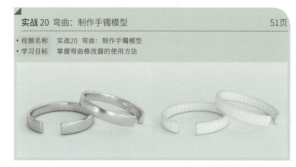

实战21 扭曲：制作笔筒模型   54页

- 视频名称 实战21 扭曲：制作笔筒模型
- 学习目标 掌握扭曲修改器的使用方法

实战22 噪波：制作地形模型   56页

- 视频名称 实战22 噪波：制作地形模型
- 学习目标 掌握噪波修改器的使用方法

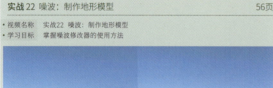

实战23 FFD：制作抱枕模型   58页

- 视频名称 实战23 FFD：制作抱枕模型
- 学习目标 掌握FFD修改器的使用方法

实战24 网格平滑：制作鹅卵石模型   61页

- 视频名称 实战24 网格平滑：制作鹅卵石模型
- 学习目标 掌握网格平滑修改器的使用方法

实战25 晶格：制作装饰品模型   64页

- 视频名称 实战25 晶格：制作装饰品模型
- 学习目标 掌握晶格修改器的使用方法

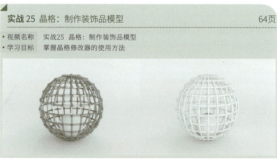

实战26 布尔：制作香皂盒模型   67页

- 视频名称 实战26 布尔：制作香皂盒模型
- 学习目标 掌握布尔运算的方法

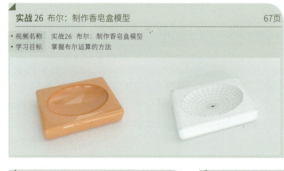

实战27 多边形建模：制作路标模型   70页

- 视频名称 实战27 多边形建模：制作路标模型
- 学习目标 掌握多边形建模的方法

实战28 多边形建模：制作烛台模型   74页

- 视频名称 实战28 多边形建模：制作烛台模型
- 学习目标 掌握多边形建模的方法

实战29 多边形建模：制作床头柜模型   80页

- 视频名称 实战29 多边形建模：制作床头柜模型
- 学习目标 掌握多边形建模的方法

实战30 多边形建模：制作彩妆盒模型   84页

- 视频名称 实战30 多边形建模：制作彩妆盒模型
- 学习目标 掌握多边形建模的方法

基础建模技术

实战 31 Hair和Fur（WSM）：制作刷子模型　90页
- 视频名称　实战31 Hair和Fur（WSM）：制作刷子模型
- 学习目标　掌握Hair和Fur（WSM）修改器的使用方法

实战 32 VRay毛皮：制作地毯模型　93页
- 视频名称　实战32 VRay毛皮：制作地毯模型
- 学习目标　掌握VRay毛皮工具的使用方法

实战 33 Cloth：制作桌布模型　96页
- 视频名称　实战33 Cloth：制作桌布模型
- 学习目标　掌握Cloth修改器的使用方法

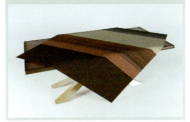

摄影机技术

实战 34 目标摄影机：为餐厅空间创建摄影机
- 视频名称　实战34 目标摄影机：为餐厅空间创建摄影机
- 学习目标　掌握目标摄影机的创建与属性设置方法　102页

课外练习：为客厅创建摄影机　104页
- 视频名称　课外练习34
- 学习目标　掌握目标摄影机的创建方法

实战 35 物理摄影机：为卧室空间创建摄影机
- 视频名称　实战35 物理摄影机：为卧室空间创建摄影机
- 学习目标　掌握物理摄影机的创建与属性设置方法　105页

实战 36 安全框：横向构图　108页
- 视频名称　实战36 安全框：横向构图
- 学习目标　掌握安全框的使用方法

实战 37 景深：制作大厅的景深效果　111页
- 视频名称　实战37 景深：制作大厅的景深效果
- 学习目标　掌握目标摄影机制作景深效果的方法

实战 38 散景：制作灯光的散景效果　114页
- 视频名称　实战38 散景：制作灯光的散景效果
- 学习目标　掌握物理摄影机制作散景效果的方法

实战 39 运动模糊：制作风车的运动模糊效果　117页
- 视频名称　实战39 运动模糊：制作风车的运动模糊效果
- 学习目标　掌握目标摄影机制作运动模糊效果的方法

基础建模技术

实战 52 标准材质：制作装饰品的材质　154页
- 视频名称　实战52 标准材质：制作装饰品的材质
- 学习目标　掌握标准材质工具的使用方法

实战 53 多维/子对象：制作魔方的材质　157页
- 视频名称　实战53 多维/子对象：制作魔方的材质
- 学习目标　掌握多维/子对象工具的使用方法

实战 54 VRayMtl：制作水晶球的材质　159页
- 视频名称　实战54 VRayMtl：制作水晶球的材质
- 学习目标　掌握VRayMtl工具的使用方法

实战 55 VRay灯光材质：制作灯箱的材质　165页
- 视频名称　实战55 VRay灯光材质：制作灯箱的材质
- 学习目标　掌握VRay灯光材质工具的使用方法

实战 56 VRay混合材质：制作陶罐的材质　167页
- 视频名称　实战56 VRay混合材质：制作陶罐的材质
- 学习目标　掌握VRay混合材质工具的使用方法

实战 57 位图贴图：制作挂画的材质　169页
- 视频名称　实战57 位图贴图：制作挂画的材质
- 学习目标　掌握位图贴图工具的使用方法

实战 58 衰减贴图：制作绒布的材质　171页
- 视频名称　实战58 衰减贴图：制作绒布的材质
- 学习目标　掌握衰减贴图工具的使用方法

实战 59 噪波贴图：制作水面的材质　174页
- 视频名称　实战59 噪波贴图：制作水面的材质
- 学习目标　掌握噪波贴图工具的使用方法

实战 60 平铺贴图：制作木地板的材质　176页
- 视频名称　实战60 平铺贴图：制作木地板的材质
- 学习目标　掌握平铺贴图工具的使用方法

实战 61 UVW贴图：调整贴图的坐标　179页
- 视频名称　实战61 UVW贴图：调整贴图的坐标
- 学习目标　掌握UVW贴图修改器的使用方法

实战 62 陶瓷类材质：制作陶瓷洗手盆　181页
- 视频名称　实战62 陶瓷类材质：制作陶瓷洗手盆
- 学习目标　掌握陶瓷类材质的制作方法

实战 63 金属类材质：制作金属烛台　183页
- 视频名称　实战63 金属类材质：制作金属烛台
- 学习目标　掌握金属类材质的制作方法

材质和贴图技术

实战 64 液体类材质：制作红酒的材质　　185页
- 视频名称　实战64 液体类材质：制作红酒的材质
- 学习目标　掌握液体类材质的制作方法

实战 65 布纹类材质：制作布纹窗帘　　186页
- 视频名称　实战65 布纹类材质：制作布纹窗帘
- 学习目标　掌握布纹类材质的制作方法

实战 66 透明类材质：制作玻璃花瓶　　189页
- 视频名称　实战66 透明类材质：制作玻璃花瓶
- 学习目标　掌握透明类材质的制作方法

实战 67 木质类材质：制作木地板　　190页
- 视频名称　实战67 木质类材质：制作木地板
- 学习目标　掌握木质类材质的制作方法

实战 68 塑料类材质：制作塑料椅　　192页
- 视频名称　实战68 塑料类材质：制作塑料椅
- 学习目标　掌握塑料类材质的制作方法

课外练习：制作半透明塑料的材质　　194页
- 视频名称　课外练习68
- 学习目标　掌握塑料类材质的制作方法

基础建模技术

实战 69 背景：添加场景背景　　196页
- 视频名称　实战69 背景：添加场景背景
- 学习目标　掌握添加背景贴图的方法

实战 70 火效果：制作燃烧的蜡烛　　198页
- 视频名称　实战70 火效果：制作燃烧的蜡烛
- 学习目标　熟悉火效果工具的使用方法

实战 71 体积雾：制作水蒸气　　201页
- 视频名称　实战71 体积雾：制作水蒸气
- 学习目标　熟悉体积雾工具的使用方法

实战 72 体积光：制作体积光效果　　204页
- 视频名称　实战72 体积光：制作体积光效果
- 学习目标　熟悉体积光工具的制作方法

课外练习：制作书房体积光效果　　207页
- 视频名称　课外练习72
- 学习目标　熟悉体积光的制作方法

实战 73 镜头效果：制作光斑效果　　207页
- 视频名称　实战73 镜头效果：制作光斑效果
- 学习目标　熟悉镜头效果的制作方法

实战 79 设置测试渲染参数 221页
- 视频名称 实战79 设置测试渲染参数
- 学习目标 掌握测试渲染参数的设置方法

实战 80 设置最终渲染参数 222页
- 视频名称 实战80 设置最终渲染参数
- 学习目标 掌握最终渲染参数的设置方法

实战 81 设置光子文件渲染参数 223页
- 视频名称 实战81 设置光子文件渲染参数
- 学习目标 掌握光子文件的渲染设置方法

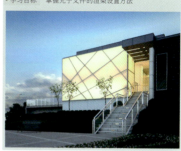

实战 82 粒子流源：制作粒子动画 226页
- 视频名称 实战82 粒子流源：制作粒子动画
- 学习目标 掌握粒子流源工具的使用方法

实战 83 喷射：制作下雨动画 229页
- 视频名称 实战83 喷射：制作下雨动画
- 学习目标 掌握喷射工具的使用方法

实战 84 雪：制作雪花动画 232页
- 视频名称 实战84 雪：制作雪花动画
- 学习目标 掌握雪工具的使用方法

实战 85 导向板：制作旋转粒子动画 235页
- 视频名称 实战85 导向板：制作旋转粒子动画
- 学习目标 熟悉导向板工具的使用方法

实战 86 动力学刚体：制作小球弹跳动画 240页
- 视频名称 实战86 动力学刚体：制作小球弹跳动画
- 学习目标 掌握动力学刚体动画的制作方法

实战 87 运动学刚体：制作玩具车碰撞动画 243页
- 视频名称 实战87 运动学刚体：制作玩具车碰撞动画
- 学习目标 掌握运动学刚体动画的制作方法

实战 88 mCloth：制作台布 246页
- 视频名称 实战88 mCloth：制作台布
- 学习目标 掌握mCloth工具的使用方法

实战 89 关键帧动画：制作钟表动画 248页
- 视频名称 实战89 关键帧动画：制作钟表动画
- 学习目标 掌握关键帧动画的制作方法

实战 90 路径约束：制作行星轨迹动画 253页
- 视频名称 实战90 路径约束：制作行星轨迹动画
- 学习目标 掌握路径约束动画的制作方法

商业综合实战

基础建模技术

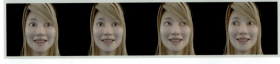
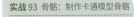

任媛媛 编著

中文版

3ds Max 2016

（全彩版）

实战基础教程

▶ 890分钟
教学视频

人民邮电出版社
北京

图书在版编目（CIP）数据

中文版3ds Max 2016实战基础教程：全彩版 / 任媛媛编著. —— 北京：人民邮电出版社，2020.6
ISBN 978-7-115-52864-3

Ⅰ．①中… Ⅱ．①任… Ⅲ．①三维动画软件－教材 Ⅳ．①TP391.414

中国版本图书馆CIP数据核字(2019)第290294号

内 容 提 要

本书介绍了中文版 3ds Max 2016 的常用功能及实际应用，包括 3ds Max 2016 的建模、毛发、摄影机、灯光、材质、环境和效果、渲染、粒子系统和动画技术等。本书面向零基础读者，帮助其快速且全面地掌握 3ds Max 2016 软件。

全书以重要技术为主线，除第 1 章外，各章按照"工具剖析""实战介绍""思路分析""步骤演练""经验总结""课外练习"顺序编写。案例是实际工作中经常会遇到的项目，既达到了强化训练的目的，又可以让读者更多地了解实际工作中可能出现的问题和处理方法。

本书提供所有案例的场景文件和实例文件，所有案例、课外练习和工具演示的教学视频。为了方便教学，本书还配备了 PPT 教学课件、上机作业、测试题、教学大纲和教学规划参考等资源。

本书适合作为院校和培训机构相关专业课程的教材，也可以作为 3ds Max 自学人员的参考用书。

◆ 编　著　任媛媛
责任编辑　张丹阳
责任印制　马振武

◆ 人民邮电出版社出版发行　　北京市丰台区成寿寺路 11 号
邮编　100164　电子邮件　315@ptpress.com.cn
网址　https://www.ptpress.com.cn
北京富诚彩色印刷有限公司印刷

◆ 开本：787×1092　1/16
印张：19.5　　　　　　　彩插：4
字数：597 千字　　　　　2020 年 6 月第 1 版
印数：1－3 000 册　　　　2020 年 6 月北京第 1 次印刷

定价：69.00 元
读者服务热线：(010)81055410　印装质量热线：(010)81055316
反盗版热线：(010)81055315
广告经营许可证：京东工商广登字 20170147 号

前言

3ds Max 是Autodesk公司出品的一款专业且实用的三维软件，在模型塑造、场景渲染、动画及特效等方面都能制作出高品质的作品。随着软件版本的不断更新，3ds Max的各项功能也更加强大，这也使其在效果图、影视动画、游戏和产品设计等领域中占据领导地位，成为全球受欢迎的三维制作软件之一。目前，我国很多院校和培训机构的艺术专业，都将3ds Max作为一门重要的专业课程。

为了给读者提供一本好的3ds Max教材，我们精心编写了本书，并对图书的体系做了优化，按照"工具剖析→实战介绍→思路分析→步骤演示→经验总结→课外练习"这一顺序进行编写，力求通过工具剖析，使读者快速掌握软件功能；通过实战介绍，提高读者的实战水平；通过思路分析，使读者理解案例制作的精髓；通过步骤演示，使读者掌握案例制作的过程和工具的使用方法；通过经验总结，使读者拓宽知识面和了解更多的制作技巧；通过课外练习，拓展读者实际操作的能力。在内容编写方面，我们力求通俗易懂、细致全面；在文字叙述方面，我们注意言简意赅、突出重点；在案例选取方面，我们强调案例的针对性和实用性。

本书配套学习资源中包含本书所有案例的场景文件和实例文件。同时，为了方便读者学习，本书还配备了所有案例、课外练习和工具演示的大型多媒体教学视频，这些视频由专业人士录制，详细记录了每一个步骤，尽量让读者一看就懂。另外，为了方便教学，本书还配备了PPT课件等丰富的教学资源，任课老师可直接拿来使用。

本书参考学时为66课时，其中讲授环节为42课时，实训环节为24课时，各章的参考学时如下表所示。

章节	课程内容	学时分配	
		讲授	实训
第1章	认识3ds Max 2016	2	
第2章	基础建模技术	4	2
第3章	高级建模技术	6	4
第4章	毛发和布料技术	2	1
第5章	摄影机技术	4	2
第6章	灯光技术	4	2
第7章	材质和贴图技术	4	2
第8章	环境和效果技术	2	1
第9章	渲染技术	4	2
第10章	粒子系统与空间扭曲	2	2
第11章	动画技术	4	2
第12章	商业综合实战	4	4
课时总计		42	24

本书所有学习资源均可在线获得。扫描封底或资源与支持页上的二维码，关注我们的微信公众号，即可获得资源文件的下载方式。

由于作者水平有限，书中难免会有一些疏漏之处，希望读者能够谅解，并欢迎读者批评指正。

编者
2019年9月

资源与支持

本书由"数艺设"出品，"数艺设"社区平台（www.shuyishe.com）为您提供后续服务。

学习资源

99 个案例视频 + 64 个云课堂视频（共890分钟）　　实战案例和课外习题的实例文件和场景文件

50 个高动态HDRI 贴图+34 个IES文件+435 张高清贴图　　QQ 学习群在线答疑

教师专享资源

教学PPT课件　　课程配套测试题+教学规划参考+教学大纲　　6 套上机作业+10 套拓展练习场景

资源获取请扫码

> "数艺设"社区平台，为艺术设计从业者提供专业的教育产品。

与我们联系

我们的联系邮箱是 szys@ptpress.com.cn。如果您对本书有任何疑问或建议，请您发邮件给我们，并请在邮件标题中注明本书书名及ISBN，以便我们更高效地做出反馈。

如果您有兴趣出版图书、录制教学课程，或者参与技术审校等工作，可以发邮件给我们；有意出版图书的作者也可以到"数艺设"社区平台在线投稿（直接访问 www.shuyishe.com 即可）。如果学校、培训机构或企业想批量购买本书或"数艺设"出版的其他图书，也可以发邮件联系我们。

如果您在网上发现针对"数艺设"出品图书的各种形式的盗版行为，包括对图书全部或部分内容的非授权传播，请您将怀疑有侵权行为的链接通过邮件发给我们。您的这一举动是对作者权益的保护，也是我们持续为您提供有价值的内容的动力之源。

关于"数艺设"

人民邮电出版社有限公司旗下品牌"数艺设"，专注于专业艺术设计类图书出版，为艺术设计从业者提供专业的图书、U书、课程等教育产品。出版领域涉及平面、三维、影视、摄影与后期等数字艺术门类，字体设计、品牌设计、色彩设计等设计理论与应用门类，UI设计、电商设计、新媒体设计、游戏设计、交互设计、原型设计等互联网设计门类，环艺设计手绘、插画设计手绘、工业设计手绘等设计手绘门类。更多服务请访问"数艺设"社区平台www.shuyishe.com。我们将提供及时、准确、专业的学习服务。

目 录

第 1 章
认识 3ds Max 2016

本章将介绍 3ds Max 2016 的软件界面和一些基础操作。通过对本章的学习，读者会对 3ds Max 2016 有一个基本的认知。

本章技术重点

» 熟悉 3ds Max 2016 的软件界面
» 掌握 3ds Max 2016 的文件操作
» 掌握 3ds Max 2016 的对象操作
» 掌握 VRay 渲染器的相关配置

实战 01
认识界面结构

场景位置	无
实例位置	无
视频名称	实战 01 认识界面结构 .mp4
学习目标	熟悉 3ds Max 2016 的工作界面

01 安装好3ds Max 2016后，在"开始"菜单中执行"所有程序>Autodesk>Autodesk 3ds Max 2016 > 3ds Max 2016 -Simplified Chinese"命令，如图1-1所示。

02 在启动3ds Max 2016的过程中，可以观察到3ds Max 2016的启动画面，如图1-2所示，此时将加载软件必需的文件。启动3ds Max 2016后，工作界面如图1-3所示。这是启动3ds Max 2016中文版的方法。

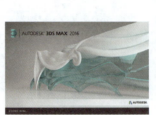

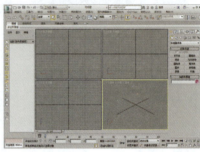

图1-1   图1-2   图1-3

技巧与提示

3ds Max 2016的工作界面分为标题栏、菜单栏、主工具栏、视图区域、Ribbon、命令面板、场景资源管理器、时间尺、状态栏、时间控制按钮和视图导航控制按钮共11部分，如图1-4所示。

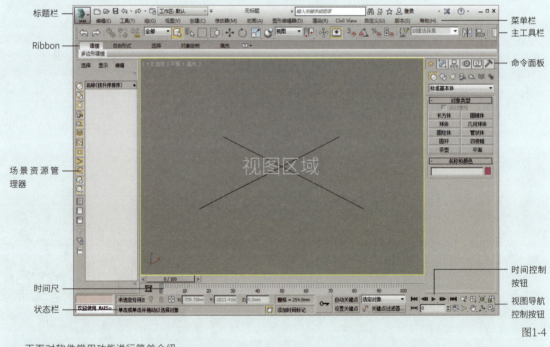

图1-4

下面对软件常用功能进行简单介绍。

标题栏：位于界面的最顶部，显示当前编辑的文件名称、软件版本信息（如果没有打开文件，则显示为无标题），包含"应用程序"按钮、快速访问工具栏和信息中心3个非常人性化的工具栏，如图1-5所示。

图1-5

中文版 3ds Max 2016 实战基础教程（全彩版）

10

菜单栏： 包含编辑、工具、组、视图、创建、修改器、动画、图形编辑器、渲染、Civil View、自定义、脚本和帮助共13个主菜单，如图1-6所示。

编辑(E)　工具(T)　组(G)　视图(V)　创建(C)　修改器(M)　动画(A)　图形编辑器(D)　渲染(R)　Civil View　自定义(U)　脚本(S)　帮助(H)

图1-6

命令面板： 场景对象的操作都可以在该面板中完成，包含创建面板 ✿、修改面板 🔧、层次面板 🔠、运动面板 ◎、显示面板 🔲 和实用程序面板 🔨，如图1-7所示。

主工具栏： 集合了最常用的一些编辑工具，默认状态下的主工具栏如图1-8所示。某些工具的右下角有一个三角形图标，单击该三角形图标就会弹出下拉工具列表。

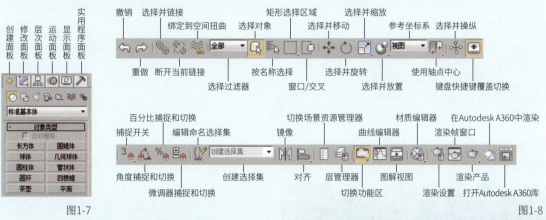

图1-7　图1-8

视图区域： 这是界面中最大的一个区域，也是3ds Max 2016中用于实际工作的区域，默认状态下为四视图显示，包括顶视图、左视图、前视图和透视图4个视图，在这些视图中可以从不同的角度对场景中的对象进行观察和编辑。每一个视图的左上角都会显示视图的名称和模型的显示方式，右上角有一个导航器（不同视图显示的状态也不同），如图1-9所示。

时间尺： 包括时间线滑块和轨迹栏两部分。时间线滑块位于视图的最下方，主要用于制定动画帧，默认的帧数为100帧，具体数值可以根据动画长度来进行修改。拖曳时间线滑块可以在帧之间迅速移动，单击时间线滑块左右的向左箭头图标 ◁ 或向右箭头图标 ▷ 可以向前或者向后移动一帧，如图1-10所示。轨迹栏位于时间线滑块的下方，主要用于显示帧数和选定对象的关键点，在这里可以移动、复制、删除关键点以及更改关键点的属性，如图1-11所示。

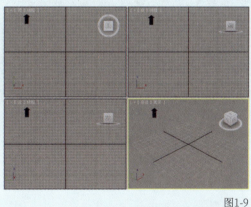

图1-9

◁　　0 / 100　　▷

图1-10

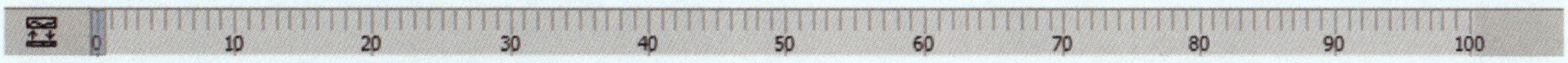

图1-11

状态栏： 提供了选定对象的数目、类型、变换值和栅格数目等信息，并且状态栏可以基于当前光标位置和当前活动程序来提供动态反馈信息，如图1-12所示。

视图导航控制按钮： 主要用于控制视图的显示和导航。使用这些按钮可以缩放、平移和旋转活动的视图，如图1-13所示。

图1-12　图1-13

11

03 启动完成后，系统会弹出"欢迎使用3ds Max"对话框，此时单击右上角的"×"按钮⊠退出即可，如图1-14所示。

图1-14

实战 02	
场景位置	无
修改界面颜色	
实例位置	无
视频名称	实战02 修改界面颜色.mp4
学习目标	熟悉修改界面颜色的方法

01 启动3ds Max 2016，此时界面颜色默认为黑色，如图1-15所示。

02 执行菜单栏"自定义>加载自定义用户方案"命令，然后弹出"加载自定义用户界面方案"对话框，如图1-16所示。

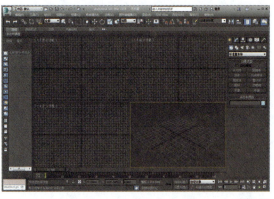

图1-15   图1-16

03 选中"ame-light"选项，然后单击下方的"打开"按钮 打开(Q) ，如图1-17所示。数秒后界面会切换为灰色，如图1-18所示。

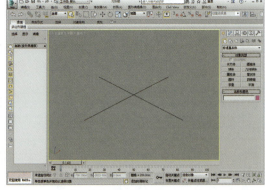

图1-17   图1-18

技巧与提示

本书使用灰色软件界面，软件界面的颜色不会影响读者对软件的操作，读者只需要根据喜好进行选择使用即可。

中文版 3ds Max 2016 实战基础教程（全彩版）

实战 03 设置场景单位

场景位置	场景文件 >CH01>01.max
实例位置	无
视频名称	实战 03 设置场景单位 .mp4
学习目标	掌握场景单位的设置方法

01 打开本书学习资源中的"场景文件>CH01>01.max"文件,这是一个长方体,在"命令"面板中单击"修改"按钮，然后在"参数"卷展栏下查看,可以发现该模型的尺寸只有数字,没有显示任何单位,如图1-19所示。

02 执行菜单栏"自定义>单位设置"命令,然后在弹出的"单位设置"对话框中设置"显示单位比例"为"公制",接着在下拉菜单中选择单位为毫米,再单击"确定"按钮 确定 ,如图1-20和图1-21所示。

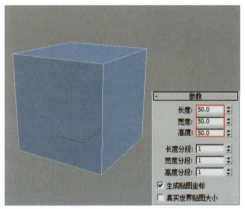

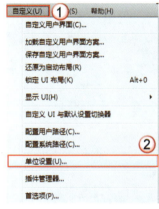

图1-19　　　　　　　　　　图1-20　　　　　　　　　　图1-21

03 此时查看长方体的参数面板,可以发现添加了单位mm,如图1-22所示。

04 再次打开"单位设置"对话框,然后单击"系统单位设置"按钮 系统单位设置 ,接着在弹出的"系统单位设置"对话框中设置"系统单位比例"为毫米,再单击"确定"按钮 确定 ,如图1-23所示。

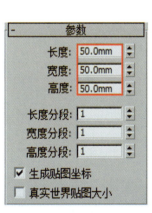

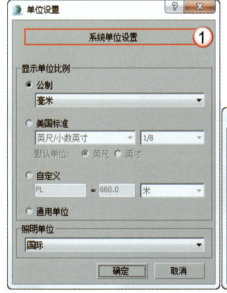

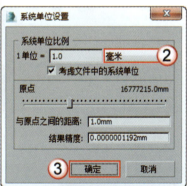

图1-22　　　　　　　　　　　　　　　　　　　　　　图1-23

技巧与提示

在实际工作中经常需要导入或导出模型,以便在不同的三维软件中完成项目制作。为了避免导入或导出的模型与其他软件产生单位误差,在设置"显示单位比例"后还需设置"系统单位比例"。"显示单位比例"与"系统单位比例"一定要一致。

实战 04

设置快捷键

场景位置	无
实例位置	无
视频名称	实战 04 设置快捷键 .mp4
学习目标	掌握快捷键的设置方法

01 执行菜单栏"自定义>自定义用户界面"命令，然后弹出"自定义用户界面"对话框，如图1-24所示。

02 在"类别"菜单中选择"Modifiers"（修改器）选项，然后在下方选择"挤出修改器"选项，接着在右侧的"热键"输入框中输入"Shift＋E"，如图1-25所示。

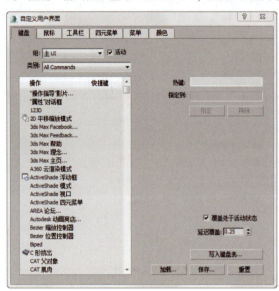

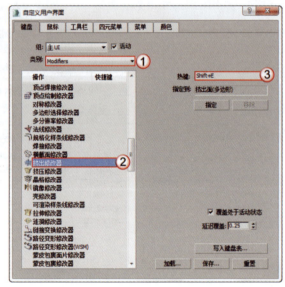

图1-24　　　　　　　　　　　　　　　　　　　　　　　　　　图1-25

03 单击"指定"按钮 指定 后，可以看到左侧的列表中已经显示"挤出修改器"的快捷键为Shift＋E，如图1-26所示。

04 为了方便以后在其他计算机上使用自定义的快捷键，可以将其保存。在"自定义用户界面"对话框中单击"保存"按钮 保存... ，然后在弹出的"保存快捷键文件为"对话框中设置好保存的路径与文件名，接着单击"保存"按钮 保存(S) ，完成保存，如图1-27所示。

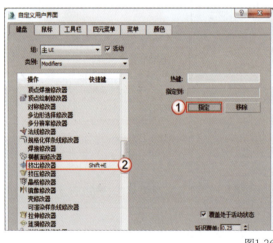

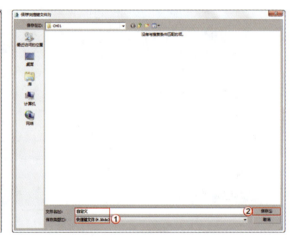

图1-26　　　　　　　　　　　　　　　　　　　　　　　　　　图1-27

技巧与提示

在设置快捷键时经常会与其他已打开软件的热键冲突，为了避免快捷键冲突造成不便，可以修改其他软件的热键。

中文版 3ds Max 2016 实战基础教程（全彩版）

实战 05	场景位置	场景文件 >CH01>02-1.max、02-2.max
文件的打开/合并/保存	实例位置	无
	视频名称	实战 05 文件的打开 / 合并 / 保存 .mp4
	学习目标	掌握文件的基本操作

01 启动3ds Max 2016后，单击标题栏的"应用程序"按钮，然后在弹出的下拉菜单中单击"打开"选项，如图1-28所示。在弹出的"打开文件"对话框中选择要打开的场景文件（本例场景文件位置为"场景文件>CH01>02-1.max"），然后单击"打开"按钮 打开(O) ，如图1-29所示。打开场景后的效果如图1-30所示。

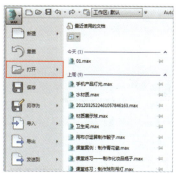

图1-28　　　　　　　　　　图1-29　　　　　　　　　　图1-30

技巧与提示

　　按快捷键Ctrl＋O同样可以执行打开操作。要注意的是如果此时窗口中已经有场景模型，通过此方法打开后，原先的文件将自动关闭，3ds Max 2016始终只打开一个文件窗口。

02 单击标题栏的"应用程序"按钮，然后在弹出的下拉菜单中执行"导入>合并"命令，如图1-31所示。在弹出的对话框中选择资源文件中的"场景文件>CH01>02-2.max"文件，然后单击"打开"按钮 打开(O) ，如图1-32所示。

图1-31　　　　　　　　　　　　　　　　图1-32

03 单击"打开"按钮 打开(O) 后系统会弹出"合并"对话框，单击"全部"按钮 全部(A) ，系统会全选所有的模型，接着单击"确定"按钮 确定 导入所有模型，如图1-33和图1-34所示。

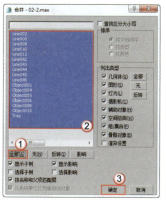

图1-33　　　　　　　　　　图1-34

15

04 单击标题栏的"应用程序"按钮，在弹出的下拉菜单中单击"另存为"选项，如图1-35所示，接着在弹出的"文件另存为"对话框中选择好场景的保存路径，并为场景命名，再单击"保存"按钮 保存(S)，如图1-36所示。

图1-35

图1-36

技巧与提示

当场景文件已经被保存后，选择"保存"会在原来文件的基础上进行覆盖，最终只会有一个场景文件。选择"另存为"会新建一个场景文件，原场景文件不作改变。在实际工作中，建议使用"另存为"保存文件，以便返回以前步骤时可以使用原场景文件。

如果想要单独保存场景中的一个模型，可以选中需要保存的模型后，单击"另存为"右侧菜单中的"保存选定对象"选项进行保存，如图1-37所示。

图1-37

实战 06
视图的平移/缩放/旋转

场景位置	场景文件 >CH01>03.max
实例位置	无
视频名称	实战 06 视图的平移 / 缩放 / 旋转 .mp4
学习目标	掌握视图的基本操作

01 打开本书学习资源中的"场景文件>CH01>03.max"文件，如图1-38所示。

02 选中透视图，然后按快捷键Alt＋W将视图最大化显示，如图1-39所示。

03 按F键，视图从透视图切换到前视图，如图1-40所示。

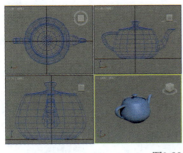

图1-38

图1-39

图1-40

技巧与提示

常用视图都有相对应的快捷键，顶视图是T、前视图是F、左视图是L、透视图是P。

04 此时茶壶模型没有最大化并居中显示，单击"最大化显示选定对象"按钮，茶壶自动切换到最大化居中状态，如图1-41所示。

05 滚动鼠标的滚轮，可以放大或缩小茶壶在视图中的显示，如图1-42和图1-43所示。

| 图1-41 | 图1-42 | 图1-43 |

06 按住Alt键，然后按住鼠标中键（或滚轮）拖曳可以旋转茶壶的角度，如图1-44所示。

07 按住鼠标中键（或滚轮）拖曳鼠标，可以将茶壶模型移动到画面中心位置，如图1-45所示。

08 按Z键就可以将茶壶在视图中最大化显示，如图1-46所示。

| 图1-44 | 图1-45 | 图1-46 |

实战 07
对象的选择/移动/旋转/缩放

场景位置	场景文件 >CH01>04.max
实例位置	无
视频名称	实战 07 对象的选择 / 移动 / 旋转 / 缩放 .mp4
学习目标	掌握对象的基本操作

01 打开本书学习资源中的"场景文件>CH01>04.max"文件，如图1-47所示。

02 在"主工具栏"单击"选择对象"按钮 ■（快捷键为Q），然后选中视图中的球体模型，此时球体的线框呈白色，且出现坐标轴，如图1-48所示。

03 单击"选择并移动"按钮 ✦（快捷键为W），此时坐标轴出现箭头，如图1-49所示。

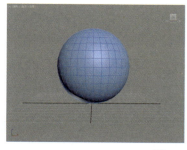
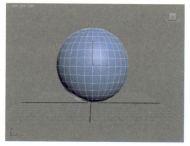
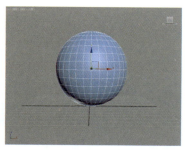

| 图1-47 | 图1-48 | 图1-49 |

04 选中x轴，然后按住鼠标左键并向右拖曳，此时球体模型向右移动，如图1-50所示。

05 单击"选择并旋转"按钮 ⟳（快捷键为E），此时坐标轴变成球体，如图1-51所示。

06 选中的圆圈（即y轴），然后按住鼠标左键并向上拖曳鼠标，此时球体模型发生旋转，如图1-52所示。

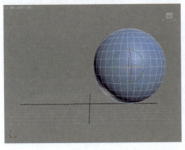 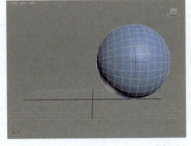 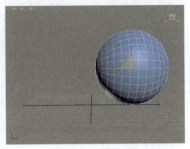

图1-50　　　　　　　　　　　　图1-51　　　　　　　　　　　　图1-52

> **技巧与提示**
>
> 激活"角度捕捉切换"工具 🔺 可以让球体以5°的数值进行旋转。

07 单击"选择并均匀缩放"按钮 ▣（快捷键为R），此时坐标轴变成三角形方向轴，如图1-53所示。

08 选中三角形方向轴中心的黄色区域，然后按住鼠标左键向上拖曳可以均匀放大模型，如图1-54所示。

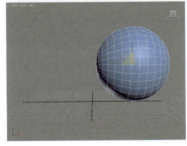 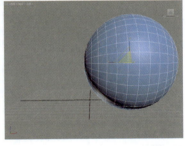

图1-53　　　　　　　　　　　　图1-54

> **技巧与提示**
>
> 如果选中坐标轴，只能缩放一个轴向的大小，如图1-55所示。如果选中一个平面，只能缩放一个平面的大小，如图1-56所示。

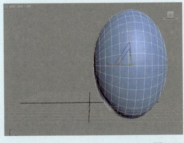 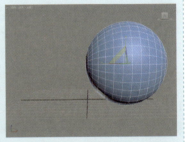

图1-55　　　　　　　　　　　　图1-56

实战 08	场景位置	场景文件 >CH01>05.max
复制对象	实例位置	无
	视频名称	实战 08 复制对象 .mp4
	学习目标	掌握复制对象的基本操作

01 打开本书学习资源中的"场景文件>CH01>05.max"文件，如图1-57所示。

02 切换到顶视图，然后选中椅子模型，接着按快捷键Ctrl＋V原位复制一个椅子模型，再在弹出的"克隆选项"对话框中选择"实例"选项，最后单击"确定"按钮 ，如图1-58和图1-59所示。

中文版 3ds Max 2016 实战基础教程（全彩版）

18

图1-57

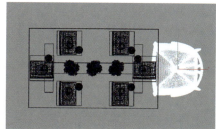
图1-58

图1-59

03 此时复制出来的椅子模型与原来的椅子模型完全重合，然后使用"选择并旋转"工具 将其旋转90°，如图1-60所示，接着使用"选择并移动"工具 将其移动到图1-61所示的位置。

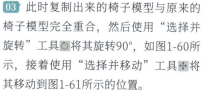

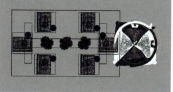
图1-60

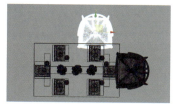
图1-61

04 选中上一步复制的椅子模型，然后按住Shift键并使用"选择并移动"工具 将其沿*x*轴向左移动一段距离，接着在打开的"克隆选项"对话框中选择"实例"选项，最后单击"确定"按钮 ，如图1-62和图1-63所示。

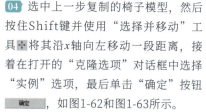

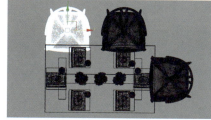
图1-62

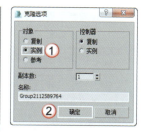
图1-63

05 选择图1-64所示的两把椅子模型，然后单击"镜像"按钮 ，接着在打开的"镜像：屏幕 坐标"对话框中设置"镜像轴"为Y，"偏移"为-1200mm，"克隆当前选择"为实例，再单击"确定"按钮 ，如图1-65所示，镜像后的效果如图1-66所示。

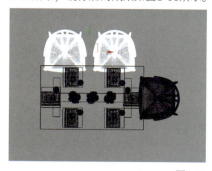

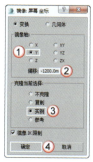

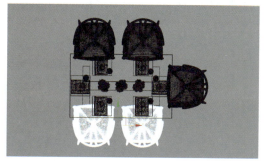

图1-64　　　　　图1-65

图1-66

06 使用同样的方法镜像复制另一把椅子模型，设置如图1-67所示，案例最终效果如图1-68所示。

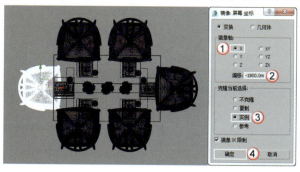
图1-67

图1-68

<table>
<tr><td rowspan="4">实战 09

配置VRay</td><td>场景位置</td><td>无</td></tr>
<tr><td>实例位置</td><td>无</td></tr>
<tr><td>视频名称</td><td>实战 09 配置 VRay.mp4</td></tr>
<tr><td>学习目标</td><td>掌握 VRay 渲染器加载方法和默认渲染器与材质球的设置方法</td></tr>
</table>

01 在安装VRay渲染器后，按F10键打开"渲染设置"面板，然后打开面板上方"渲染器"旁边的下拉菜单，接着选择"V-Ray Adv 3.50.04"选项，如图1-69所示。

02 当渲染器切换为VRay渲染器后，"渲染设置"面板也会相应产生变化，如图1-70所示。

03 展开面板下方的"指定渲染器"卷展栏，然后单击"保存为默认设置"按钮 [保存为默认设置]，就可以将VRay渲染器设置为系统默认的渲染器，如图1-71所示。

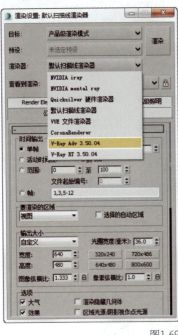
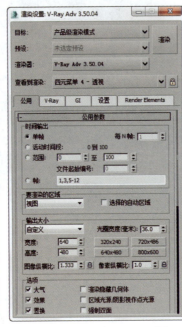
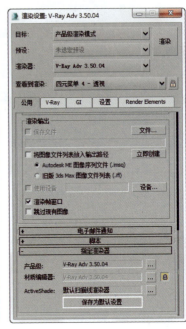

图1-69   图1-70   图1-71

04 在日常制作中VRay材质的使用频率很高，将默认材质设置为VRay材质会提高制作效率。在"菜单栏"中打开"自定义"菜单，然后选择"自定义UI与默认设置切换器"选项，如图1-72所示。

05 在弹出的"为工具选项和用户界面布局选择初始设置"对话框中，设置"工具选项的初始设置"为MAX.vray，然后单击"设置"按钮 [设置]关闭对话框，如图1-73所示。

06 重启软件后按M键打开"材质编辑器"面板，此时所有的材质球都切换为VRay材质球，如图1-74所示。

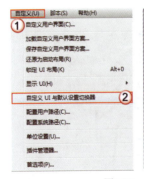

图1-72   图1-73   图1-74

中文版 3ds Max 2016 实战基础教程（全彩版）

20

第 2 章
基础建模技术

本章将介绍 3ds Max 2016 的基础建模技术，包括创建标准基本体、扩展基本体、复合对象和二维图形。通过对本章的学习，读者可以快速地创建一些简单的模型。

本章技术重点

» 掌握标准基本体的创建方法

» 掌握扩展基本体的创建方法

» 掌握复合对象的创建方法

» 掌握二维图形的创建方法

场景位置	无
实例位置	实例文件 >CH02> 实战 10 长方体：制作餐桌模型 .max
视频名称	实战 10 长方体：制作餐桌模型 .mp4
学习目标	掌握长方体工具和捕捉开关工具的使用方法

工具剖析

本案例主要使用"长方体"工具 长方体 进行制作。

⊙ 参数解释

"长方体"工具 长方体 的参数面板如图2-1所示。

重要参数讲解

长度/宽度/高度：这3个参数决定了长方体的外形，用来设置长方体的长度、宽度和高度。

长度分段/宽度分段/高度分段：这3个参数用来设置长方体在长度/宽度/高度的分段数量，如图2-2所示。

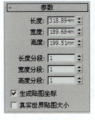

图2-1

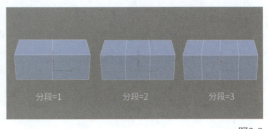

图2-2

⊙ 操作演示

工具： 长方体   **位置：** 几何体>标准基本体   **演示视频：** 10-长方体

实战介绍

本案例是用"长方体"工具 长方体 配合"复制"工具和"捕捉开关"工具制作餐桌模型。

⊙ 效果介绍

图2-3所示是本案例的效果图。

⊙ 运用环境

桌子、门和柜子等物品都是日常生活中常见的长方体物品，在制作这些模型的时候，都会借助"长方体"工具 长方体 进行模拟。

图2-3

思路分析

在制作模型之前，需要对模型进行拆分，以便后续制作。

⊙ 制作简介

对餐桌的模型进行分析，可以将餐桌拆分为桌面和支架两部分。这两者都是用"长方体"工具 长方体 进行制作，然后将其拼合在一起。

⊙ 图示导向

图2-4所示是模型的制作步骤分解图。

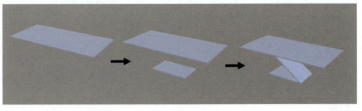

图2-4

01 在"创建"面板 中单击"几何体"按钮 ，然后选择"标准基本体"选项，接着单击"长方体"按钮 长方体 ，再在视图中按住鼠标左键并拖曳创建一个长方体模型，如图2-5所示。

02 选中上一步创建的长方体模型，然后单击"修改"按钮 切换到"修改"面板，接着在"参数"卷展栏中设置"长度"为600mm，"宽度"为1200mm，"高度"为10mm，如图2-6所示。

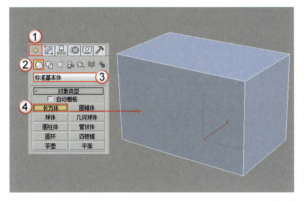

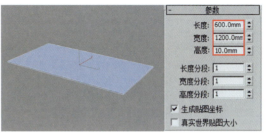

图2-5   图2-6

> **技巧与提示**
>
> 在不同视图中创建的模型，其长度和宽度对应的边会有所不同。

03 选中修改好的长方体模型，然后按住Shift键，接着使用"选择并移动"工具 沿z轴向下移动一定的距离，再在弹出的"克隆选项"对话框中选择"复制"选项，最后单击"确定"按钮 确定 ，如图2-7所示。

04 选中上一步复制的长方体模型，然后切换到"修改"面板，接着在"参数"卷展栏中设置"长度"为300mm，"宽度"为500mm，"高度"为10mm，如图2-8所示。

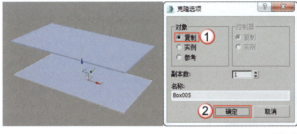

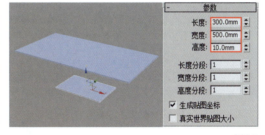

图2-7   图2-8

05 选中修改后的长方体模型，然后按住Shift键，接着使用"选择并旋转"工具 沿y轴旋转35°，再在弹出的"克隆选项"对话框中选择"复制"选项，最后单击"确定"按钮 确定 ，如图2-9所示。

06 选中复制的长方体，然后切换到"修改"面板，接着在"参数"卷展栏中设置"长度"为300mm，"宽度"为600mm，"高度"为10mm，如图2-10所示。

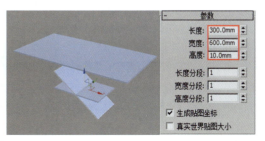

图2-9   图2-10

07 切换到前视图，然后单击"捕捉开关"按钮 📐，接着将下方的两个长方体进行拼合，形成支架，如图2-11所示。

将支架与上方的长方体进行拼合，餐桌模型的最终效果如图2-12所示。

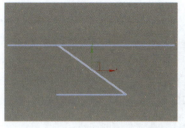
图2-11

图2-12

📖 经验总结

通过这个案例的学习，相信读者已经掌握了"长方体"工具 长方体 的使用方法。

⊙ 技术总结

本案例是按照图示导向中的分解图，用"长方体"工具 长方体 分别创建餐桌模型的每一个部分，然后将其拼合，进而制作出完整的餐桌模型。

⊙ 经验分享

运用"捕捉开关"工具 📐 在顶视图中可以快速且精确地将桌腿模型与桌面模型进行拼合。使用鼠标右键单击"捕捉开关"按钮 📐，在弹出的"栅格和捕捉设置"面板中勾选"顶点"选项，如图2-13所示。使用"顶点"方式捕捉模型会相对精确，是日常制作中使用频率较高的一种方式。

图2-13

课外练习：制作储物架模型	
场景位置	无
实例位置	实例文件 >CH02> 课外练习 10.max
视频名称	教学视频 >CH02> 课外练习 10.mp4
学习目标	掌握长方体工具的使用方法

📄 效果展示

本案例用"长方体"工具 长方体 制作储物架，案例效果如图2-14所示。

图2-14

📄 制作提示

储物架模型可以分为框架和隔板两部分进行制作，如图2-15所示。

第1步： 使用"长方体"工具 长方体 制作储物架的整体框架。

第2步： 使用"长方体"工具 长方体 制作储物架的隔板。

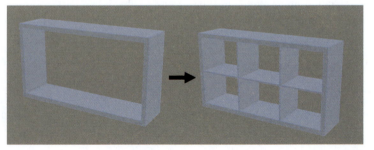
图2-15

<table>
<tr><td rowspan="5">**实战 11**

**圆柱体：制作
茶几模型**</td><td>场景位置</td><td>无</td></tr>
<tr><td>实例位置</td><td>实例文件 >CH02> 实战 11 圆柱体：制作茶几模型 .max</td></tr>
<tr><td>视频名称</td><td>实战 11 圆柱体：制作茶几模型 .mp4</td></tr>
<tr><td>学习目标</td><td>掌握圆柱体工具的使用方法</td></tr>
</table>

工具剖析

本案例主要使用"圆柱体"工具 `圆柱体` 进行制作。

参数解释

"圆柱体"工具 `圆柱体` 的参数面板如图2-16所示。

重要参数讲解

半径：设置圆柱体的半径。

高度：设置沿着中心轴的高度。负值表示在构造平面下面创建圆柱体。

高度分段：设置沿着圆柱体主轴的分段数量。

端面分段：设置围绕圆柱体顶部和底部的中心的同心分段数量。

边数：设置圆柱体周围的边数。

启用切片：勾选该选项后可以设置圆柱体的切片效果。

图2-16

操作演示

工具： `圆柱体`　　**位置：**几何体>标准基本体　　**演示视频：**11-圆柱体

实战介绍

本案例是用"圆柱体"工具 `圆柱体` 制作茶几模型。

效果介绍

图2-17所示是本案例的效果图。

运用环境

圆桌、吊灯、垃圾桶等物体都是日常生活中常见的圆柱形物体。在制作这些模型的时候，都会借助"圆柱体"工具 `圆柱体` 进行模拟。

图2-17

思路分析

在制作模型之前，需要对模型进行拆分，以便后续制作。

制作简介

对茶几的造型进行分析，可以将茶几拆分为桌面和支架两部分。桌面部分是用"圆柱体"工具 `圆柱体` 进行制作，支架部分是用"长方体"工具 `长方体` 进行制作，然后将两部分进行拼合。

图示导向

图2-18所示是模型的制作步骤分解图。

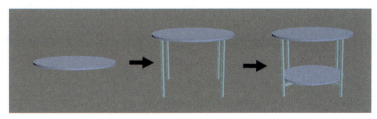

图2-18

步骤演示

01 在"创建"面板 中单击"几何体"按钮 ○，然后选择"标准基本体"选项，接着单击"圆柱体"按钮 圆柱体 ，最后在视图中使用鼠标左键拖曳光标，创建出一个圆柱体，如图2-19所示。

02 选中创建的圆柱体模型，然后切换到"修改"面板，在"参数"卷展栏中设置"半径"为350mm，"高度"为15mm，"高度分段"为1，"边数"为36，如图2-20所示。

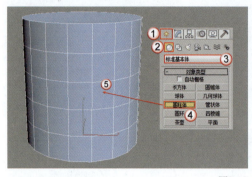
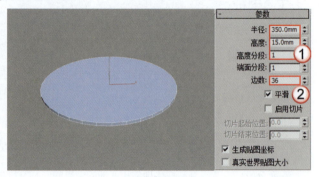

图2-19   图2-20

03 使用"长方体"工具 长方体 创建一个长方体模型，然后切换到"修改"面板，在"参数"卷展栏中设置"长度"和"宽度"都为15mm，接着设置"高度"为450mm，再将其摆放在圆柱体的下方，如图2-21所示。

04 将上一步创建的长方体复制3个，然后分别摆放在圆柱体的下方，如图2-22所示。

05 选中圆柱体模型，然后向下复制一个，接着设置"半径"为280mm，如图2-23所示。

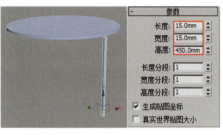

图2-21   图2-22   图2-23

> **技巧与提示**
>
> 复制圆柱体时，复制类型要选择"复制"，不要选择"实例"。

06 使用"长方体"工具 长方体 在圆柱体下方创建一个长方体，然后在"参数"卷展栏中设置"长度"和"宽度"为15mm，接着设置"高度"为670mm，如图2-24所示。

07 将上一步创建长方体放置在圆柱体的下方，如图2-25所示。

08 将长方体沿z轴旋转90°并同时进行复制与支架相连，茶几的最终效果如图2-26所示。

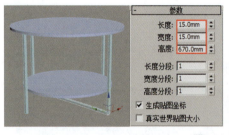

图2-24   图2-25   图2-26

经验总结

通过这个案例的学习，相信读者已经掌握了"圆柱体"工具 圆柱体 的使用方法。

⊙ **技术总结**

本案例是按照图示导向中的分解图，用"圆柱体"工具 `圆柱体` 和"长方体"工具 `长方体` 分别创建茶几模型的每一个部分，然后将其拼合，进而制作出完整的茶几模型。

⊙ **经验分享**

使用"对齐"工具 `图`，可以让桌腿与桌面模型的表面精确拼合。"对齐"工具 `图` 可以实现模型间的表面对齐，还可以实现模型间的中心对齐。

课外练习：制作礼物盒模型

场景位置	无
实例位置	实例文件 >CH02> 课外练习 11.max
视频名称	教学视频 >CH02> 课外练习 11.mp4
学习目标	掌握圆柱体工具的使用方法

效果展示

本案例用"圆柱体"工具 `圆柱体` 制作礼物盒，案例效果如图2-27所示。

图2-27

制作提示

礼物盒模型可以分为盒身和盒盖两部分进行制作，如图2-28所示。

第1步： 使用"圆柱体"工具 `圆柱体` 制作盒身模型。

第2步： 使用"圆柱体"工具 `圆柱体` 制作盒盖模型。

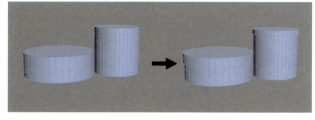

图2-28

实战 12 球体：制作台灯模型

场景位置	无
实例位置	实例文件 >CH02> 实战 12 球体：制作台灯模型 .max
视频名称	实战 12 球体：制作台灯模型 .mp4
学习目标	掌握球体工具的使用方法

工具剖析

本案例主要使用"球体"工具 `球体` 进行制作。

⊙ **参数解释**

"球体"工具 `球体` 的参数面板如图2-29所示。

重要参数讲解

半径： 指定球体的半径。

分段： 设置球体多边形分段的数目，分段越多，球体越圆滑，反之则越粗糙。图2-30所示是"分段"值分别为8和32的球体对比。

图2-29

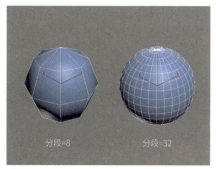

图2-30

平滑：混合球体的面，从而在渲染视图中创建平滑的外观。

半球：该值过大将从底部"切断"球体，以创建部分球体，取值范围为0~1。值为0可以生成完整的球体；值为0.5可以生成半球，如图2-31所示；值为1会使球体消失。

切除：通过在半球断开时将球体中的顶点数和面数"切除"来减少它们的数量。

挤压：保持原始球体中的顶点数和面数，将几何体向着球体的顶部挤压为越来越小的体积。

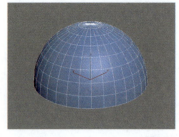

图2-31

⊙ **操作演示**

工具： 球体   **位置：**几何体>标准基本体   **演示视频：**12-球体

实战介绍

本案例是用"球体"工具 球体 制作台灯模型。

⊙ **效果介绍**

图2-32所示是本案例的效果图。

⊙ **运用环境**

气球、灯泡和玻璃珠等物体都是日常生活中常见的球形物体，在制作这些模型的时候，都会借助"球体"工具 球体 进行模拟。

图2-32

思路分析

在制作模型之前，需要对模型进行拆分，以便后续制作。

⊙ **制作简介**

对台灯的造型进行分析，可以将台灯拆分为灯罩和灯座两部分。灯罩部用"球体"工具 球体 进行制作，支架部分用"圆柱体"工具 圆柱体 进行制作，然后将两部分进行拼合。

⊙ **图示导向**

图2-33所示是模型的制作步骤分解图。

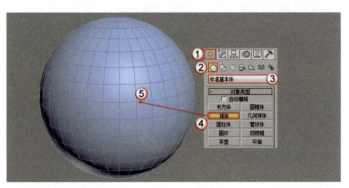

图2-33

步骤演示

01 在"创建"面板 中单击"几何体"按钮 ，选择"标准基本体"选项，单击"球体"按钮 球体 ，在视图中使用鼠标左键拖曳光标，创建出一个球体，如图2-34所示。

中文版 3ds Max 2016 实战基础教程（全彩版）

02 选中创建的球体模型，切换到"修改"面板，在"参数"卷展栏中设置"半径"为125mm，"分段"为64，如图2-35所示。

03 选中球体模型，按快捷键Ctrl+V原位复制一个球体，在弹出的"克隆选项"对话框中选择"复制"选项，如图2-36所示。

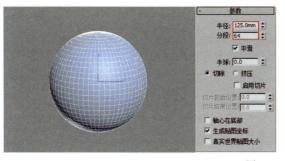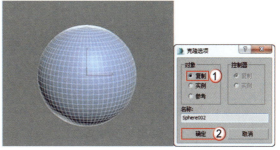

图2-35　　　　　　　　　　　　　　　　　　　　　　　　　　　图2-36

04 选中复制的球体，在"修改"面板中的"参数"卷展栏中设置"半径"为130mm，"半球"为0.8，如图2-37所示。

05 保持半球体的选中状态，单击"主工具栏"中的"镜像"按钮 ![] ，然后在弹出的"镜像：世界 坐标"对话框中设置"镜像轴"为Z，并单击"确定"按钮 确定 ，如图2-38所示。镜像后的效果如图2-39所示。

06 使用"圆柱体"工具 圆柱体 在场景中创建一个圆柱体模型，然后在"修改"面板中的"参数"卷展栏中设置"半径"为100mm，"高度"为40mm，"高度分段"为1，"边数"为36，如图2-40所示。将圆柱体灯座与球形灯罩拼合后，效果如图2-41所示。

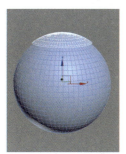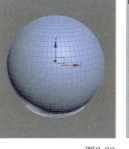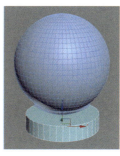

图2-37　　　　　图2-38　　　　　　　图2-39　　　　　　　图2-40　　　　　　　图2-41

经验总结

通过这个案例的学习，相信读者已经掌握了"球体"工具 球体 的使用方法。

⊙ 技术总结

本案例是按照图示导向中的分解图，分别用"圆柱体"工具 圆柱体 和"球体"工具 球体 创建台灯模型的每一个部分，然后将其拼合，进而制作出完整的台灯模型。

⊙ 经验分享

使用"对齐"工具 ![] 可以让圆柱体底座和球体灯罩在x轴和y轴上实现中心对齐，在z轴上实现表面对齐，具体设置如图2-42所示。

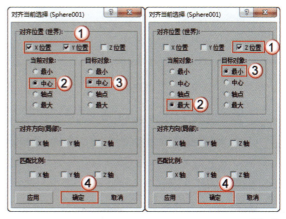

图2-42

课外练习：制作糖葫芦模型

场景位置	无
实例位置	实例文件 >CH02> 课外练习 12.max
视频名称	课外练习 12.mp4
学习目标	掌握球体工具的使用方法

⊟ 效果展示

本案例用"球体"工具 球体 和"圆柱体"工具 圆柱体 制作糖葫芦，案例效果如图2-43所示。

⊟ 制作提示

糖葫芦模型可以分为糖果和竹签两部分进行制作，如图2-44所示。

第1步： 使用"球体"工具 球体 制作糖果模型。

第2步： 使用"圆柱体"工具 圆柱体 制作竹签模型。

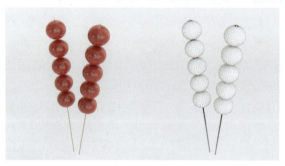

图2-43

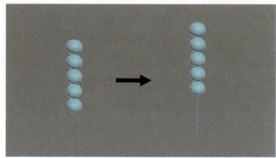

图2-44

实战 13
切角长方体：制作单人沙发模型

场景位置	无
实例位置	实例文件 >CH02> 实战 13 切角长方体：制作单人沙发模型 .max
视频名称	实战 13 切角长方体：制作单人沙发模型 .mp4
学习目标	掌握切角长方体工具的使用方法

⊟ 工具剖析

本案例主要使用"切角长方体"工具 切角长方体 进行制作。

⊙ 参数解释

"切角长方体"工具 切角长方体 的参数面板如图2-45所示。

重要参数讲解

长度/宽度/高度： 用来设置切角长方体的长度、宽度和高度。

圆角： 切开倒角长方体的边，以创建圆角效果。

长度分段/宽度分段/高度分段： 设置沿着相应轴的分段数量。

圆角分段： 设置切角长方体圆角边时的分段数。

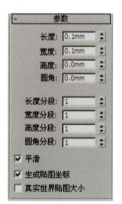

图2-45

⊙ 操作演示

工具： 切角长方体   **位置：** 几何体>扩展基本体   **演示视频：** 13-切角长方体

⊟ 实战介绍

本案例是用"切角长方体"工具 切角长方体 制作单人沙发模型。

⊙ **效果介绍**

图2-46所示是本案例的效果图。

⊙ **运用环境**

沙发、床垫和靠垫等物体都是日常生活中常见的带圆角的长方体物体，在制作这些模型的时候，都会借助"切角长方体"工具 切角长方体 进行模拟。

图2-46

⊖ 思路分析

在制作模型之前，需要对模型进行拆分，以便后续制作。

⊙ **制作简介**

对单人沙发的造型进行分析，可以将沙发拆分为坐垫、扶手、靠垫和支架4部分。每个部分都是用"切角长方体"工具 切角长方体 进行制作，然后将这些模型进行拼合。

⊙ **图示导向**

图2-47所示是模型的制作步骤分解图。

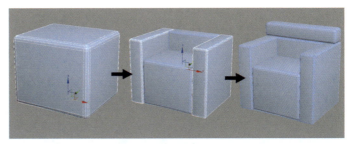

图2-47

⊖ 步骤演示

01 在"创建"面板 中单击"几何体"按钮 ，选择"扩展基本体"选项，单击"切角长方体"按钮 切角长方体 ，在视图中使用鼠标左键拖曳光标，创建出一个切角长方体，如图2-48所示。

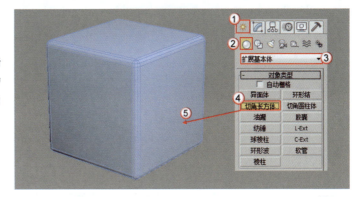

图2-48

02 选中创建的切角长方体模型，切换到"修改"面板，在"参数"卷展栏中设置"长度"为500mm，"宽度"为560mm，"高度"为460mm，"圆角"为30mm，"圆角分段"为3，如图2-49所示。

03 将修改后的切角长方体模型复制一个，然后切换到"修改"面板，在"参数"卷展栏中设置"长度"为500mm，"宽度"为150mm，"高度"为650mm，"圆角"为15mm，"圆角分段"为3，接着与坐垫模型拼合，如图2-50所示。

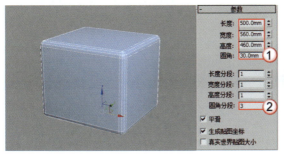

图2-49

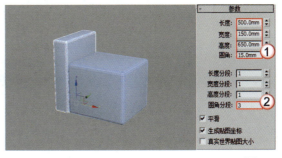

图2-50

04 将扶手模型复制到坐垫模型的另一侧，复制类型选择"实例"，效果如图2-51所示。

05 再次复制扶手模型，然后旋转放置在坐垫模型后方，并修改"长度"为550mm，如图2-52所示。

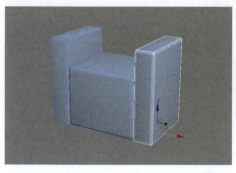
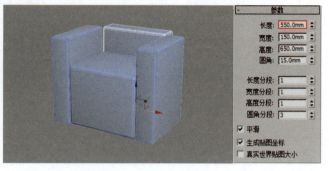

图2-51   图2-52

06 此时观察模型会发现扶手模型长度不够，选中扶手模型，然后修改"长度"为650mm，并将其与靠背模型齐平，如图2-53所示。

07 使用"切角长方体"工具 切角长方体 在靠背模型上方创建一个切角长方体模型，然后切换到"修改"面板，在"参数"卷展栏中设置"长度"为850mm，"宽度"为150mm，"高度"为150mm，"圆角"为30mm，"圆角分段"为3，接着将其放置在靠背模型上方，两头与扶手模型齐平，效果如图2-54所示。

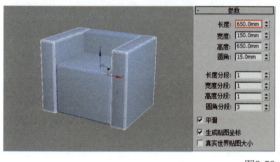
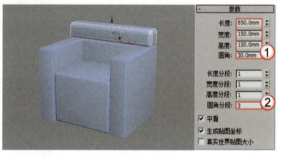

图2-53   图2-54

08 使用"切角长方体"工具 切角长方体 在坐垫模型下方创建一个切角长方体模型，然后切换到"修改"面板，在"参数"卷展栏中设置"长度"为500mm，"宽度"为750mm，"高度"为40mm，"圆角"为2mm，"圆角分段"为3，如图2-55所示。

09 将上一步创建的切角长方体模型放置在沙发模型的中心，最终效果如图2-56所示。

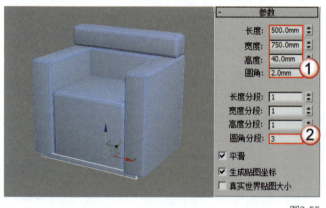
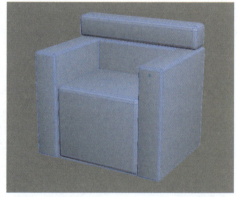

图2-55   图2-56

⊟ 经验总结

通过这个案例的学习，相信读者已经掌握了"切角长方体"工具 切角长方体 的使用方法。

⊙ **技术总结**

本案例是按照图示导向中的分解图，用"切角长方体"工具 切角长方体 分别创建单人沙发的每一个部分，然后将其拼合，进而制作出完整的沙发模型。

⊙ **经验分享**

在本案例的制作过程中，大多数切角长方体模型都是由原有的模型复制并修改参数而得到。通过这种方法创建模型，可以减少制作步骤，提升制作效率。读者需要熟练掌握移动复制和旋转复制的快捷方式，这是日常制作中必不可少的工具。

<table>
<tr><td rowspan="4">**课外练习：** 制作
床头柜模型</td><td>场景位置</td><td>无</td></tr>
<tr><td>实例位置</td><td>实例文件 >CH02> 课外练习 13.max</td></tr>
<tr><td>视频名称</td><td>课外练习 13.mp4</td></tr>
<tr><td>学习目标</td><td>掌握切角长方体工具的使用方法</td></tr>
</table>

▢ **效果展示**

本案例用"切角长方体"工具 切角长方体 制作床头柜，案例效果如图2-57所示。

▢ **制作提示**

床头柜模型可以分为柜体和面板两部分进行制作，如图2-58所示。

第1步： 使用"切角长方体"工具 切角长方体 制作柜体模型。

第2步： 使用"切角长方体"工具 切角长方体 制作面板模型。

图2-57

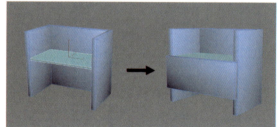

图2-58

第 2 章 基础建模技术

<table>
<tr><td rowspan="4">**实战 14**
切角圆柱体：制作
药片模型</td><td>场景位置</td><td>无</td></tr>
<tr><td>实例位置</td><td>实例文件 >CH02> 实战 14 切角圆柱体：制作药片模型 .max</td></tr>
<tr><td>视频名称</td><td>实战 14 切角圆柱体：制作药片模型 .mp4</td></tr>
<tr><td>学习目标</td><td>掌握切角圆柱体工具和选择并均匀缩放工具的使用方法</td></tr>
</table>

▢ **工具剖析**

本案例主要使用"切角圆柱体"工具 切角圆柱体 进行制作。

⊙ **参数解释**

"切角圆柱体"工具 切角圆柱体 的参数面板如图2-59所示。

重要参数讲解

半径： 设置切角圆柱体的半径。

高度： 设置沿着中心轴的高度。负值将在构造平面下面创建切角圆柱体。

圆角： 斜切切角圆柱体的顶部和底部封口边。

高度分段： 设置沿着相应轴的分段数量。

图2-59

圆角分段： 设置切角圆柱体圆角边时的分段数。

边数： 设置切角圆柱体周围的边数。

端面分段： 设置沿着切角圆柱体顶部和底部的中心和同心分段的数量。

⊙ 操作演示

工具： 切角圆柱体 　　**位置：** 几何体>扩展基本体　　**演示视频：** 14-切角圆柱体

▭ 实战介绍

本案例是用"切角圆柱体"工具 切角圆柱体 制作药片模型。

⊙ 效果介绍

图2-60所示是本案例的效果图。

⊙ 运用环境

圆凳和瓶子等物体都是日常生活中常见的带圆角的圆柱体物体，在制作这些模型的时候，都会借助"切角圆柱体"工具 切角圆柱体 进行模拟。

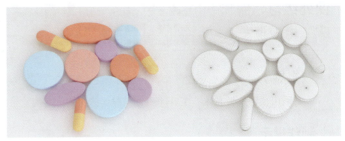

图2-60

▭ 思路分析

在制作模型之前，需要对模型进行拆分，以便后续制作。

⊙ 制作简介

药片按照形态分为圆形、扁圆形和胶囊3种类型。每个类型都是用"切角圆柱体"工具 切角圆柱体 进行制作，然后将这些模型进行拼合。

⊙ 图示导向

图2-61所示是模型的制作步骤分解图。

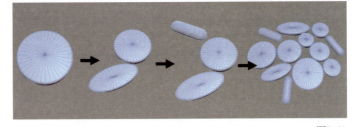

图2-61

▭ 步骤演示

01 在"创建"面板 中单击"几何体"按钮 ，选择"扩展基本体"选项，单击"切角圆柱体"按钮 切角圆柱体 ，在视图中使用鼠标左键拖曳光标，创建一个切角圆柱体，如图2-62所示。

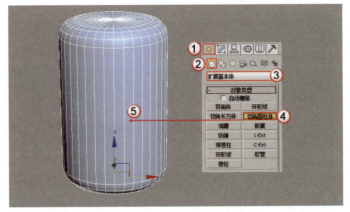

图2-62

02 选中创建的切角圆柱体模型，切换到"修改"面板，在"参数"卷展栏中设置"半径"为10mm，"高度"为3mm，"圆角"为0.5mm，"圆角分段"为3，"边数"为36，如图2-63所示。

03 将修改后的模型复制一个，使用"选择并均匀缩放"工具 将模型拉伸为椭圆形，如图2-64所示。

中文版 3ds Max 2016 实战基础教程（全彩版）

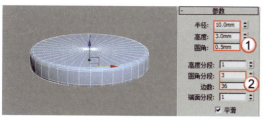

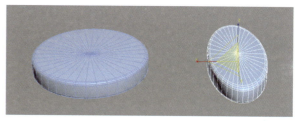

图2-63　　　　　　　　　　　　　　　　　　　　　　　　图2-64

04 使用"切角圆柱体"工具 切角圆柱体 在场景中创建一个模型，切换到"修改"面板，在"参数"卷展栏中设置"半径"为2.5mm，"高度"为15mm，"圆角"为2.5mm，"圆角分段"为5，"边数"为36，如图2-65所示。

05 至此，3种类型的药片全部制作完成。将这3种药片模型进行复制，摆放出一定的造型，如图2-66所示。

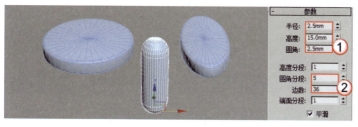

图2-65　　　　　　　　　　　　　　　　　　　　　　　　图2-66

⊖ 经验总结

通过这个案例的学习，相信读者已经掌握了"切角圆柱体"工具 切角圆柱体 的使用方法。

⊙ 技术总结

本案例是按照图示导向中的分解图，用"切角圆柱体"工具 切角圆柱体 分别创建3种类型的药片模型。

⊙ 经验分享

在本案例的制作中，大量运用了移动复制的方法，配合"选择并均匀缩放"工具 ▣ 制作出不同形态的药片模型。

<table>
<tr><td rowspan="4">课外练习：制作
圆凳模型</td><td>场景位置</td><td>无</td></tr>
<tr><td>实例位置</td><td>实例文件 >CH02> 课外练习 14.max</td></tr>
<tr><td>视频名称</td><td>课外练习 14.mp4</td></tr>
<tr><td>学习目标</td><td>掌握切角圆柱体工具的使用方法</td></tr>
</table>

⊖ 效果展示

本案例用"切角圆柱体"工具 切角圆柱体 制作圆凳，案例效果如图2-67所示。

⊖ 制作提示

圆凳模型可以分为凳面和凳脚两部分进行制作，如图2-68所示。

第1步： 使用"切角圆柱体"工具 切角圆柱体 制作凳面模型。

第2步： 使用"切角圆柱体"工具 切角圆柱体 制作凳脚模型。

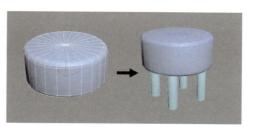

图2-67　　　　　　　　　　　　　　　　　　　　　　　　图2-68

实战 15

样条线：制作书立模型

场景位置	无
实例位置	实例文件 >CH02> 实战 15 样条线：制作书立模型 .max
视频名称	实战 15 样条线：制作书立模型 .mp4
学习目标	掌握线工具和矩形工具的使用方法

☐ 工具剖析

本案例主要使用"线"工具 `线` 进行制作。

⊙ **参数解释**

"线"工具 `线` 的参数面板如图 2-69 所示。

重要参数讲解

在渲染中启用：勾选该选项才能渲染出样条线；若不勾选，将不能渲染出样条线。

在视口中启用：勾选该选项后，样条线会以网格的形式显示在视图中。

视口/渲染：当勾选"在视口中启用"选项时，样条线将显示在视图中。当同时勾选"在视口中启用"和"渲染"选项时，样条线在视图中和渲染中都可以显示出来。

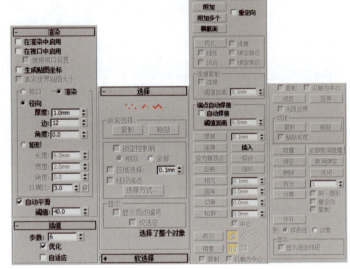

图2-69

径向：将3D网格显示为圆柱形对象，其参数包含"厚度""边""角度"。"厚度"选项用于指定视图或渲染样条线网格的直径，其默认值为1，范围为0~100；"边"选项用于在视图或渲染器中为样条线网格设置边数或面数（例如值为4表示一个方形横截面）；"角度"选项用于调整视图或渲染器中的横截面的旋转位置。

矩形：将3D网格显示为矩形对象，其参数包含"长度""宽度""角度""纵横比"。"长度"选项用于设置沿局部y轴的横截面大小；"宽度"选项用于设置沿局部x轴的横截面大小；"角度"选项用于调整视图或渲染器中的横截面的旋转位置；"纵横比"选项用于设置矩形横截面的纵横比。

步数：手动设置每条样条线的步数，数值越大线条越平滑。

顶点 ：在顶点层级下，选中绘制样条线的点，如图2-70所示。

线段 ：在线段层级下，选中绘制样条线的任意线段，如图2-71所示。

样条线 ：在样条线层级下，选中整段绘制的样条线，如图2-72所示。

图2-70

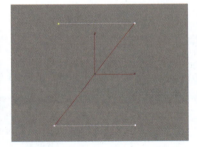

图2-71

图2-72

创建线 `创建线` ：绘制新的样条线，且与原来的样条线为同一个模型。

附加 `附加` ：将多条样条线合并为一条。

优化 `优化` ：单击此按钮后，会在样条线的任意位置添加顶点。

焊接 焊接 ：将分开的两个顶点合并为一个。

设为首顶点 设为首顶点 ：选中样条线上任意一点，然后单击此按钮就可以将该顶点设置为首顶点，该功能常用于动画制作。

圆角 圆角 ：将尖锐的顶点变得圆滑，如图2-73所示。

切角 切角 ：将尖锐的顶点进行斜切，如图2-74所示。

轮廓 轮廓 ：为样条线创建厚度，如图2-75所示。

图2-73

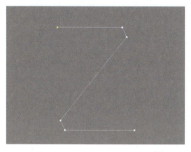
图2-74

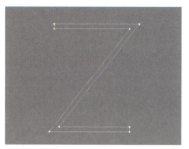
图2-75

⊙ **操作演示**

工具： 线 　　**位置：** 图形>样条线 　　**演示视频：** 15-线

实战介绍

本案例是用"线"工具 线 和"矩形"工具 矩形 制作书立模型。

⊙ **效果介绍**

图2-76所示是本案例的效果图。

⊙ **运用环境**

铁艺线条等花纹在制作这些模型的时候，都会借助"线"工具 线 进行模拟。

图2-76

思路分析

在制作模型之前，需要对模型进行拆分，以便后续制作。

⊙ **制作简介**

书立按照形态分为底座和花纹背板两部分。底座是由"矩形"工具 矩形 进行制作，花纹背板是由"线"工具 线 进行制作，然后将两者进行拼合。

⊙ **图示导向**

图2-77所示是模型的制作步骤分解图。

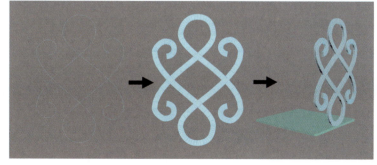
图2-77

一 步骤演示

01 单击"线"按钮 线 在前视图中绘制花纹，如图2-78所示。

02 切换到"修改"面板，单击"顶点"按钮 进行顶点层级，然后选中所有顶点并单击鼠标右键，在弹出的菜单中选择"Bezier"选项，如图2-79所示。

03 调整顶点的造型，使其变得圆滑对称，如图2-80所示。

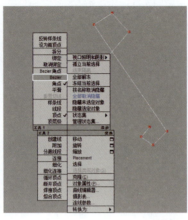

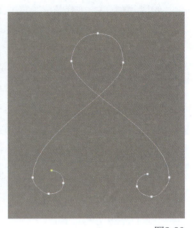

图2-78　　　　　　　　　　　　　　图2-79　　　　　　　　　　　　　　图2-80

技巧与提示

如果样条线边缘不够圆滑，可以适当增加"插值"卷展栏中的"步数"数值。

04 将上一步调整好的样条线沿y轴镜像复制一个，如图2-81所示。

05 选中样条线，在"渲染"卷展栏中勾选"在渲染中启用"和"在视口中启用"选项，然后设置"渲染"类型为矩形，"长度"为3mm，"宽度"为6mm，如图2-82所示。

06 单击"矩形"按钮 矩形 在顶视图绘制书立的底座，切换到"修改"面板，在"参数"卷展栏中设置"长度"为120mm，"宽度"为100mm，"角半径"为3mm，如图2-83所示。

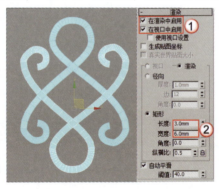

图2-81　　　　　　　　　　　　　　图2-82　　　　　　　　　　　　　　图2-83

技巧与提示

绘制的样条线没有明确的尺寸单位，因此读者绘制的长度和宽度的数值也可能与案例中不相同。

07 选中绘制的矩形，然后执行"修改器>网格编辑>挤出"命令，如图2-84所示。在"修改"面板中设置"数量"为3mm，如图2-85所示。

08 将底座模型与花纹背板模型进行拼合，效果如图2-86所示。

技巧与提示

"挤出"命令后的快捷键Shift+E是笔者自定义的快捷键，默认菜单中没有此快捷键。

图2-84

中文版 3ds Max 2016 实战基础教程（全彩版）

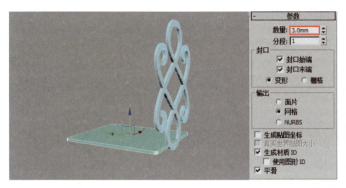

图2-85 　　　　　　　　　　　　　　　　　　　　　　　　　图2-86

经验总结

通过这个案例的学习，相信读者已经掌握了"线"工具 ▢线▢ 的使用方法。

⊙ 技术总结

本案例是按照图示导向中的分解图，用"线"工具 ▢线▢ 和"矩形"工具 ▢矩形▢ 分别创建书立的花纹背板和底座两部分模型，然后将其拼合进而制作出完整的书立模型。

⊙ 经验分享

在绘制样条线时，需要将顶点调整为"Bezier"模式，通过调整绿色的操纵杆使线条的弯曲效果更加理想。绿色的操纵杆是用"选择并移动"工具 ▣ 进行移动，操纵杆可以两端拉长、缩短和移动角度。不同的长度和角度，曲线的弧度也会不同，如图2-87所示。如果只需要单独调节一侧的操纵杆，可以按住Shift键单独调整操纵杆，或者将顶点调整为"Bezier角点"模式。

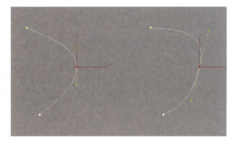

图2-87

课外练习：制作玻璃杯模型	场景位置	无
	实例位置	实例文件 >CH02> 课外练习 15.max
	视频名称	课外练习 15.mp4
	学习目标	掌握线工具的使用方法

效果展示

本案例用"线"工具 ▢线▢ 制作玻璃杯，案例效果如图2-88所示。

制作提示

玻璃杯模型可以分为两部分进行制作，如图2-89所示。

第1步： 使用"线"工具 ▢线▢ 绘制玻璃杯剖面。

第2步： 使用"车削"修改器将剖面变换为立体模型。

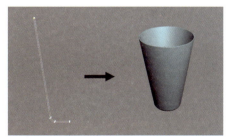

图2-88 　　　　　　　　　　　　　　　　　　　　　　　　　图2-89

场景位置	无
实例位置	实例文件 >CH02> 实战 16 文本：制作匾额模型 .max
视频名称	实战 16 文本：制作匾额模型 .mp4
学习目标	掌握文本工具和矩形工具的使用方法

一 工具剖析

本案例主要使用"文本"工具 文本 进行制作。

⊙ 参数解释

"文本"工具 文本 的参数面板如图2-90所示。

重要参数讲解

斜体 I： 单击该按钮可以将文本切换为斜体。

下划线 U： 单击该按钮可以将文本切换为下划线文本。

左对齐： 单击该按钮可以将文本对齐到边界框的左侧。

居中： 单击该按钮可以将文本对齐到边界框的中心。

右对齐： 单击该按钮可以将文本对齐到边界框的右侧。

对正： 分隔所有文本行以填充边界框的范围。

大小： 设置文本高度，其默认值为100mm。

字间距： 设置文字间的间距。

行间距： 调整字行间的间距（只对多行文本起作用）。

文本： 在此可以输入文本，若要输入多行文本，可以按Enter键切换到下一行。

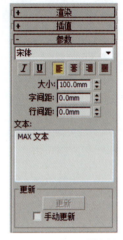

图2-90

⊙ 操作演示

工具： 文本　　**位置：** 图形>样条线　　**演示视频：** 16-文本

一 实战介绍

本案例是用"文本"工具 文本 和"切角长方形"工具 切角长方体 制作匾额模型。

⊙ 效果介绍

图2-91所示是本案例的效果图。

⊙ 运用环境

牌匾、吊牌和路标等带文字的模型都会借助"文本"工具 文本 进行模拟。

图2-91

一 思路分析

在制作模型之前，需要对模型进行拆分，以便后续制作。

⊙ 制作简介

匾额按照形态分为文字和背板两部分。文字是由"文本"工具 文本 进行制作，背板是由"切角长方体"工具 切角长方体 进行制作，然后将两者进行拼合。

⊙ 图示导向

图2-92所示是模型的制作步骤分解图。

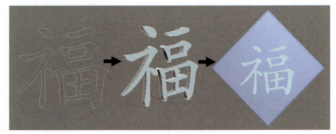

图2-92

01 单击"文本"按钮 文本 在正视图中创建一个文本模型，在"文本"中输入"福"，字体格式选择"方正楷体繁体"，如图2-93所示。

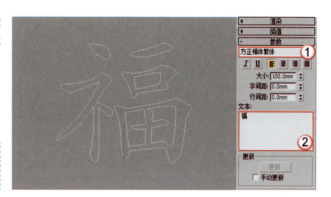

> **技巧与提示**
>
> 若读者的系统中没有该字体，可以更换为其他字体。

图2-93

02 选中创建文字样条线，然后执行"修改器>网格编辑>挤出"命令，如图2-94所示。在"修改"面板中设置"数量"为5mm，如图2-95所示。

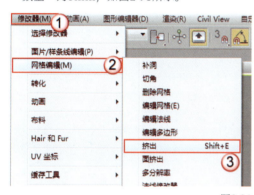

图2-94

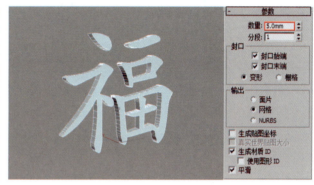

图2-95

03 使用"切角长方体"工具 切角长方体 在场景中创建一个模型，切换到"修改"面板，在"参数"卷展栏中设置"长度"为120mm，"宽度"为120mm，"高度"为5mm，"圆角"为4mm，"圆角分段"为3，如图2-96所示。

04 将背板模型旋转45°，效果如图2-97所示。

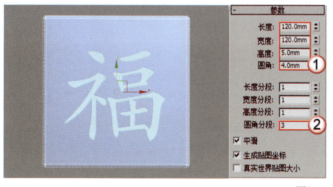

图2-96

图2-97

经验总结

通过这个案例的学习，相信读者已经掌握了"文本"工具 文本 的使用方法。

⊙ **技术总结**

本案例是按照图示导向中的分解图，用"文本"工具 文本 和"切角长方体"工具 切角长方体 分别创建匾额的文字和背板两部分模型，然后将其拼合进而制作出完整的匾额模型。

⊙ 经验分享

为文本样条线添加"挤出"修改器时，需要注意有些字体添加"挤出"修改器后会出现模型错误的情况，这时就需要调整该文本字体的大小、字间距等参数，或是更换文本字体。

课外练习：制作 灯牌模型	场景位置	无
	实例位置	实例文件 >CH02> 课外练习 16.max
	视频名称	课外练习 16.mp4
	学习目标	掌握文本工具的使用方法

◯ 效果展示

本案例用"文本"工具 `文本` 、"线"工具 `线` 和"切角长方体"工具 `切角长方体` 制作灯牌，案例效果如图2-98所示。

图2-98

◯ 制作提示

灯牌模型可以分为3部分进行制作，如图2-99所示。

第1步： 使用"文本"工具 `文本` 绘制文字样条线，并使用"挤出"修改器挤出厚度。

第2步： 使用"线"工具 `线` 绘制边缘的装饰线。

第3步： 使用"切角长方体"工具 `切角长方体` 创建背板模型。

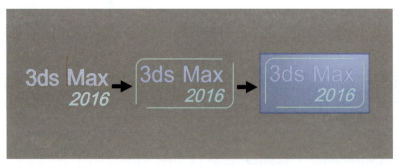

图2-99

第 3 章
高级建模技术

本章将介绍 3ds Max 2016 的高级建模技术，包括修改器、复合对象和多边形建模。通过对本章的学习，读者可以创建一些较为复杂的模型。

本章技术重点

» 掌握修改器的使用方法

» 掌握复合对象的创建方法

» 掌握多边形建模的方法

挤出：制作书本模型

场景位置	无
实例位置	实例文件 >CH03> 实战 17 挤出：制作书本模型 .max
视频名称	实战 17 挤出：制作书本模型 .mp4
学习目标	掌握挤出修改器的使用方法

⊟ 工具剖析

本案例主要使用"挤出"修改器进行制作。

⊙ 参数解释

"挤出"修改器的参数面板如图3-1所示。

重要参数讲解

数量： 设置挤出的深度。

分段： 指定要在挤出对象中创建的线段数目。

封口： 用来设置挤出对象的封口，共有以下4个选项。

封口始端： 在挤出对象的初始端生成一个平面。

封口末端： 在挤出对象的末端生成一个平面。

变形： 以可预测、可重复的方式排列封口面，这是创建变形目标所必需的操作。

栅格： 在图形边界的方形上修剪栅格中安排的封口面。

输出： 指定挤出对象的输出方式，共有以下3个选项。

面片： 产生一个可以折叠到面片对象中的对象。

网格： 产生一个可以折叠到网格对象中的对象。

NURBS： 产生一个可以折叠到NURBS对象中的对象。

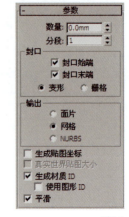

图3-1

⊙ 操作演示

工具： 挤出修改器　　**位置：** 修改器列表　　**演示视频：** 17-挤出修改器

⊟ 实战介绍

本案例是用"挤出"修改器制作书本模型。

⊙ 效果介绍

图3-2所示是本案例的效果图。

⊙ 运用环境

"挤出"修改器可以将复杂的二维图形转化为有厚度的三维模型，常用于制作造型不规则的模型。

图3-2

⊟ 思路分析

在制作模型之前，需要对模型进行拆分，以便后续制作。

⊙ 制作简介

对书本的造型进行分析，可以将其拆分为书壳和书页两部分。两者都是先用"线"工具 线 绘制模型剖面，后用"挤出"修改器制作出厚度，再拼合为一个整体。

⊙ 图示导向

图3-3所示是模型的制作步骤分解图。

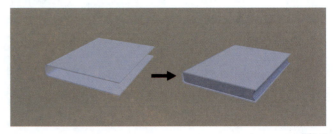

图3-3

步骤演示

01 使用"线"工具 线 在前视图中绘制书本外壳并调整好造型，如图3-4所示。

02 进入"样条线"层级 ，使用"轮廓"工具 轮廓 绘制出外壳的厚度，如图3-5所示。

图3-4

图3-5

技巧与提示

外壳的厚度这里不给出特定数值，读者请根据绘制样条线的实际大小进行设置。

---

03 选中上一步创建的样条线，切换到"修改"面板并单击"修改器列表"按钮，然后在下拉菜单中选择"挤出"选项，接着在"参数"卷展栏下设置"数量"为160mm，如图3-6所示。

04 使用"线"工具 线 在外壳内绘制书页，如图3-7所示。

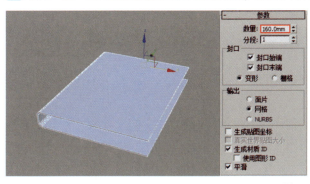
图3-6

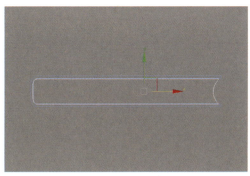
图3-7

05 选中上一步创建的样条线，为其加载一个"挤出"修改器，然后在"参数"卷展栏下设置"数量"为155mm，如图3-8所示。

06 调整书页的位置，书本最终造型如图3-9所示。

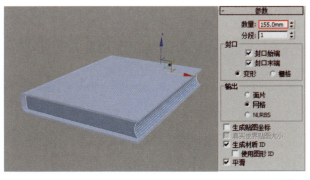
图3-8

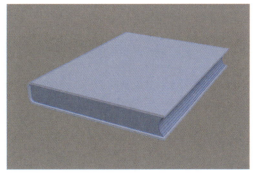
图3-9

经验总结

通过这个案例的学习，相信读者已经掌握了"挤出"修改器的使用方法。

⊙ 技术总结

本案例是按照图示导向中的分解图，先用"线"工具 线 绘制书的轮廓，再用"挤出"修改器制作出书壳和书页的厚度。

使用"挤出"修改器时一定要确认绘制的样条线保持封闭状态，且不要有线条交叉的情况，否则挤出的模型会达不到理想的状态，如图3-10所示。

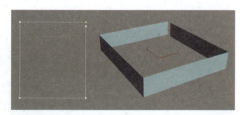

图3-10

课外练习：制作书签模型	**场景位置**	无
	实例位置	实例文件 >CH03> 课外练习 17.max
	视频名称	课外练习 17.mp4
	学习目标	掌握挤出修改器的使用方法

⊟ 效果展示

本案例用"挤出"修改器制作书签，案例效果如图3-11所示。

⊟ 制作提示

书签模型可以分为两部分进行制作，如图3-12所示。

第1步：使用"矩形"工具 矩形 和"圆"工具 圆 绘制书签的样条线。

第2步：使用"挤出"修改器生成书签的厚度。

图3-11

图3-12

实战 18　**车削：**制作花瓶模型	**场景位置**	无
	实例位置	实例文件 >CH03> 实战 18 车削：制作花瓶模型 .max
	视频名称	实战 18 车削：制作花瓶模型 .mp4
	学习目标	掌握车削修改器的使用方法

⊟ 工具剖析

本案例主要使用"车削"修改器进行制作。

⊙ **参数解释**

"车削"修改器的参数面板如图3-13所示。

重要参数讲解

度数：设置对象围绕坐标轴旋转的角度，其范围为0~360°，默认值为360°。

焊接内核：通过焊接旋转轴中的顶点来简化网格。

翻转法线：使物体的法线翻转，翻转后物体的内部会外翻。

分段：在起始点之间设置在曲面上创建的插补线段的数量。

封口：如果设置的车削对象的"度数"小于 360°，该选项用来控制是否在车削对象的内部创建封口。

封口始端：车削的起点，用来设置封口的最大程度。

图3-13

封口末端：车削的终点，用来设置封口的最大程度。

变形：按照创建变形目标所需的可预见且可重复的模式来排列封口面。

栅格：在图形边界的方形上修剪栅格中安排的封口面。

方向：设置轴的旋转方向，共有X、Y和Z这3个轴可供选择。

对齐：设置对齐的方式，共有"最小""中心""最大"3种方式可供选择。

⊙ **操作演示**

工具：车削修改器　　**位置：**修改器列表　　**演示视频：**18-车削修改器

⊟ 实战介绍

本案例是用"车削"修改器制作花瓶模型。

⊙ 效果介绍

图3-14所示是本案例的效果图。

⊙ 运用环境

"车削"修改器常用来制作杯子、笔筒、碗盘等圆形的物体，是常用的修改器之一。

图3-14

⊟ 思路分析

在制作模型之前，需要对模型进行分析，以便后续制作。

⊙ 制作简介

花瓶模型较为简单，需要先用"线"工具 **线** 绘制花瓶模型的剖面，然后使用"车削"修改器生成一个完整的花瓶模型。

⊙ 图示导向

图3-15所示是模型的制作步骤分解图。

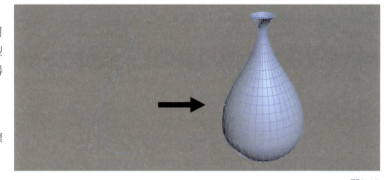

图3-15

⊟ 步骤演示

01 使用"线"工具 **线** 在前视图中绘制花瓶的剖面，如图3-16所示。

02 在"样条线"层级 中使用"轮廓"工具 **轮廓** 创建花瓶的厚度，如图3-17所示。

03 在"顶点"层级 调整瓶口位置的顶点造型，如图3-18所示。

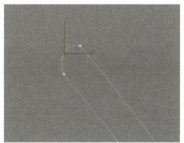

图3-16　　　　　　　　　　图3-17　　　　　　　　　　图3-18

04 选中上一步修改后的样条线，然后切换到"修改"面板，在"修改器列表"的下拉菜单中选择"车削"选项，接着在"参数"卷展栏下勾选"焊接内核"选项，并设置"分段"为36，"方向"为y轴，"对齐"为最大，如图3-19所示。花瓶最终效果如图3-20所示。

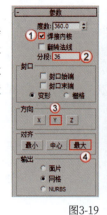

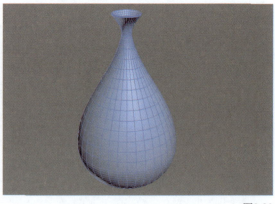

图3-19　　　　　　　　　　　　　　　　　　图3-20

📃 经验总结

通过这个案例的学习，相信读者已经掌握了"车削"修改器的使用方法。

⊙ 技术总结

本案例是按照图示导向中的分解图绘制出花瓶的剖面，然后使用"车削"修改器生成花瓶模型。

⊙ 经验分享

使用"车削"修改器生成模型时，中心轴位置不同，生成模型的效果也会不同，如图3-21所示。

勾选"焊接内核"选项，可以消除车削模型中心位置的重叠面或孔洞，如图3-22所示。如果勾选后仍有模型错误，就需要移动中心轴的位置。

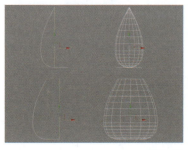

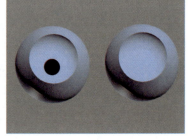

图3-21　　　　　　　　　　　　　　　　　　图3-22

课外练习：制作按钮模型

场景位置	无
实例位置	实例文件 >CH03> 课外练习 18.max
视频名称	课外练习 18.mp4
学习目标	掌握车削修改器的使用方法

📃 效果展示

本案例用"车削"修改器制作按钮，案例效果如图3-23所示。

📃 制作提示

按钮模型可以分为按钮和底座两部分进行制作，如图3-24所示。

第1步： 使用"线"工具 ▢▢▢线▢▢▢ 和"车削"修改器制作按钮模型。

第2步： 使用"线"工具 ▢▢▢线▢▢▢ 和"车削"修改器制作底座模型。

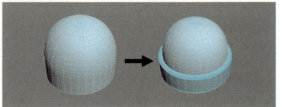

图3-23　　　　　　　　　　　　　　　　　　图3-24

中文版 3ds Max 2016 实战基础教程（全彩版）

扫描：制作相框模型

场景位置	无
实例位置	实例文件 >CH03> 实战 19 扫描：制作相框模型 .max
视频名称	实战 19 扫描：制作相框模型 .mp4
学习目标	掌握扫描修改器的使用方法

工具剖析

本案例主要使用"扫描"修改器进行制作。

参数解释

"扫描"修改器的参数面板如图3-25所示。

重要参数讲解

使用内置截面：系统会按照选定的内置截面生成模型，截面列表如图3-26所示。

使用自定义截面：拾取场景中的样条线，从而生成模型。

长度/宽度/厚度：当设置为"使用内置截面"选项时，该组参数可以设置截面的大小。

角半径1/角半径2：设置截面的角半径。

边半径：设置截面的边半径。

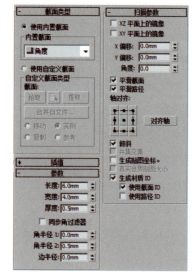

> **技巧与提示**
>
> 不同的内置截面选项会有不同的参数。

X偏移：扫描生成的模型在*x*轴上位移的距离。

Y偏移：扫描生成的模型在*y*轴上位移的距离。

角度：扫描生成的模型角度偏移。

对齐轴：单击左侧的9个按钮设置模型的轴点中心。

操作演示

工具：扫描修改器　　**位置：**修改器列表　　**演示视频：**19-扫描修改器

图3-25　　　　　图3-26

实战介绍

本案例是用"扫描"修改器制作相框模型。

效果介绍

图3-27所示是本案例的效果图。

运用环境

"扫描"修改器常用来制作相框、吊顶和踢脚线等复杂纹路的模型。

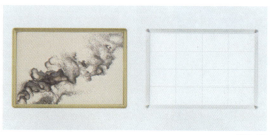

图3-27

思路分析

在制作模型之前，需要对模型进行拆分，以便后续制作。

制作简介

相框模型可以拆分为边框和背板两部分。边框部分是用"矩形"工具 矩形 进行制作，背板是用"长方体"工具 长方体 进行制作，然后将两部分进行拼合。

⊙ **图示导向**

图3-28所示是模型的制作步骤分解图。

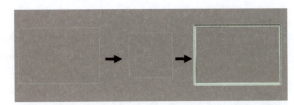

图3-28

步骤演示

01 使用"矩形"工具 矩形 在前视图中绘制一个矩形样条线，设置"长度"为200mm，"宽度"为300mm，"角半径"为3mm，如图3-29所示。

02 使用"矩形"工具 矩形 继续绘制一个矩形样条线，设置"长度"和"宽度"都为10mm，如图3-30所示。

图3-29

图3-30

03 选中上一步绘制的矩形，将其转换为可编辑样条线，并调整样式，如图3-31所示。

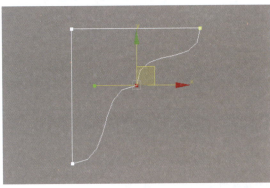

图3-31

技巧与提示

选中矩形后，单击鼠标右键，在弹出的菜单中执行"转换为>转换为可编辑样条线"命令，如图3-32所示。

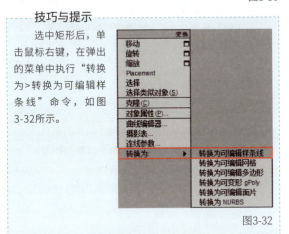

图3-32

04 选中步骤01中绘制的矩形，为其加载"扫描"修改器，然后在"截面类型"卷展栏中选择"使用自定义截面"选项，接着单击"拾取"按钮 拾取 选择上一步修改后的样条线，如图3-33所示。拾取后的效果如图3-34所示。

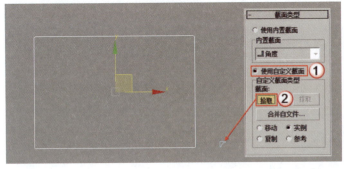

图3-33

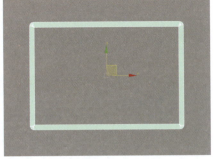

图3-34

05 此时观察模型，有造型的一面背向画面。在"扫描参数"卷展栏中勾选"XY平面上的镜像"选项，效果如图3-35所示。

06 在"扫描参数"卷展栏中勾选"XZ平面上的镜像"选项，镜框达到预想的效果，如图3-36所示。

图3-35

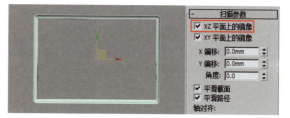

图3-36

经验总结

通过这个案例的学习，相信读者已经掌握了"扫描"修改器的使用方法。

⊙ 技术总结

本案例是按照图示导向中的分解图，分别绘制出相框的样条线和花纹剖面的样条线，然后通过"扫描"修改器将其生成为相框模型。

⊙ 经验分享

勾选"XZ平面上的镜像"和"XY平面上的镜像"选项，可以让扫描后的模型翻转到理想的方向。设置"X偏移"和"Y偏移"的值，可以更改扫描模型的长和宽，这个功能常用于制作吊顶、踢脚线和装饰线条等模型。

课外练习：制作冰淇淋模型	场景位置	无
	实例位置	实例文件 >CH03> 课外练习 19.max
	视频名称	课外练习 19.mp4
	学习目标	掌握扫描修改器的使用方法

效果展示

本案例用"圆锥体"工具 圆锥体 、"螺旋线"工具 螺旋线 、"星形"工具 星形 和"扫描"修改器制作冰淇淋，案例效果如图3-37所示。

制作提示

冰淇淋模型可以分为盒子和冰淇淋两部分进行制作，如图3-38所示。

第1步： 使用"圆锥体"工具 圆锥体 制作盒子模型。

第2步： 使用""螺旋线"工具 螺旋线 、"星形"工具 星形 和"扫描"修改器制作冰淇淋模型。

图3-37

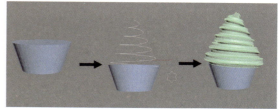

图3-38

实战 20 弯曲：制作手镯模型	场景位置	无
	实例位置	实例文件 >CH03> 实战 20 弯曲：制作手镯模型 .max
	视频名称	实战 20 弯曲：制作手镯模型 .mp4
	学习目标	掌握弯曲修改器的使用方法

工具剖析

本案例主要使用"弯曲"修改器进行制作。

⊙ **参数解释**

"弯曲"修改器的参数面板如图3-39所示。

重要参数讲解

角度：从顶点平面设置要弯曲的角度，范围为–999999~999999。

方向：设置弯曲相对于水平面的方向，范围为–999999~999999。

X/Y/Z：指定要弯曲的轴，默认轴为z轴。

限制效果：将限制约束应用于弯曲效果。

上限：以世界单位设置上部边界，该边界位于弯曲中心点的上方，超出该边界弯曲不再影响几何体，其范围为0~999999。

下限：以世界单位设置下部边界，该边界位于弯曲中心点的下方，超出该边界弯曲不再影响几何体，其范围为–999999~0。

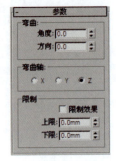

图3-39

⊙ **操作演示**

工具：弯曲修改器　　**位置**：修改器列表　　**演示视频**：20-弯曲修改器

一 实战介绍

本案例是用"弯曲"修改器制作手镯模型。

⊙ **效果介绍**

图3-40所示是本案例的效果图。

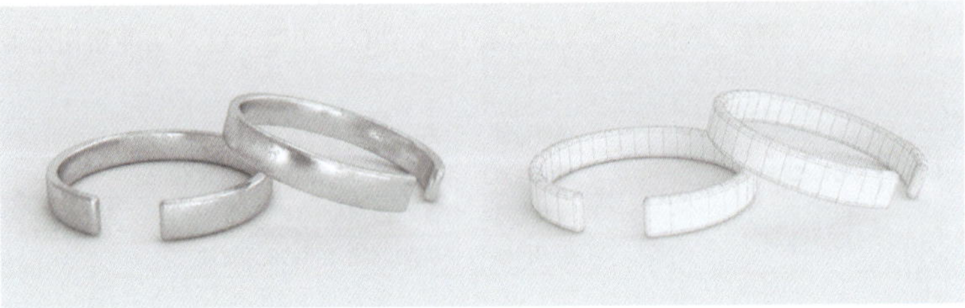

⊙ **运用环境**

图3-40

"弯曲"修改器可以将模型沿任意角度进行弯曲，常用于制作带弧度的模型。

一 思路分析

在制作模型之前，需要对模型进行拆分，以便后续制作。

⊙ **制作简介**

手镯模型制作相对简单，使用"切角长方体"工具 切角长方体 制作出手镯的样式，然后使用"弯曲"修改器进行弯曲即可。

⊙ **图示导向**

图3-41所示是模型的制作步骤分解图。

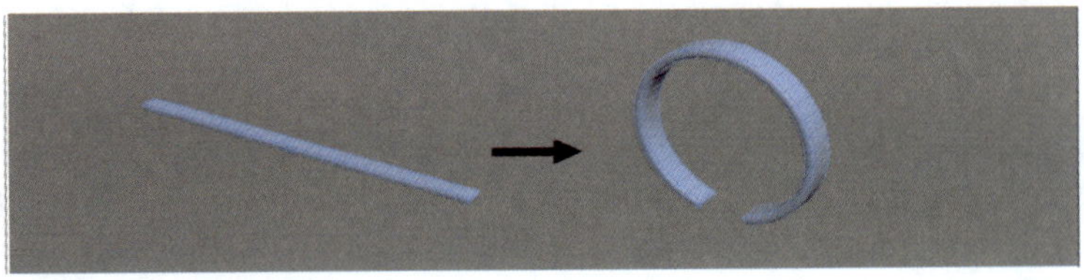

图3-41

一 步骤演示

01 使用"切角长方体"工具 切角长方体 在视图中创建一个切角长方体模型，然后切换到"修改"面板，在"参数"卷展栏中设置"长度"为5mm，"宽度"为260mm，"高度"为15mm，"圆角"为2mm，"宽度分段"为25，如图3-42所示。

02 选中上一步创建的切角长方体模型，然后在"修改器列表"中选择"弯曲"选项，此时模型周围包裹黄色外框，如图3-43所示。

图3-42 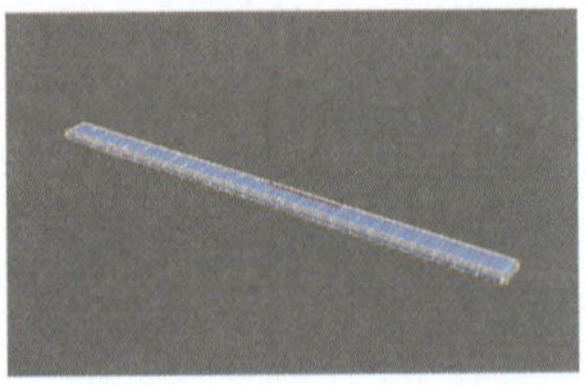　　　　　　　　　　图3-43

┌─ **技巧与提示** ─────────────────────────
只有设置了"宽度分段"的数值，才能在加载"弯曲"修改器后形成弯曲效果。
└──────────────────────────────────────

03 切换到"修改"面板，在"参数"卷展栏中设置"角度"为330，"方向"为90，"弯曲轴"为X，切角长方体模型呈弯曲效果，如图3-44所示。

04 此时弯曲的模型有很多棱角不够圆滑，在"修改"面板中选择"ChamferBox"选项，返回切角长方体层级，然后在下方设置"宽度分段"为35，如图3-45所示。手镯模型最终效果如图3-46所示。

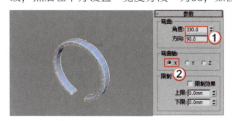 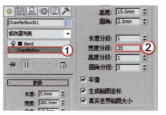 

图3-44　　　　　　　　　　　图3-45　　　　　　　　　　　图3-46

经验总结

通过这个案例的学习，相信读者已经掌握了"弯曲"修改器的使用方法。

⊙ 技术总结

本案例是按照图示导向中的分解图，用"弯曲"修改器将切角长方体模型进行弯曲，从而制作出手镯模型。

⊙ 经验分享

移动"弯曲"修改器的"Gizmo"坐标位置，可以更改模型弯曲的位置，如图3-47所示。移动"弯曲"修改器的"中心"坐标位置，可以更改模型弯曲的中心点，如图3-48所示。

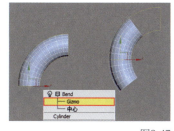 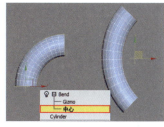

图3-47　　　　　　　　　　　图3-48

课外练习：制作水龙头模型

场景位置	无
实例位置	实例文件 >CH03> 课外练习 20.max
视频名称	课外练习 20.mp4
学习目标	掌握弯曲修改器的使用方法

效果展示

本案例用"弯曲"修改器制作水龙头，案例效果如图3-49所示。

制作提示

水龙头模型是在模型上添加"弯曲"修改器，然后进行弯曲，如图3-50所示。

第1步： 为水龙头模型加载"弯曲"修改器。

第2步： 调整修改器的参数，使水龙头弯曲。

 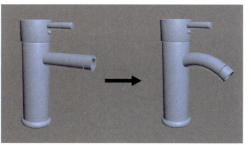

图3-49　　　　　　　　　　　图3-50

场景位置	场景文件 >CH03>02.max
实例位置	实例文件 >CH03> 实战 21 扭曲：制作笔筒模型 .max
视频名称	实战 21 扭曲：制作笔筒模型 .mp4
学习目标	掌握扭曲修改器的使用方法

工具剖析

本案例主要使用"扭曲"修改器进行制作。

⊙ 参数解释

"扭曲"修改器的参数面板如图3-51所示。

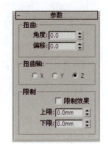

图3-51

技巧与提示

扭曲修改器的参数和用法与弯曲修改器一致，这里不再赘述。

⊙ 操作演示

工具： 扭曲修改器　　**位置：** 修改器列表　　**演示视频：** 21-扭曲修改器

实战介绍

本案例是用"扭曲"修改器制作笔筒模型。

⊙ 效果介绍

图3-52所示是本案例的效果图。

⊙ 运用环境

"扭曲"修改器可以将模型绕着一个轴旋转特定度数，使模型产生旋转扭曲。

图3-52

思路分析

在制作模型之前，需要对模型进行分析，以便后续制作。

⊙ 制作简介

笔筒模型是在原有模型的基础上加载"扭曲"修改器后形成扭曲的效果。

⊙ 图示导向

图3-53所示是模型的制作步骤分解图。

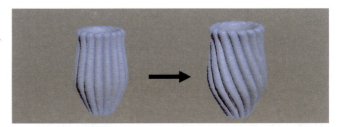

图3-53

步骤演示

01 打开本书学习资源中的"场景文件>CH 03>02.max"文件，如图3-54所示。

02 选中笔筒模型，切换到"修改"面板，在"修改器列表"中选择"扭曲"选项，此时笔筒模型外部出现黄色的方框，如图3-55所示。

图3-54

图3-55

03 在参数面板中设置"角度"为80，"扭曲轴"为Z，如图3-56所示。笔筒模型效果如图3-57所示。

> **技巧与提示**
>
> 如果遇到模型在旋转时没有按照预定的角度旋转，需要调整"扭曲轴"的方向，同时要检查扭曲的中心是否在模型中心。

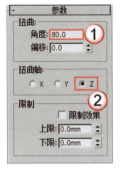

图3-56　　　　　　　　　　　　　　　　图3-57

经验总结

通过这个案例的学习，相信读者已经掌握了"扭曲"修改器的使用方法。

⊙ 技术总结

本案例是按照图示导向中的分解图，为原有的笔筒模型加载"扭曲"修改器并设置参数后形成扭曲效果。

⊙ 经验分享

同"弯曲"修改器一样，"扭曲"修改器也需要注意"扭曲轴"的方向。设置正确的扭曲中心才能生成需要的扭曲效果。

课外练习：制作扶手模型

场景位置	无
实例位置	实例文件 >CH03> 课外练习 21.max
视频名称	课外练习 21.mp4
学习目标	掌握扭曲修改器的使用方法

效果展示

本案例用"扭曲"修改器制作扶手，案例效果如图3-58所示。

图3-58

制作提示

扶手模型可以分为栏杆和扶手两部分进行制作，如图3-59所示。

第1步： 使用"切角圆柱体"工具 切角圆柱体 和"扭曲"修改器制作栏杆模型。

第2步： 使用"切角圆柱体"工具 切角圆柱体 制作扶手模型。

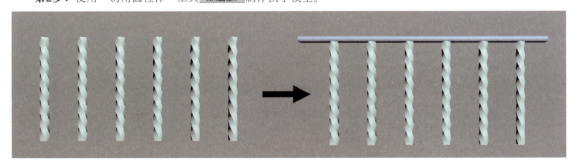

图3-59

<table>
<tr><td rowspan="4">**实战 22**
噪波：制作地形模型</td><td>场景位置</td><td>无</td></tr>
<tr><td>实例位置</td><td>实例文件 >CH03> 实战 22 噪波：制作地形模型 .max</td></tr>
<tr><td>视频名称</td><td>实战 22 噪波：制作地形模型 .mp4</td></tr>
<tr><td>学习目标</td><td>掌握噪波修改器的使用方法</td></tr>
</table>

工具剖析

本案例主要使用"噪波"修改器进行制作。

参数解释

"噪波"修改器的参数面板如图3-60所示。

重要参数讲解

种子： 从设置的数值中生成一个随机起始点。该参数在创建地形时非常有用，因为每种设置都可以生成不同的效果。

比例： 设置噪波影响的大小（不是强度）。较大的值可以产生平滑的噪波，较小的值可以产生锯齿现象非常严重的噪波。

分形： 控制是否产生分形效果。勾选该选项以后，下面的"粗糙度"和"迭代次数"选项才可用。

粗糙度： 决定分形变化的程度。

迭代次数： 控制分形功能所使用的迭代数目。

X/Y/Z： 设置噪波在x/y/z坐标轴上的强度（至少为其中一个坐标轴输入强度数值）。

图3-60

操作演示

工具： 噪波修改器　　**位置：** 修改器列表　　**演示视频：** 22-噪波修改器

实战介绍

本案例是用"平面"工具 平面 和"噪波"修改器制作地形模型。

效果介绍

图3-61所示是本案例的效果图。

运用环境

"噪波"修改器可以制作出水波纹和褶皱效果，常用于制作液体类和山体地形类模型。

图3-61

思路分析

在制作模型之前，需要对模型进行分析，以便后续制作。

制作简介

地形模型相对简单，在平面模型的基础上加载"噪波"修改器，并调整参数形成地形模型。

图示导向

图3-62所示是模型的制作步骤分解图。

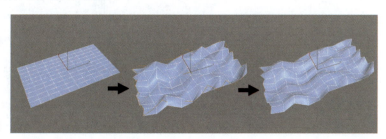

图3-62

步骤演示

01 单击"平面"按钮 平面 在顶视图中创建一个平面模型，在"修改"面板中设置"长度"为2500mm，"宽度"为4500mm，"长度分段"和"宽度分段"都为10，如图3-63所示。

02 选中平面模型，在"修改器列表"中选择"噪波"选项，并设置"种子"为3，"X"为350mm，"Y"为600mm，"Z"为738mm，如图3-64所示。

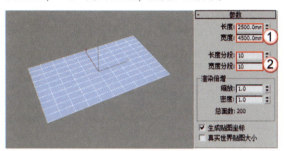

图3-63

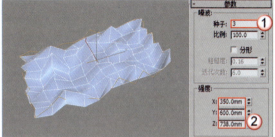

图3-64

03 加载"噪波"修改器后模型凸起的部分很尖锐，在"修改器列表"中选择"网格平滑"选项，效果如图3-65所示。

04 在"网格平滑"的参数栏中设置"细分方法"为四边形输出，模型效果如图3-66所示。

05 移动视图选择一个合适的角度，最终效果如图3-67所示。

图3-65

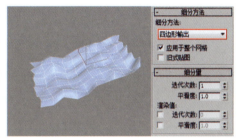

图3-66

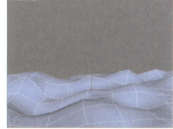

图3-67

技巧与提示

"网格平滑"修改器可以让尖锐的模型变得圆滑，更符合真实的地形效果。

经验总结

通过这个案例的学习，相信读者已经掌握了"噪波"修改器的使用方法。

⊙ 技术总结

本案例是按照图示导向中的分解图，给平面添加"噪波"修改器，从而模拟地形效果。

⊙ 经验分享

加载"噪波"修改器的模型自身分段线越多，噪波效果越密集，如图3-68所示。

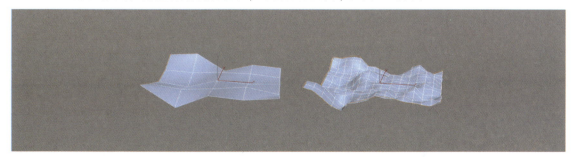

图3-68

第 3 章 高级建模技术

57

课外练习：制作 水面模型

场景位置	无
实例位置	实例文件 >CH03> 课外练习 22.max
视频名称	课外练习 22.mp4
学习目标	掌握噪波修改器的使用方法

⊟ 效果展示

本案例用"噪波"修改器制作水面，案例效果如图3-69所示。

⊟ 制作提示

水面模型可以分为两部分进行制作，如图3-70所示。

第1步：使用"平面"工具 平面 制作水面模型。

第2步：使用"噪波"修改器为其添加波纹效果。

图3-69

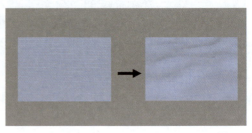

图3-70

实战 23
FFD：制作抱枕模型

场景位置	无
实例位置	实例文件 >CH03> 实战 23 FFD：制作抱枕模型 .max
视频名称	实战 23 FFD：制作抱枕模型 .mp4
学习目标	掌握 FFD 修改器的使用方法

⊟ 工具剖析

本案例主要使用"FFD"修改器进行制作。

⊙ 参数解释

"FFD"修改器包含5种类型，分别"FFD 2×2×2"修改器、"FFD 3×3×3"修改器、"FFD 4×4×4"修改器、"FFD（长方体）"修改器和"FFD（圆柱体）"修改器。FFD修改器的使用方法基本都相同，因此这里选择"FFD（长方体）"修改器来进行讲解，其参数设置面板如图3-71所示。

重要参数讲解

点数：显示晶格中当前的控制点数目，例如4×4×4、2×2×2等。

设置点数 设置点数 ：单击该按钮可以打开"设置FFD尺寸"对话框，在该对话框中可以设置晶格中所需控制点的数目，如图3-72所示。

晶格：控制是否使连接控制点的线条形成栅格。

源体积：开启该选项可以将控制点和晶格以未修改的状态显示出来。

仅在体内：只有位于源体积内的顶点会变形。

图3-71

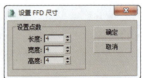

图3-72

58

所有顶点： 所有顶点都会变形。

衰减： 决定FFD的效果减为0时离晶格的距离。

张力/连续性： 调整变形样条线的张力和连续性。虽然无法看到FFD中的样条线，但晶格和控制点代表着控制样条线的结构。

全部X 全部X **/全部Y** 全部Y **/全部Z** 全部Z **：** 选中沿着由这些轴指定的局部维度的所有控制点。

重置 重置 **：** 将所有控制点恢复到原始位置。

与图形一致 与图形一致 **：** 在对象中心控制点位置之间沿直线方向来延长线条，可以将每一个FFD控制点移到修改对象的交叉点上。

⊙ **操作演示**

工具： FFD修改器　　**位置：** 修改器列表　　**演示视频：** 23-FFD修改器

实战介绍

本案例是用"平面"工具 平面 、"FFD"修改器和"镜像"工具⚟制作抱枕模型。

⊙ **效果介绍**

图3-73所示是本案例的效果图。

⊙ **运用环境**

"FFD"修改器可以将图形以晶格的形状来改变，适合制作一些软体模型。

图3-73

思路分析

在制作模型之前，需要对模型进行分析，以便后续制作。

⊙ **制作简介**

抱枕模型的两面完全相同，用"平面"工具 平面 和"FFD"修改器制作一面，再用"镜像"工具⚟镜像复制，最后拼合在一起就是完整的抱枕模型。

⊙ **图示导向**

图3-74所示是模型的制作步骤分解图。

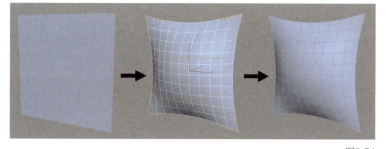

图3-74

步骤演示

01 单击"平面"按钮 平面 在正视图中创建一个平面模型，切换到"修改"面板，在"参数"卷展栏中设置"长度"和"宽度"为200mm，"长度分段"和"宽度分段"为10，如图3-75所示。

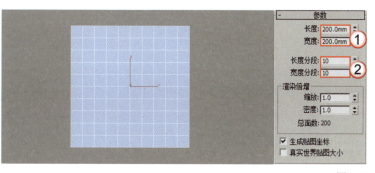

图3-75

02 选中创建的模型，在"修改器列表"中选择"FFD 4×4×4"选项，如图3-76所示。

03 在"修改"面板中单击修改器前的加号 ■，展开子层级菜单，选择"控制点"层级，如图3-77所示。

04 使用"选择并移动"工具 ✛ 调整控制点的位置，模型效果如图3-78所示。

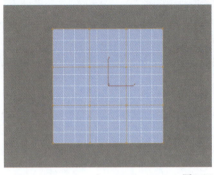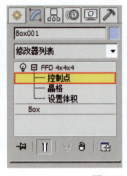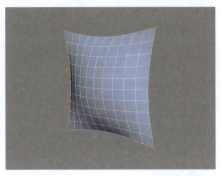

图3-76　　　　　　　　　图3-77　　　　　　　　　　　　　　　图3-78

05 单击"镜像"按钮 ■，在弹出的"镜像：世界 坐标"对话框中设置"镜像轴"为Y，"克隆当前选择"为实例，并单击"确定"按钮 ▤ 确定 ▤，如图3-79所示。

06 调整抱枕的造型，最终效果如图3-80所示。

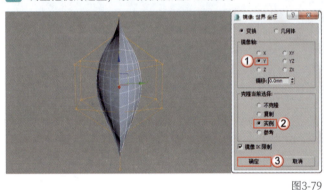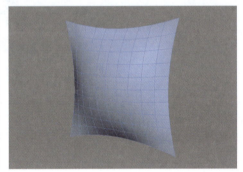

图3-79　　　　　　　　　　　　　　　　　图3-80

一 经验总结

通过这个案例的学习，相信读者已经掌握了"FFD"修改器的使用方法。

⊙ 技术总结

本案例是按照图示导向中的分解图，用"FFD 4×4×4"修改器将平面模型调整为半弧形效果，然后用"镜像"工具将其镜像复制，从而拼合为一个完整的抱枕模型。

⊙ 经验分享

"FFD"修改器种类较多，不同的晶格数量，多模型产生的改变效果也不相同，如图3-81所示。灵活使用这些工具，可以提高制作效率。

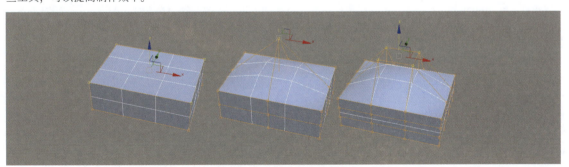

图3-81

中文版 3ds Max 2016 实战基础教程（全彩版）

课外练习：制作枕头模型

场景位置	无
实例位置	实例文件 >CH03> 课外练习 23.max
视频名称	课外练习 23.mp4
学习目标	掌握 FFD 修改器的使用方法

☐ 效果展示

本案例用"切角长方体"工具 切角长方体 和"FFD"修改器制作枕头，案例效果如图3-82所示。

☐ 制作提示

枕头模型可以分为两部分进行制作，如图3-83所示。

第1步：使用"切角长方体"工具 切角长方体 创建枕头模型。

第2步：使用"FFD"修改器调整枕头的造型。

图3-82

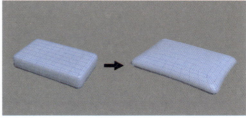

图3-83

实战 24 网格平滑：制作鹅卵石模型

场景位置	无
实例位置	实例文件 >CH03> 实战 24 网格平滑：制作鹅卵石模型 .max
视频名称	实战 24 网格平滑：制作鹅卵石模型 .mp4
学习目标	掌握网格平滑修改器的使用方法

☐ 工具剖析

本案例主要使用"网格平滑"修改器进行制作。

⊙ 参数解释

"平滑"修改器、"网格平滑"修改器和"涡轮平滑"修改器都可以用来平滑几何体，但是在效果和可调性上有所差别。"网格平滑"修改器无论是平滑的效果，还是工具的稳定性都较为突出，在实际工作中"网格平滑"修改器是其中最常用的一种。下面就针对"网格平滑"修改器进行讲解，其参数设置面板如图3-84所示。

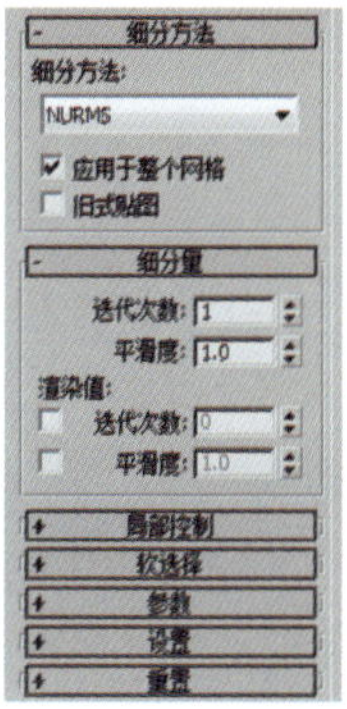

重要参数讲解

细分方法：选择细分的方法，共有"经典""NURMS""四边形输出"3种方法。"经典"方法可以生成三角面和四面的多面体，如图3-85所示；"NURMS"方法生成的对象与可以为每个控制顶点设置不同权重的NURBS对象相似，这是默认设置，如图3-86所示；"四边形输出"方法仅生成四面多面体，如图3-87所示。

图3-84

图3-85

图3-86

图3-87

应用于整个网格： 启用该选项后，平滑效果将应用于整个对象。

迭代次数： 设置网格细分的次数，这是最常用的一个参数，其数值的大小直接决定了平滑的效果，取值范围为0~10。增加该值时，每次新的迭代会通过在迭代之前对顶点、边和曲面创建平滑差补顶点来细分网格，如图3-88所示是"迭代次数"为1、2和3时的平滑效果对比。

图3-88

⊙ **操作演示**

工具： 网格平滑修改器　　**位置：** 修改器列表　　**演示视频：** 24-网格平滑修改器

⊟ 实战介绍

本案例是用"长方体"工具 长方体 、"FFD"修改器和"网格平滑"修改器制作鹅卵石模型。

⊙ **效果介绍**

图3-89所示是本案例的效果图。

⊙ **运用环境**

"网格平滑"修改器可以将尖锐棱角的模型变得圆滑，是制作模型时经常使用的修改器之一。

图3-89

⊟ 思路分析

在制作模型之前，需要对模型进行分析，以便后续制作。

⊙ **制作简介**

鹅卵石模型的每个部分都是用"FFD"修改器和"网格平滑"修改器进行编辑，然后经过缩放后拼凑而成。

⊙ **图示导向**

图3-90所示是模型的制作步骤分解图。

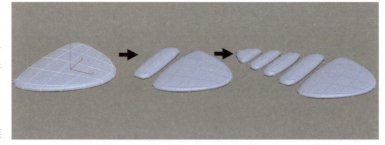

图3-90

⊟ 步骤演示

01 使用"长方体"工具 长方体 在场景中创建一个长方体模型，在"修改"面板的"参数"卷展栏中设置"长度"和"宽度"为50mm，"高度"为5mm，"长度分段"和"宽度分段"为4，"高度分段"为2，如图3-91所示。

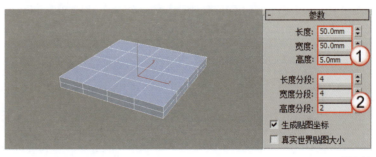

图3-91

中文版 3ds Max 2016 实战基础教程（全彩版）

02 选中上一步创建的模型，在"修改器列表"中选择"FFD 4×4×4"修改器，并调整造型，如图3-92所示。

03 继续在"修改器列表"中选择"网格平滑"选项，然后设置"细分方法"为NURMS，"迭代次数"为1，如图3-93所示。

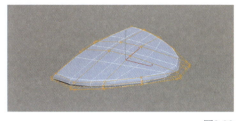

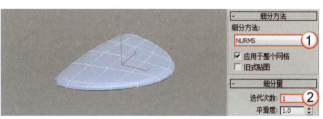

图3-92

图3-93

04 使用"长方体"工具 **长方体** 在场景中创建一个长方体模型，在"修改"面板的"参数"卷展栏中设置"长度"为80mm，"宽度"为20mm，"高度"为6mm，"长度分段""宽度分段""高度分段"都为2，如图3-94所示。

05 为上一步创建的长方体加载"FFD 3×3×3"修改器，并调整造型，如图3-95所示。

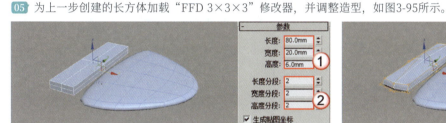

图3-94

图3-95

06 为修改后的长方体加载"网格平滑"修改器，参数保持默认即可，如图3-96所示。

07 将上一步修改后的长方体复制3个，并进行缩小，模型最终效果如图3-97所示。

图3-96

图3-97

经验总结

通过这个案例的学习，相信读者已经掌握了"网格平滑"修改器的使用方法。

⊙ 技术总结

本案例是按照图示导向中的分解图，用"FFD"修改器和"网格平滑"修改器将长方体调整为不同大小鹅卵石的造型后再拼合而成。

⊙ 经验分享

模型分段线间的距离不同，平滑后的效果也不相同。分段线间的距离越小，平滑后的转角越锐利；分段线间的距离越大，平滑后的转角越圆润，如图3-98和图3-99所示。

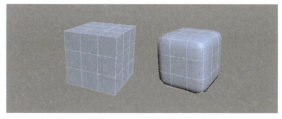

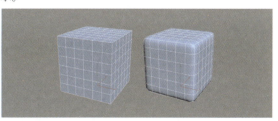

图3-98

图3-99

课外练习：制作
苹果模型

场景位置	无
实例位置	实例文件 >CH03> 课外练习 24.max
视频名称	课外练习 24.mp4
学习目标	掌握网格平滑修改器的使用方法

效果展示

本案例用"线"工具 **线** 、"车削"修改器和"网格平滑"修改器制作苹果，案例效果如图3-100所示。

制作提示

苹果模型可以分为3部分进行制作，如图3-101所示。

第1步： 使用"线"工具 **线** 和"车削"修改器创建苹果模型。

第2步： 使用"网格平滑"修改器增加苹果模型的圆滑程度。

第3步： 使用"线"工具 **线** 创建苹果把模型。

图3-100

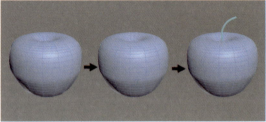

图3-101

实战 25

晶格：制作装
饰品模型

场景位置	无
实例位置	实例文件 >CH03> 实战 25 晶格：制作装饰品模型 .max
视频名称	实战 25 晶格：制作装饰品模型 .mp4
学习目标	掌握晶格修改器的使用方法

工具剖析

本案例主要使用"晶格"修改器进行制作。

⊙ 参数解释

"晶格"修改器设置面板如图3-102所示。

重要参数讲解

应用于整个对象： 将"晶格"修改器应用到对象的所有边或线段上。

仅来自顶点的节点： 仅显示由原始网格顶点产生的关节（多面体）。

仅来自边的支柱： 仅显示由原始网格线段产生的支柱（多面体）。

二者： 显示支柱和关节。

半径： 指定结构的半径。

分段： 指定沿结构的分段数目。

边数： 指定结构边界的边数目。

材质ID： 指定用于结构的材质ID，这样可以使结构和关节具有不同的材质ID。

末端封口： 将末端封口应用于结构。

平滑： 将平滑应用于结构。

基点面类型： 指定用于关节的多面体类型，包括"四面体""八面体""二十面体"3种类型。

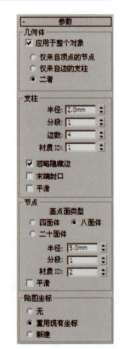

图3-102

工具：晶格修改器　　　位置：修改器列表　　　演示视频：25-晶格修改器

实战介绍

本案例是用"球体"工具 球体 和"晶格"修改器制作装饰品模型。

⊙ 效果介绍

图3-103所示是本案例的效果图。

⊙ 运用环境

"晶格"修改器可以将图形的线段或是边转化为圆柱形结构，并在顶点产生可选择的关节多面体。

图3-103

思路分析

在制作模型之前，需要对模型进行分析，以便后续制作。

⊙ 制作简介

装饰品模型由两个球体组成，外部的球体通过加载"晶格"修改器形成网格状效果。

⊙ 图示导向

图3-104所示是模型的制作步骤分解图。

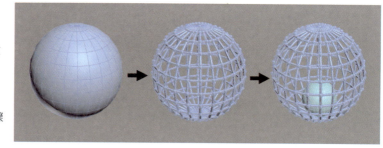

图3-104

步骤演示

01 使用"球体"工具 球体 在场景中创建一个球体模型，在"修改"面板的"参数"卷展栏中设置"半径"为50mm，"分段"为24，如图3-105所示。

02 选中上一步创建的球体模型，在"修改器列表"中选择"晶格"选项，然后设置"支柱"的"半径"为1.2mm，"边数"为6，"基点面类型"为二十面体，"半径"为2.5mm，如图3-106所示。

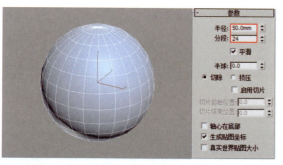

图3-105

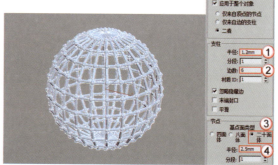

图3-106

03 使用"球体"工具 球体 在晶格模型内再创建一个球体，在"修改"面板中设置"半径"为20mm，"分段"为32，如图3-107所示。

04 将上一步创建的球体与晶格模型相接，最终效果如图3-108所示。

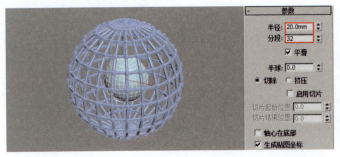

图3-107   图3-108

经验总结

通过这个案例的学习，相信读者已经掌握了"晶格"修改器的使用方法。

⊙ 技术总结

本案例是按照图示导向中的分解图，用"晶格"修改器将球体模型进行变形，从而拼合出整体模型。

⊙ 经验分享

"晶格"修改器是根据模型的布线进行变形，只有模型的布线合理才能得到预想的效果。

课外练习：制作网格挂架模型	场景位置	无
	实例位置	实例文件 >CH03> 课外练习 25.max
	视频名称	课外练习 25.mp4
	学习目标	掌握晶格修改器的使用方法

效果展示

本案例用"平面"工具 平面 、"圆柱体"工具 圆柱体 、"线"工具 线 和"晶格"修改器制作网格挂架，案例效果如图3-109所示。

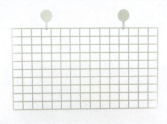

图3-109

制作提示

网格挂架模型可以分为3部分进行制作，如图3-110所示。

第1步： 使用"平面"工具 平面 创建挂架模型。

第2步： 使用"晶格"修改器将平面模型调整为晶格效果。

第3步： 使用"圆柱体"工具 圆柱体 和"线"工具 线 创建挂钩模型。

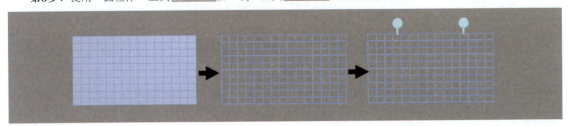

图3-110

中文版 3ds Max 2016 实战基础教程（全彩版）

场景位置	无
实例位置	实例文件 >CH03> 实战 26 布尔：制作香皂盒模型 .max
视频名称	实战 26 布尔：制作香皂盒模型 .mp4
学习目标	掌握布尔运算的方法

实战 26

布尔：制作香皂盒模型

工具剖析

本案例主要使用"布尔"工具 布尔 进行制作。

⊙ 参数解释

"布尔"工具 布尔 设置面板如图3-111所示。

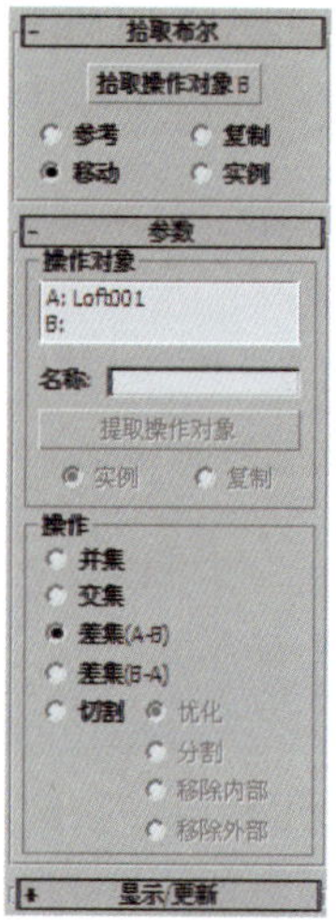

重要参数讲解

"拾取操作对象B"按钮 拾取操作对象 B ：单击该按钮可以在场景中选择另一个运算物体来完成"布尔"运算。以下4个选项用来控制运算对象B的方式，必须在拾取运算对象B之前确定采用哪种方式。

参考： 将原始对象的参考复制品作为运算对象B，若以后改变原始对象，同时也会改变布尔物体中的运算对象B，但是改变运算对象B时，不会改变原始对象。

复制： 复制一个原始对象作为运算对象B，而不改变原始对象（当原始对象还要用在其他地方时采用这种方式）。

移动： 将原始对象直接作为运算对象B，而原始对象本身不再存在（当原始对象无其他用途时采用这种方式）。

图3-111

实例： 将原始对象的关联复制品作为运算对象B，若以后对两者的任意一个对象进行修改时都会影响另一个。

操作对象： 主要用来显示当前运算对象的名称。

并集： 将两个对象合并，相交的部分将被删除，运算完成后两个物体将合并为一个物体。

交集： 将两个对象相交的部分保留下来，删除不相交的部分。

差集（A-B）： 在A物体中减去与B物体重合的部分。

差集（B-A）： 在B物体中减去与A物体重合的部分。

切割： 用B物体切除A物体，但不在A物体上添加B物体的任何部分，共有"优化""分割""移除内部""移除外部"4个选项可供选择。"优化"是在A物体上沿着B物体与A物体相交的面来增加顶点和边数，以细化A物体的表面；"分割"是在B物体切割A物体部分的边缘，并且增加了一排顶点，利用这种方法可以根据其他物体的外形将一个物体分成两部分；"移除内部"是删除A物体在B物体内部的所有片段面；"移除外部"是删除A物体在B物体外部的所有片段面。

⊙ 操作演示

工具： 布尔 **位置：** 创建>复合对象 **演示视频：** 26-布尔运算

实战介绍

本案例是用"切角长方体"工具 切角长方体 、"球体"工具 球体 和"布尔"工具 布尔 制作香皂盒模型。

⊙ 效果介绍

图3-112所示是本案例的效果图。

⊙ 运用环境

"布尔"工具是通过对两个以上的对象进行并集、差集、交集运算，从而得到新的物体形态，常用于制作不规则形状的镂空和切除等效果。

图3-112

思路分析

在制作模型之前，需要对模型进行分析，以便后续制作。

⊙ 制作简介

香皂盒模型是在"切角长方体"模型的基础上用"布尔"工具 布尔 将变形后的球体进行切除，从而制作出香皂盒凹面效果。

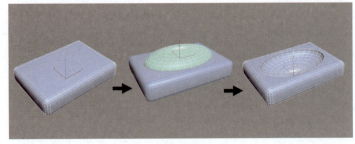

⊙ 图示导向

图3-113所示是模型的制作步骤分解图。

图3-113

步骤演示

01 使用"切角长方体"工具 切角长方体 在场景中创建一个切角长方体模型，切换到"修改"面板，在"参数"卷展栏中设置"长度"为70mm，"宽度"为100mm，"高度"为20mm，"圆角"为5mm，如图3-114所示。

02 使用"球体"工具 球体 在场景中创建一个球体模型，切换到"修改"面板，在"参数"卷展栏中设置"半径"为30mm，如图3-115所示。

03 使用"选择并移动"工具 ✛ 将球体放置于切角长方体模型上方，然后使用"选择并均匀缩放"工具 🔲 将球体模型进行变形，如图3-116所示。

图3-114

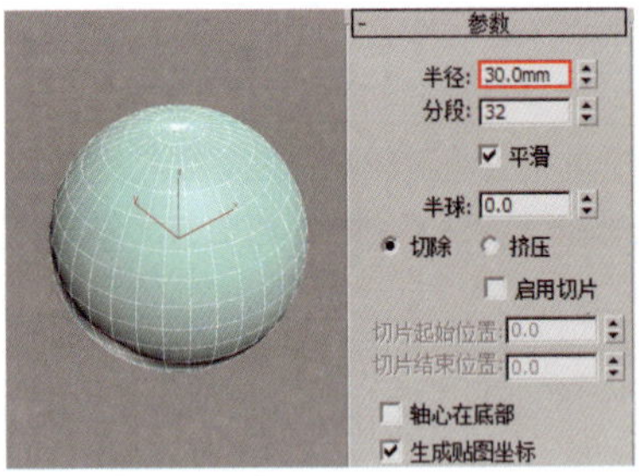

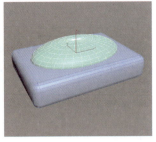

图3-115

图3-116

04 选中切角长方体模型，在"创建"面板中设置"几何体"类型为复合对象，并单击"布尔"按钮 布尔 ，在"拾取布尔"卷展栏下设置"运算"为"差集(A-B)"，然后单击"拾取操作对象B"按钮 拾取操作对象 B ，接着拾取变形后的球体模型，如图3-117所示。布尔运算后的效果如图3-118所示。

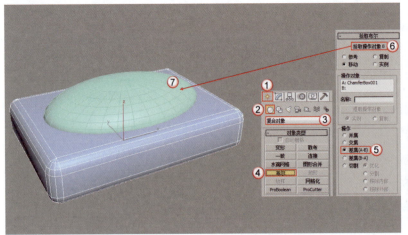

图3-117

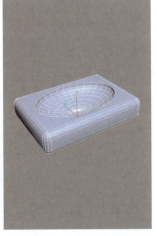

图3-118

中文版 3ds Max 2016 实战基础教程（全彩版）

经验总结

通过这个案例的学习，相信读者已经掌握了"布尔"工具 布尔 的使用方法。

⊙ 技术总结

本案例是按照图示导向中的分解图，用"布尔"工具 布尔 将球体模型从切角长方体模型中切除，从而形成香皂盒的外形。

⊙ 经验分享

"布尔"工具 布尔 在制作切除和镂空效果时非常方便，特别适合初学者使用。读者在使用该工具时，一定要分清物体A与物体B，否则达不到预想的剪切效果。使用"布尔"工具 布尔 后，生成的模型布线会变得复杂不利于调整，因此该工具一般放在建模的最后使用。

课外练习：制作 笛子模型	场景位置	无
	实例位置	实例文件 >CH03> 课外练习 26.max
	视频名称	课外练习 26.mp4
	学习目标	掌握布尔运算的方法

效果展示

本案例用"管状体"工具 管状体 、"圆柱体"工具 圆柱体 和"布尔"工具 布尔 制作笛子，案例效果如图3-119所示。

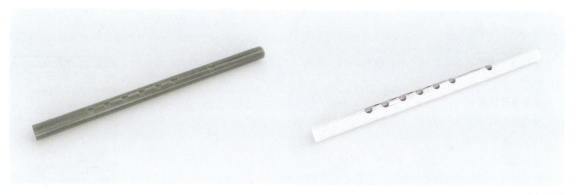

图3-119

制作提示

笛子模型可以分为3部分进行制作，如图3-120所示。

第1步：使用"管状体"工具 管状体 创建笛子模型。

第2步：使用"圆柱体"工具 圆柱体 创建气孔模型。

第3步：使用"布尔"工具 布尔 将上一步创建的两种模型进行差集运算。

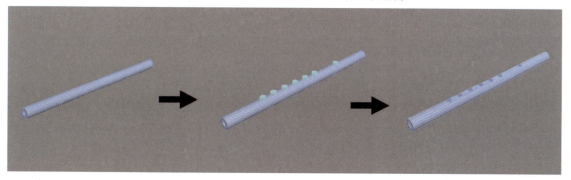

图3-120

多边形建模：制作路标模型

场景位置	无
实例位置	实例文件 >CH03> 实战 27 多边形建模：制作路标模型 .max
视频名称	实战 27 多边形建模：制作路标模型 .mp4
学习目标	掌握多边形建模的方法

🔲 工具剖析

本案例主要使用多边形建模技术进行制作。

⊙ 参数解释

多边形建模是主流建模技术之一，通过对模型的点、线、面等子对象进行编辑，从而创建出各式各样的效果。多边形不是创建的，而是在原有模型的基础上转换而成，以下方法是常用的多边形建模转换方法。

第1种： 在选中的对象上单击鼠标右键，然后在弹出的菜单中执行"转换为-转换为可编辑多边形"命令，如图3-121所示。

第2种： 在"修改器列表"中选择"编辑多边形"选项，如图3-122所示。

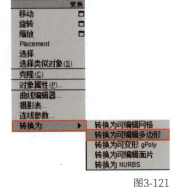

图3-121

图3-122

技巧与提示

用第1种方法转换的多边形会丢失之前模型的所有参数，是使用频率较高的一种方法。用第2种方法转换的多边形会保留之前模型的所有参数。

将模型转换为可编辑多边形后，就可以对"顶点""边""多边形"等子层级分别进行编辑，如图3-123所示。

重要参数讲解

顶点: 用于访问"顶点"子层级。

边: 用于访问"边"子层级。

边界: 用于访问"边界"子层级，可从中选择构成网格中孔洞边框的一系列边。边界总是由仅在一侧带有面的边组成，并总是为完整循环。

多边形: 用于访问"多边形"子层级。

元素: 用于访问"元素"子层级，可从中选择对象中的所有连续多边形。

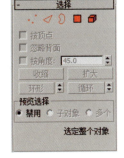

图3-123

按顶点: 除了"顶点"级别外，该选项可以在其他4种级别中使用。启用该选项后，只有选择所用的顶点才能选择子对象。

忽略背面: 启用该选项后，只能选中法线指向当前视图的子对象。比如启用该选项以后，在前视图中框选如图3-124所示的顶点，但只能选择正面的顶点，而背面不会被选择到，如图3-125所示是在左视图中的观察效果；如果关闭该选项，在前视图中同样框选相同区域的顶点，则背面的顶点也会被选择，如图3-126所示是在顶视图中的观察效果。

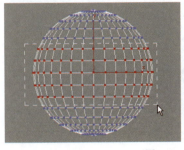

图3-124

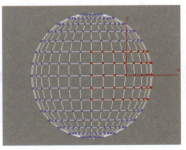

图3-125

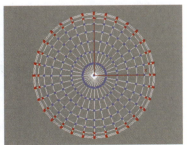

图3-126

收缩 <u>收缩</u>：单击一次该按钮，可以在当前选择范围中向内减少一圈对象。

扩大 <u>扩大</u>：与"收缩"按钮 <u>收缩</u> 相反，单击一次该按钮，可以在当前选择范围中向外增加一圈对象。

环形 <u>环形</u>：该工具只能在"边" ✓ 和"边界" ◊ 级别中使用。在选中一部分子对象后，单击该按钮可以自动选择平行于当前对象的其他对象。比如选择一条如图3-127所示的边，然后单击"环形"按钮 <u>环形</u>，可以选择整个纬度上平行于选定边的边，如图3-128所示。

循环 <u>循环</u>：该工具同样只能在"边" ✓ 和"边界" ◊ 级别中使用。在选中一部分子对象后，单击该按钮可以自动选择与当前对象在同一曲线上的其他对象。比如选择如图3-129所示的边，然后单击"循环"按钮 <u>循环</u>，可以选择整个经度上的边，如图3-130所示。

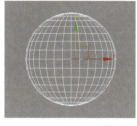 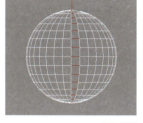  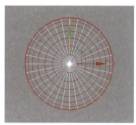

图3-127　　　　　　　　图3-128　　　　　　　　图3-129　　　　　　　　图3-130

⊙ 操作演示

工具：选择卷展栏　　**位置：**修改面板　　**演示视频：**27-选择卷展栏

实战介绍

本案例是用多边形建模技术制作路标模型。

⊙ 效果介绍

图3-131所示是本案例的效果图。

⊙ 运用环境

用多边形建模技术可以制作出绝大多数模型的效果，其操作灵活方便、稳定性强，是常用的建模方式之一。适用于产品建模、室内外建筑建模、CG建模和角色建模等。

图3-131

思路分析

在制作模型之前，需要对模型进行分析，以便后续制作。

⊙ 制作简介

路标模型是由不同造型的长方体组成，每种长方体都是用多边形建模后进行造型修改，然后拼合而成。

⊙ 图示导向

图3-132所示是模型的制作步骤分解图。

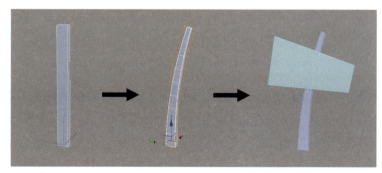

图3-132

☐ 步骤演示

01 使用"长方体"工具 长方体 在场景中创建一个长方体模型，在"修改"面板的"参数"卷展栏中设置"长度"为80mm，"宽度"为30mm，"高度"为800mm，如图3-133所示。

02 选中创建的长方体模型，单击鼠标右键，在弹出的菜单中执行"转换为>转换为可编辑多边形"命令，如图3-134所示。转换为多边形后，"修改"面板中原有的参数面板被替换为"可编辑多边形"的参数面板，如图3-135所示。

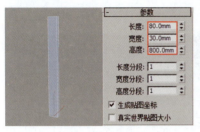  

图3-133　　　　　　　　　　　图3-134　　　　　　　　　　　图3-135

03 单击"顶点"按钮 进入"顶点"层级，然后选中图3-136所示的点，并使用"选择并均匀缩放"工具 将其缩小，如图3-137所示。

04 单击"边"按钮 进入"边"层级，然后选中图3-138所示的边，接着在"编辑边"卷展栏中单击"连接"按钮 连接 后的"设置"按钮 ，设置"分段"为8，如图3-139所示。

图3-136　　　　　　　　图3-137　　　　　　　　图3-138　　　　　　　　图3-139

> **技巧与提示**
>
> 该步骤中没有具体设置模型缩小的尺寸，读者请根据图中的比例进行制作。

05 选中图3-140所示的边，然后单击"切角"按钮 切角 后的"设置"按钮 ，设置"边切角量"为3mm，如图3-141所示。

06 退出"边"层级 ，然后在"修改器列表"中选择"弯曲"选项，并设置"角度"为20，"方向"为90，"弯曲轴"为Z，如图3-142所示。

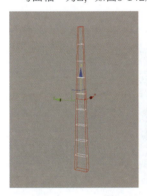 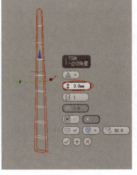 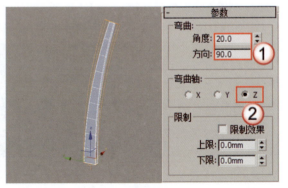

图3-140　　　　　　　　　　図3-141　　　　　　　　　　　図3-142

中文版 3ds Max 2016 实战基础教程（全彩版）

07 使用"长方体"工具 长方体 在场景中创建一个长方体，切换到"修改"面板，在"参数"卷展栏中设置"长度"为300mm，"宽度"为550mm，"高度"为20mm，如图3-143所示。

08 选中上一步创建的长方体模型，然后单击鼠标右键在弹出的菜单中执行"转换为>转换为可编辑多边形"命令，如图3-144所示。

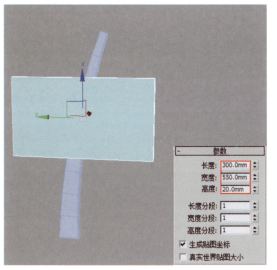

图3-143

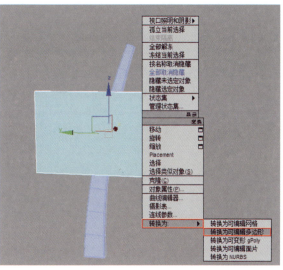

图3-144

09 单击"顶点"按钮 进入"顶点"层级，然后选择图3-145所示的顶点，使用"选择并移动"工具 进行调整，如图3-146所示。

10 单击"边"按钮 进入"边"层级，然后按快捷键Ctrl+A选中所有的边，接着在"编辑边"卷展栏中单击"切角"按钮 切角 后的"设置"按钮 ，设置"边切角量"为3mm，如图3-147所示。

11 退出"边"层级 ，使用"选择并旋转"工具 旋转一定角度，模型最终效果如图3-148所示。

图3-145

图3-146

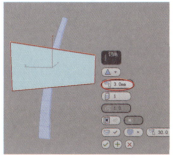

图3-147

图3-148

⊟ 经验总结

通过这个案例的学习，相信读者已经初步掌握了多边形建模的方法。

⊙ 技术总结

本案例是按照图示导向中的分解图，用多边形建模技术分别制作出路标的每一部分，然后进行拼合。

⊙ 经验分享

多边形建模的方法很灵活，没有固定的标准，只要能制作出想要的效果即可。本案例中立柱弯曲的效果除了借助"弯曲"修改器外，还可以通过调整立柱的顶点位置形成弯曲效果。相对于调整顶点位置形成弯曲效果，使用"弯曲"修改器可以快速生成理想的弯曲效果，且模型布线很均匀，提高制作效率。

课外练习：制作箱子模型

场景位置	无
实例位置	实例文件 >CH03> 课外练习 27.max
视频名称	课外练习 27.mp4
学习目标	掌握多边形建模的方法

效果展示

本案例用“长方体”工具长方体配合多边形建模制作箱子，案例效果如图3-149所示。

制作提示

箱子模型可以分为3部分进行制作，如图3-150所示。

第1步： 使用“长方体”工具长方体创建箱子的大体模型。

第2步： 将箱子大体模型转换为可编辑多边形。

第3步： 进入“多边形”层级和“边”层级进行编辑。

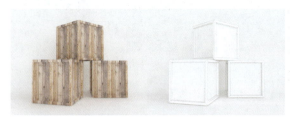

图3-149

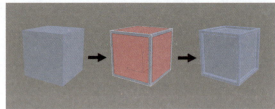

图3-150

实战 28 多边形建模：制作烛台模型

场景位置	无
实例位置	实例文件 >CH03> 实战 28 多边形建模：制作烛台模型 .max
视频名称	实战 28 多边形建模：制作烛台模型 .mp4
学习目标	掌握多边形建模的方法

工具剖析

本案例主要使用多边形建模技术进行制作。

参数解释

可编辑多边形每一个子层级都会对应一个专属的卷展栏，只有进入到该层级中才会显示该卷展栏。这里讲解“编辑顶点”卷展栏，如图3-151所示。

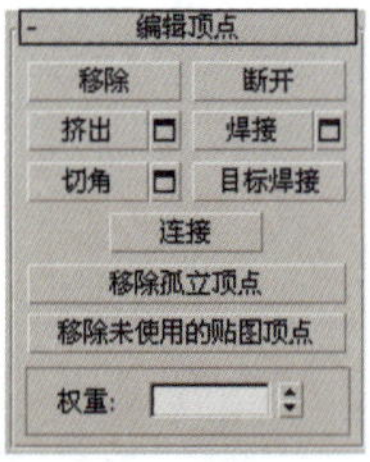

图3-151

重要参数讲解

移除移除：选中一个或多个顶点以后，单击该按钮可以将其移除，然后接合起使用他们的多边形。

技巧与提示

这里详细介绍一下移动顶点与删除顶点的区别。

移除顶点： 选中一个或多个顶点以后，单击“移除”按钮移除或按Backspace键（退格键）即可移除顶点，但也只能是移除了顶点，而面仍然存在，如图3-152所示。注意，移除顶点可能导致网格形状发生严重变形。

删除顶点： 选中一个或多个顶点以后，按Delete键可以删除顶点，同时也会删除连接到这些顶点的面，如图3-153所示。

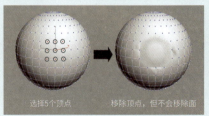

图3-152

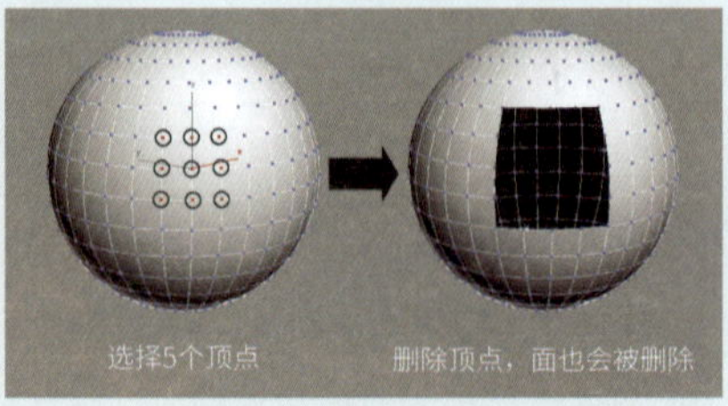

图3-153

断开 断开 ：选中顶点以后，单击该按钮可以在与选定顶点相连的每个多边形上都创建一个新顶点，这可以使多边形的转角相互分开，使他们不再相连于原来的顶点上。

挤出 挤出 ：直接使用这个工具可以手动在视图中挤出顶点，如图3-154所示。如果要精确设置挤出的高度和宽度，可以单击后面的"设置"按钮□，然后在视图中的"挤出顶点"对话框中输入数值即可，如图3-155所示。

图3-154　　　　　　　　　　　　　　　　图3-155

焊接 焊接 ：对"焊接顶点"对话框中指定的"焊接阈值"范围之内连续的选中的顶点进行合并，合并后所有边都会与产生的单个顶点连接。单击后面的"设置"按钮□可以设置"焊接阈值"。

切角 切角 ：选中顶点以后，使用该工具在视图中拖曳光标，可以手动为顶点切角，如图3-156所示。单击后面的"设置"按钮□，在弹出的"切角"对话框中可以设置精确的"顶点切角量"，同时还可以将切角后的面"打开"，以生成孔洞效果，如图3-157所示。

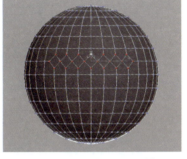

图3-156　　　　　　　　　　　　　　　　图3-157

目标焊接 目标焊接 ：选择一个顶点后，使用该工具可以将其焊接到相邻的目标顶点，如图3-158所示。

> **技巧与提示**
>
> "目标焊接"工具 目标焊接 只能焊接成对的连续顶点。也就是说，选择的顶点与目标顶点有一个边相连。

图3-158

连接 连接 ：在选中的对角顶点之间创建新的边，如图3-159所示。

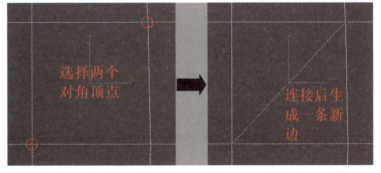

图3-159

⊙ **操作演示**

工具：编辑顶点卷展栏　　　**位置：**修改面板　　　演示视频：28-编辑顶点卷展栏

☐ 实战介绍

本案例是用多边形建模技术制作烛台模型。

⊙ 效果介绍

图3-160所示是本案例的效果图。

⊙ 运用环境

用多边形建模技术可以制作出绝大多数模型的效果，其操作灵活方便、稳定性强，是常用的建模方式之一。适用于产品建模、室内外建筑建模、CG建模和角色建模等。

图3-160

☐ 思路分析

在制作模型之前，需要对模型进行分析，以便后续制作。

⊙ 制作简介

烛台模型是由圆柱体模型转换为可编辑多边形后，再经过造型修改而形成的。

⊙ 图示导向

图3-161所示是模型的制作步骤分解图。

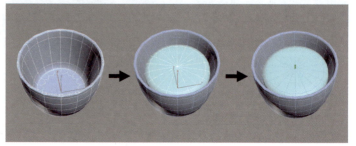

图3-161

☐ 步骤演示

`01` 使用"圆柱体"工具 `圆柱体` 在场景中创建一个圆柱体模型，在"修改"面板，在"参数"卷展栏中设置"半径"为400mm，"高度"为600mm，"边数"为18，如图3-162所示。

`02` 选中创建的圆柱体模型，单击鼠标右键，在弹出的菜单中执行"转换为>转换为可编辑多边形"命令，如图3-163所示。

`03` 单击"顶点"按钮 进入"顶点"层级，在前视图中将圆柱体调整为图3-164所示的效果。

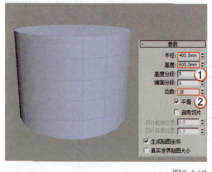

图3-162

图3-163

图3-164

`04` 单击"多边形"按钮 进入"多边形"层级，然后选中图3-165所示的多边形，接着在"编辑多边形"卷展栏中单击"插入"按钮 `插入` 后的"设置"按钮 ，设置"数量"为20mm，如图3-166所示。

`05` 保持选中的多边形不变，然后单击"挤出"按钮 `挤出` 后的"设置"按钮 ，并设置"数量"为-500mm，如图3-167所示。

中文版 3ds Max 2016 实战基础教程（全彩版）

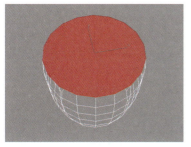

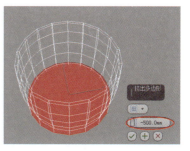

图3-165　　　　　　　　　　　　图3-166　　　　　　　　　　　　图3-167

技巧与提示

正值为向外挤出，负值为向内挤入。

06 使用"选择并均匀缩放"工具 将选中的多边形缩小，前视图中的效果如图3-168所示。

07 单击"边"按钮 进入"边"层级，然后选中图3-169所示的边，接着在"编辑边"卷展栏中单击"切角"按钮 切角 后的"设置"按钮 ，设置"边切角量"为6mm，如图3-170所示。

图3-168　　　　　　　　　　　　图3-169　　　　　　　　　　　　图3-170

08 选中图3-171所示的边，然后单击"切角"按钮 切角 后的"设置"按钮 ，设置"边切角量"为25mm，如图3-172所示。

09 退出"边"层级 ，然后在"修改器列表"中选择"网格平滑"选项，烛台模型变得圆滑，如图3-173所示。

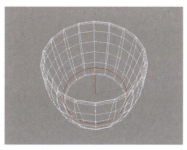

图3-171　　　　　　　　　　　　图3-172　　　　　　　　　　　　图3-173

10 观察模型发现在转角处平滑的细节不够，需要添加分段线。单击"多边形"按钮 进入"多边形"层级，然后选中图3-174所示的多边形，接着使用"插入"工具 插入 向内插入一定数值，如图3-175所示。

技巧与提示

这里使用"插入"工具是为了添加分段线，以使平滑后的效果更好，因此不需要设定固定的插入数值。

图3-174　　　　　　　　　　　　图3-175

第 3 章 高级建模技术

77

11 进入"边"层级 ✐ 并切换到前视图，然后在"编辑几何体"卷展栏中单击"切片平面"按钮 切片平面 ，此时模型上方出现黄色的线框，如图3-176所示。

12 使用"选择并移动"工具 ✥ 移动黄色的线框到图3-177所示的位置，然后单击"编辑几何体"卷展栏中的"切片"按钮 切片 ，此时黄色线框的位置就自动添加了一圈分段线，如图3-178所示。

图3-176

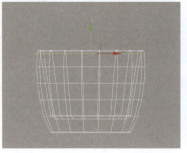
图3-177

图3-178

13 使用相同的方法在模型下方也添加一圈分段线，如图3-179所示。

14 返回"网格平滑"层级，模型平滑的效果得到了改善，如图3-180所示。

15 使用"切角圆柱体"工具 切角圆柱体 在烛台模型内创建一个模型，设置"半径"为285mm，"高度"为370mm，"圆角"为30mm，"边数"为18，如图3-181所示。

图3-179

图3-180

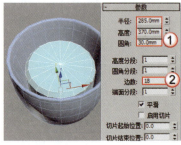
图3-181

16 将上一步创建的模型转换为可编辑多边形，然后在"顶点"层级 ⁞ 中调整模型的造型，使其与烛台模型相吻合，如图3-182所示。

17 为蜡烛模型加载"网格平滑"修改器，参数保持默认，效果如图3-183所示。

图3-182

图3-183

18 使用"切角圆柱体"工具 切角圆柱体 在蜡烛模型上创建一个切角圆柱体模型，切换到"修改"面板，在"参数"卷展栏中设置"半径"为5mm，"高度"为60mm，"圆角"为3mm，"圆角分段"为3，"边数"为18，如图3-184所示。

19 将上一步创建的模型与其他模型拼合，烛台最终效果如图3-185所示。

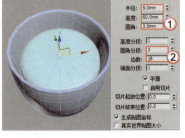
图3-184

图3-185

经验总结

通过这个案例的学习，相信读者已经初步掌握了多边形建模的方法。

⊙ 技术总结

本案例是按照图示导向中的分解图，用多边形建模技术分别制作烛台的每一部分，然后进行拼合。

⊙ 经验分享

本案例第一次使用"网格平滑"修改器时，由于模型线段间的距离过大，使得平滑后的转角处过于圆滑。使用"切片平面"工具 切片平面 可以在模型的任意位置上快速添加循环线段，相较于"连接"工具 连接 更为方便。

当移动切片平面到需要的位置时，单击"切片"按钮 切片 就可以在模型上生成一圈循环线段，如图3-186所示。

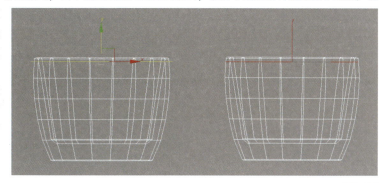

图3-186

课外练习：制作碗模型	场景位置	无
	实例位置	实例文件 >CH03> 课外练习 28.max
	视频名称	课外练习 28.mp4
	学习目标	掌握多边形建模的方法

效果展示

本案例用"圆柱体"工具 圆柱体 配合多边形建模制作碗模型，案例效果如图3-187所示。

图3-187

制作提示

碗模型可以分为3部分进行制作，如图3-188所示。

第1步： 使用"圆柱体"工具 圆柱体 创建碗的大致效果。

第2步： 使用多边形建模的方法将圆柱体修改为碗的形状。

第3步： 使用多边形建模的方法和"网格平滑"修改器进一步作出碗的细节。

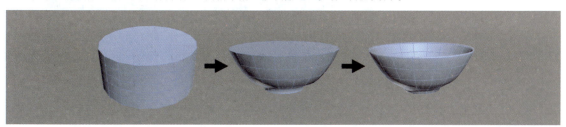

图3-188

场景位置	无
实例位置	实例文件 >CH03> 实战 29 多边形建模：制作床头柜模型 .max
视频名称	实战 29 多边形建模：制作床头柜模型 .mp4
学习目标	掌握多边形建模的方法

⊟ 工具剖析

本案例主要使用多边形建模进行制作。

⊙ 参数解释

可编辑多边形每一个子层级都会对应一个专属的卷展栏，只有进入到该层级中才会显示该卷展栏。这里讲解"编辑边"卷展栏，如图3-189所示。

重要参数讲解

插入顶点 插入顶点 ：在"边"级别下，使用该工具在边上单击鼠标左键，可以在边上添加顶点，如图3-190所示。

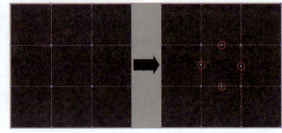

图3-189　　　　　　　　　　图3-190

移除 移除 ：选择边以后，单击该按钮或按Backspace键可以移除边，如图3-191所示。如果按Delete键，将删除边以及与边连接的面，如图3-192所示。

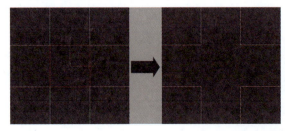　　

图3-191　　　　　　　　　　图3-192

分割 分割 ：沿着选定边分割网格。对网格中心的单条边应用时，不会起任何作用。

挤出 挤出 ：直接使用这个工具可以手动在视图中挤出边。如果要精确设置挤出的高度和宽度，可以单击后面的"设置"按钮回，然后在视图中的"挤出边"对话框中输入数值即可，如图3-193所示。

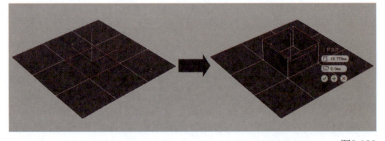

图3-193

焊接 焊接 ：组合"焊接边"对话框指定的"焊接阈值"范围内的选定边。只能焊接仅附着一个多边形的边，也就是边界上的边。

切角 切角 ：这是多边形建模中使用频率最高的工具之一，可以为选定边进行切角（圆角）处理，从而生成平滑的棱角，如图3-194所示。

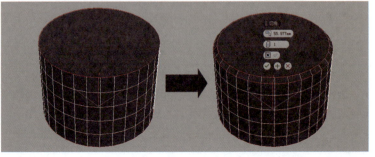

图3-194

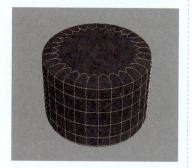

技巧与提示

在很多时候为边进行切角处理以后，都需要为模型加载“网格平滑”修改器，以生成非常平滑的模型，如图3-195所示。

图3-195

目标焊接：用于选择边并将其焊接到目标边。只能焊接仅附着一个多边形的边，也就是边界上的边。

桥：使用该工具可以连接对象的边，但只能连接边界边，也就是只在一侧有多边形的边。

连接：这是多边形建模技术中使用频率最高的工具之一，可以在每对选定边之间创建新边，对于创建或细化边循环特别有用。比如选择一对竖向的边，则可以在横向上生成边，如图3-196所示。

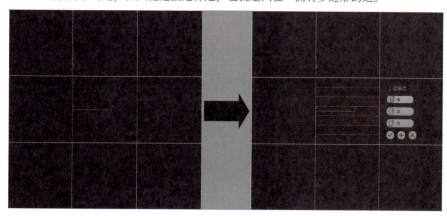

图3-196

利用所选内容创建图形：这是多边形建模技术中使用频率最高的工具之一，可以将选定的边创建为样条线图形。选择边以后，单击该按钮可以弹出一个“创建图形”对话框，在该对话框中可以设置图形名称以及设置图形的类型，如果选择“平滑”类型，则生成的平滑的样条线，如图3-197所示；如果选择“线性”类型，则样条线的形状与选定边的形状保持一致，如图3-198所示。

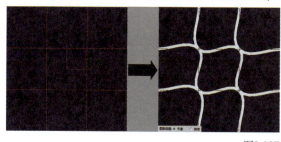

图3-197

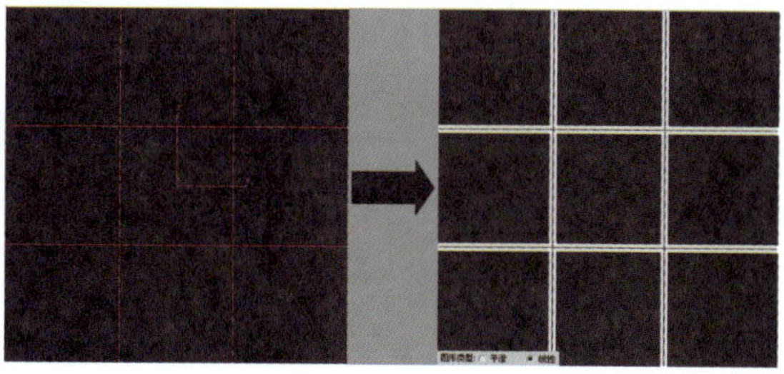

图3-198

权重：设置选定边的权重，供“NURMS”细分选项和“网格平滑”修改器使用。

折缝：指定对选定边或边执行的折缝操作量，供“NURMS”细分选项和“网格平滑”修改器使用。

编辑三角形：用于修改绘制内边或对角线时多边形细分为三角形的方式。

旋转：用于通过单击对角线修改多边形细分为三角形的方式。使用该工具时，对角线可以在线框和边面视图中显示为虚线。

⊙ 操作演示

工具：编辑边卷展栏　**位置**：修改面板　**演示视频**：29-编辑边卷展栏

实战介绍

本案例是用多边形建模技术制作床头柜模型。

效果介绍

图3-199所示是本案例的效果图。

运用环境

用多边形建模技术可以制作出绝大多数模型的效果，其操作灵活方便、稳定性强，是常用的建模方式之一。适用于产品建模、室内外建筑建模、CG建模和角色建模等。

图3-199

思路分析

在制作模型之前，需要对模型进行分析，以便后续制作。

制作简介

床头柜模型是由长方体模型转换为可编辑多边形，然后经过编辑并与其他模型拼合而成。

图示导向

图3-200所示是模型的制作步骤分解图。

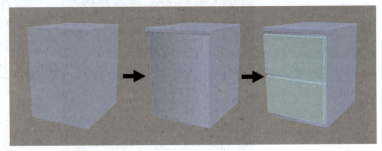

图3-200

步骤演示

01 使用"长方体"工具 长方体 在场景中创建一个长方体模型，在"修改"面板的"参数"卷展栏中设置"长度"为400mm，"宽度"为480mm，"高度"为550mm，如图3-201所示。

02 将上一步创建的长方体模型转换为可编辑多边形，然后进入"边"层级 ，选中图3-202所示的边，接着单击"连接"按钮 连接 后的"设置"按钮 ，并设置"分段"为1，如图3-203所示。

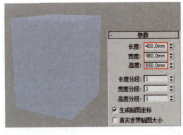

图3-201

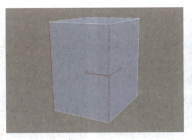

图3-202

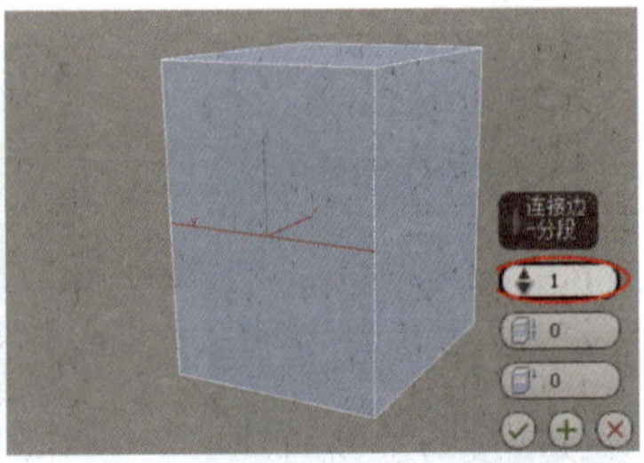

图3-203

03 将新添加的分段线移动到图3-204所示的位置，然后进入"多边形"层级 选中图3-205所示的多边形。

图3-204

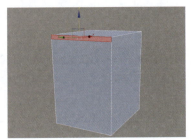

图3-205

04 在"编辑多边形"卷展栏中单击"挤出"按钮 **挤出** 后的"设置"按钮 ■，设置"高度"为30mm，如图3-206所示。

05 进入"边"层级 ◢，选中图3-207所示的边，然后单击"切角"按钮 **切角** 后的"设置"按钮 ■，设置"边切角量"为3mm，如图3-208所示。

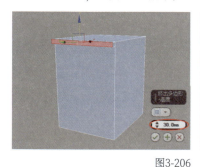
图3-206

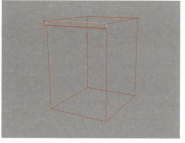
图3-207

图3-208

06 使用"长方体"工具 **长方体** 在场景中创建一个模型，在"修改"面板的"参数"卷展栏中设置"长度"为230mm，"宽度"为400mm，"高度"为30mm，如图3-209所示。

07 将上一步创建的长方体模型转换为可编辑多边形，然后进入"边"层级 ◢，选中图3-210所示的边，接着单击"切角"按钮 **切角** 后的"设置"按钮 ■，设置"边切角量"为3mm，如图3-211所示。

08 将修改后的长方体向下复制一个，床头柜模型最终效果如图3-212所示。

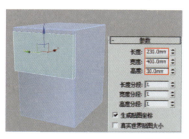
图3-209

图3-210

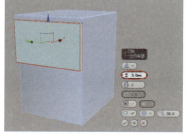
图3-211

图3-212

⊖ 经验总结

通过这个案例的学习，相信读者已经掌握了多边形建模的方法。

⊙ 技术总结

本案例是按照图示导向中的分解图，用多边形建模技术分别制作床头柜的每一部分，然后进行拼合。

⊙ 经验分享

在制作模型时，需要对边缘进行一定量的切角，这样模型细节会更加逼真。因为"切角"后模型的布线不方便进行修改，所以这个步骤一般都是放在建模的最后进行。图3-213所示的位置在切角时，选中或不选中会有不同的布线效果，需要读者灵活选择，如图3-214所示。

图3-213

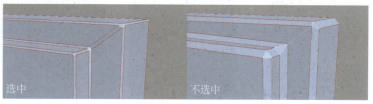
选中　　　　　　　不选中
图3-214

课外练习：制作镜柜模型

场景位置	无
实例位置	实例文件 >CH03> 课外练习 29.max
视频名称	课外练习 29.mp4
学习目标	掌握多边形建模的方法

㊀ 效果展示

本案例用“长方体”工具 长方体 配合多边形建模技术制作镜柜，案例效果如图3-215所示。

㊀ 制作提示

镜柜模型可以分为3部分进行制作，如图3-216所示。

第1步：使用“长方体”工具 长方体 创建镜柜大致模型。

第2步：将长方体模型转换为可编辑多边形，并制作出柜子的深度。

第3步：完善柜子的细节，并制作配件模型。

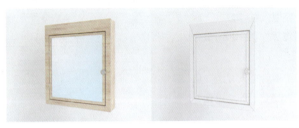

图3-215

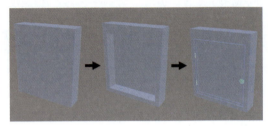

图3-216

实战 30 多边形建模：制作彩妆盒模型

场景位置	无
实例位置	实例文件 >CH03> 实战 30 多边形建模：制作彩妆盒模型 .max
视频名称	实战 30 多边形建模：制作彩妆盒模型 .mp4
学习目标	掌握多边形建模的方法

㊀ 工具剖析

本案例主要使用多边形建模技术进行制作。

⊙ 参数解释

可编辑多边形每一个子层级都会对应一个专属的卷展栏，只有进入到该层级中才会显示该卷展栏。这里讲解“编辑多边形”卷展栏，如图3-217所示。

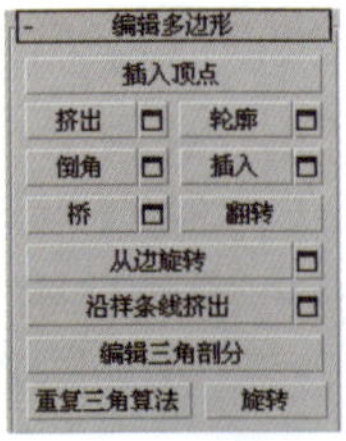

图3-217

重要参数讲解

插入顶点 插入顶点 ：用于手动在多边形插入顶点（单击即可插入顶点），以细化多边形，如图3-218所示。

挤出 挤出 ：这是多边形建模技术中使用频率最高的工具之一，可以挤出多边形。如果要精确设置挤出的高度，可以单击后面的“设置”按钮■，然后在视图中的“挤出边”对话框中输入数值即可。挤出多边形时，“高度”为正值时可向外挤出多边形，为负值时可向内挤入多边形，如图3-219所示。

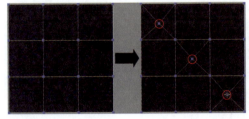

图3-218

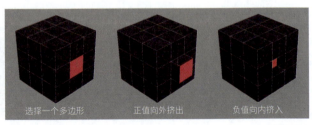

图3-219

轮廓 轮廓 ：用于增大或减小每组连续的选定多边形的外边。

倒角 倒角 ：这是多边形建模技术中使用频率最高的工具之一，可以挤出多边形，同时为多边形进行倒角，如图3-220所示。

插入 插入 ：执行没有高度的倒角操作，即在选定多边形的平面内执行该操作，如图3-221所示。

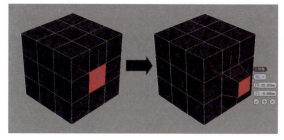 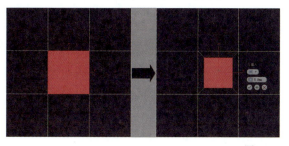

图3-220   图3-221

桥 桥 ：使用该工具可以连接对象上的两个多边形或多边形组。

翻转 翻转 ：翻转选定多边形的法线方向，从而使其面向用户的正面。

从边旋转 从边旋转 ：选择多边形后，使用该工具可以沿着垂直方向拖动任何边，以便旋转选定多边形。

沿样条线挤出 沿样条线挤出 ：沿样条线挤出当前选定的多边形。

编辑三角剖分 编辑三角剖分 ：通过绘制内边修改多边形细分为三角形的方式。

重复三角算法 重复三角算法 ：在当前选定的一个或多个多边形上执行最佳三角剖分。

旋转 旋转 ：使用该工具可以修改多边形细分为三角形的方式。

⊙ **操作演示**

工具：编辑多边形卷展栏　　**位置：**修改面板　　**演示视频：**30-编辑多边形卷展栏

◯ **实战介绍**

本案例是用多边形建模技术制作彩妆盒模型。

⊙ **效果介绍**

图3-222所示是本案例的效果图。

⊙ **运用环境**

用多边形建模技术可以制作出绝大多数模型的效果，其操作灵活方便、稳定性强，是常用的建模方式之一。适用于产品建模、室内外建筑建模、CG建模和角色建模等。

图3-222

◯ **思路分析**

在制作模型之前，需要对模型进行分析，以便后续制作。

⊙ **制作简介**

彩妆盒模型是由圆柱体模型转换为可编辑多边形后，经过造型修改而形成的。

⊙ **图示导向**

图3-223所示是模型的制作步骤分解图。

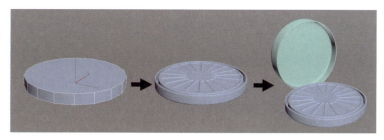

图3-223

01 使用"圆柱体"工具 圆柱体 在场景中创建一个圆柱体模型,在"修改"面板的"参数"卷展栏中设置"半径"为50mm,"高度"为10mm,如图3-224所示。

02 选中创建的圆柱体模型,将其转换为可编辑多边形,然后进入"多边形"层级▇,选中图3-225所示的多边形,接着单击"插入"按钮 插入 后的"设置"按钮▇,设置"数量"为2mm,如图3-226所示。

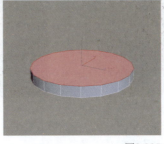

图3-224   图3-225   图3-226

03 保持选中的多边形不变,单击"挤出"按钮 挤出 后的"设置"按钮▇,设置"高度"为-7.5mm,如图3-227所示。

04 单击"插入"按钮 插入 后的"设置"按钮▇,设置插入的"数量"为2mm,如图3-228所示。

05 单击"挤出"按钮 挤出 后的"设置"按钮▇,设置"高度"为7.5mm,如图3-229所示。

图3-227   图3-228   图3-229

06 保持选中的多边形不变,单击"插入"按钮 插入 后的"设置"按钮▇,设置"数量"为2mm,如图3-230所示。

07 继续单击"插入"按钮 插入 后的"设置"按钮▇,设置"数量"为30mm,如图3-231所示。

图3-230   图3-231

08 选中图3-232所示的多边形,然后单击"插入"按钮 插入 后的"设置"按钮▇,设置"类型"为按多边形,"数量"为0.5mm,如图3-233所示。

09 保持选中的多边形不变,然后单击"挤出"按钮 挤出 后的"设置"按钮▇,设置"高度"为-0.8mm,如图3-234所示。

图3-232   图3-233   图3-234

10 退出"边"层级◢，然后在"修改器列表"中选择"网格平滑"选项，如图3-235所示。

11 进入"边"层级◢，然后选中图3-236所示的边，接着单击"连接"按钮 连接 后的"设置"按钮◻，设置"分段"为5，如图3-237所示。

 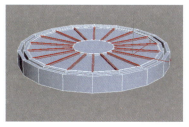 

图3-235   图3-236   图3-237

> **技巧与提示**
>
> 添加"网格平滑"修改器后，模型过于平滑没有达到理想的效果，需要为原有的模型添加分段线和切角。

12 返回"网格平滑"层级，此时平滑效果如图3-238所示。平滑的效果仍不理想，需要继续添加分段线。

13 在"边"层级◢中选中图3-239所示的边，然后单击"切角"按钮 切角 后的"设置"按钮◻，设置"边切角量"为0.25mm，如图3-240所示。

  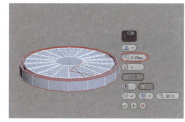

图3-238   图3-239   图3-240

14 返回"网格平滑"层级，模型平滑的效果得到了改善，如图3-241所示。

15 平滑后的模型还有些许棱角，在"网格平滑"修改器的"细分量"卷展栏中设置"迭代次数"为2，如图3-242所示。

 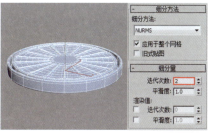

图3-241   图3-242

16 下面创建盒盖模型。使用"圆柱体"工具 圆柱体 在场景中创建一个模型，设置"半径"为46mm，"高度"为20mm，"边数"为18，如图3-243所示。

17 将上一步创建的模型转换为可编辑多边形，然后进入"多边形"层级◼，选中图3-244所示的多边形，接着单击"插入"按钮 插入 后的"设置"按钮◻，设置"高度"为1mm，如图3-245所示。

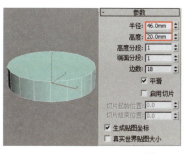  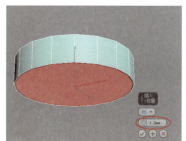

图3-243   图3-244   图3-245

18 保持选中的多边形不变，然后单击"挤出"按钮 挤出 后的"设置"按钮□，设置"高度"为-12mm，如图3-246所示。

19 进入"边"层级 ，然后选中图3-247所示的边，接着单击"切角"按钮 切角 后的"设置"按钮□，设置"边切角量"为0.25mm，如图3-248所示。

图3-246

图3-247

图3-248

20 退出"边"层级 ，然后在"修改器列表"中选择"网格平滑"选项，设置"迭代次数"为2，如图3-249所示。
21 将两个模型拼合出一定的造型，模型最终效果如图3-250所示。

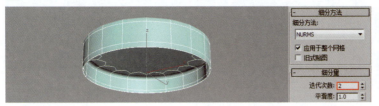
图3-249

图3-250

经验总结

通过这个案例的学习，相信读者已经掌握了多边形建模的方法。

⊙ 技术总结

本案例是按照图示导向中的分解图，用多边形建模技术分别制作彩妆盒的每一部分，然后进行拼合。

⊙ 经验分享

本案例中彩妆盒模型如何制作缝隙和凹槽是制作的重点和难点。灵活使用"挤出"工具 挤出 和"插入"工具 插入 ，就能制作出缝隙和凹槽的大致效果，再配合"网格平滑"修改器能让模型更加精细。

课外练习：制作瓶子模型		
场景位置	无	
实例位置	实例文件 >CH03> 课外练习 30.max	
视频名称	课外练习 30.mp4	
学习目标	掌握多边形建模的方法	

效果展示

本案例用"圆柱体"工具 圆柱体 配合多边形建模技术制作瓶子，案例效果如图3-251所示。

制作提示

瓶子模型可以分为3部分进行制作，如图3-252所示。
第1步：使用"圆柱体"工具 圆柱体 创建瓶子大致效果。
第2步：将圆柱体转换为可编辑多边形，然后调整出瓶身的效果。
第3步：使用多边形建模制作出瓶盖部分，并使用"网格平滑"修改器平滑模型。

图3-251

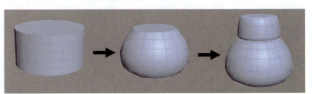
图3-252

中文版 3ds Max 2016 实战基础教程（全彩版）

第 4 章
毛发和布料技术

本章将介绍 3ds Max 2016 的毛发和布料技术，包含 Hair 和 Fur（WSM）修改器、VRay 毛皮工具和 Cloth 修改器。通过学习这 3 种工具，读者就可以创建出真实的毛发和布料效果。

本章技术重点

» 掌握 Hair 和 Fur（WSM）修改器的使用方法
» 掌握 VRay 毛皮的创建方法
» 掌握 Cloth 修改器的使用方法

Hair和Fur（WSM）：
制作刷子模型

场景位置	场景文件 >CH04>01.max
实例位置	实例文件 >CH04> 实战 31 Hair 和 Fur（WSM）：制作刷子模型 .max
视频名称	实战 31 Hair 和 Fur（WSM）：制作刷子模型 .mp4
学习目标	掌握 Hair 和 Fur（WSM）修改器的使用方法

⊟ 工具剖析

本案例主要使用"Hair和Fur（WSM）"修改器进行制作。

⊙ 参数解释

"Hair和Fur（WSM）"修改器的参数面板如图4-1所示。

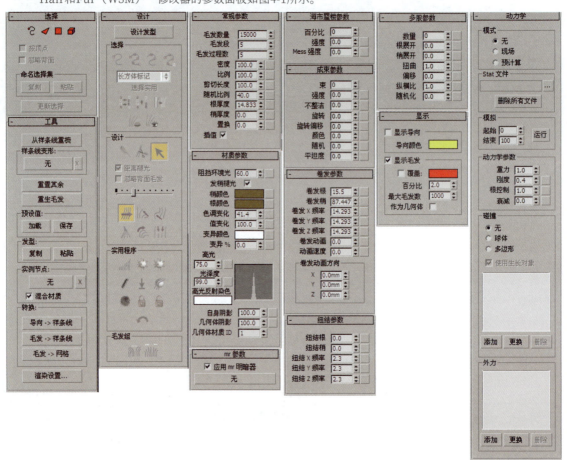

图4-1

重要参数讲解

导向 ⟲：这是一个子对象层级，单击该按钮后，"设计"卷展栏中的"设计发型"工具 [设计发型] 将自动启用。

面 ◁：这是一个子对象层级，可以选择三角形面。

多边形 ■：这是一个子对象层级，可以选择多边形。

元素 ⬦：这是一个子对象层级，可以通过单击一次鼠标左键来选择对象中的所有连续多边形。

按顶点：该选项只在"面""多边形""元素"级别中使用。启用该选项后，只需要选择子对象的顶点就可以选中子对象。

忽略背面：该选项只在"面""多边形""元素"级别中使用。启用该选项后，选择子对象时只影响面对着用户的面。

毛发数量：设置生成的毛发总数，如图4-2所示是"毛发数量"分别为1000和9000时的效果对比。

毛发段：设置每根毛发的段数。段数越多，毛发越自然，但是生成的网格对象就越大（对于非常直的直发，可将"毛发段"设置为1），如图4-3所示是"毛发段"分别为5和60时的效果对比。

毛发过程数：设置毛发的透明度，范围为1~20，如图4-4所示是"毛发过程数"分别为1和4时的效果对比。

毛发数量=1000

毛发数量=9000

图4-2

毛发段=5

图4-3

毛发段=60

毛发过程数=1

毛发过程数=4

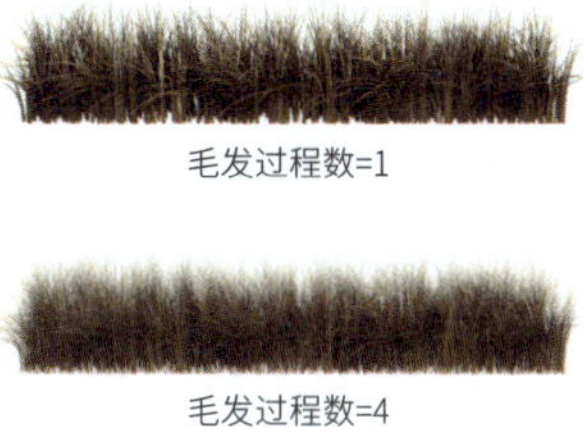

图4-4

密度：设置毛发的整体密度。

比例：设置毛发的整体缩放比例。

剪切长度：设置将整体的毛发长度进行缩放的比例。

随机比例：设置在渲染毛发时的随机比例。

根厚度：设置发根的厚度。

梢厚度：设置发梢的厚度。

束：相对于总体毛发数量，设置毛发束数量。

强度："强度"越大，束中各个梢彼此之间的吸引越强，范围为0~1。

旋转：扭曲每个束，范围为0~1。

旋转偏移：从根部偏移束的梢，范围为0~1。

卷发根：设置毛发在其根部的置换量。

卷发梢：设置毛发在其梢部的置换量。

卷发X/Y/Z频率：控制在3个轴中的卷发频率。

数量：设置每个聚集块的毛发数量。

根展开：设置为根部聚集块中的每根毛发提供的随机补偿量。

梢展开：设置为梢部聚集块中的每根毛发提供的随机补偿量。

扭曲：使用每束的中心作为轴扭曲束。

偏移：使束偏移其中心，离尖端越近，偏移越大。

纵横比：在垂直于梳理方向的方向上挤压每个束。

随机化：设置随机处理聚集块中的每根毛发的长度。

⊙ **操作演示**

工具：Hair和Fur（WSM）修改器　　**位置：**修改器列表　　**演示视频：**31- Hair和Fur（WSM）修改器

─ **实战介绍**

本案例是用"Hair和Fur（WSM）"修改器制作刷子模型。

⊙ **效果介绍**

图4-5所示是本案例的效果图。

⊙ **运用环境**

"Hair和Fur（WSM）"修改器可以在指定的模型表面生成毛发效果，常用于模拟地毯、刷子、角色毛发和草地等模型。

图4-5

思路分析

在制作模型之前，需要对模型进行分析，以便后续制作。

⊙ 制作简介

刷子模型是在刷头的表面加载"Hair和Fur（WSM）"修改器，从而生成刷毛模型。

⊙ 图示导向

图4-6所示是模型的制作步骤分解图。

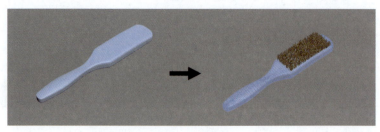

图4-6

步骤演示

`01` 打开本书学习资源中的"场景文件>CH04>01.max"文件，如图4-7所示。

`02` 选中图4-8所示的"对象001"模型，在"修改器列表"中选择"Hair和Fur（WSM）"选项，此时刷柄模型上有毛发生成，如图4-9所示。

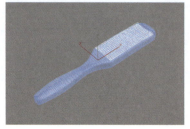

图4-7   图4-8   图4-9

`03` 在"常规参数"卷展栏中设置"毛发数量"为5000，"随机比例"为20，"根厚度"为5，"稍厚度"为2.5，如图4-10所示。

`04` 在"卷发参数"卷展栏中设置"卷发根"和"卷发稍"都为0，如图4-11所示。

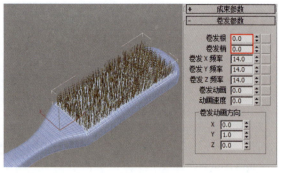

图4-10   图4-11

`05` 在"多股参数"卷展栏中设置"数量"为4，"稍展开"为0.2，如图4-12所示。刷子模型最终效果如图4-13所示。

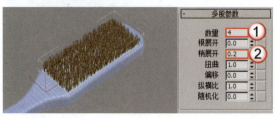

图4-12   图4-13

经验总结

通过这个案例的学习，相信读者已经掌握了"Hair和Fur（WSM）"修改器的使用方法。

⊙ 技术总结

本案例是按照图示导向中的分解图，用"Hair和Fur（WSM）"修改器在刷柄上制作刷毛模型。

⊙ 经验分享

"Hair和Fur（WSM）"修改器生成的毛发颜色和生长面的模型颜色一致。如果要让毛发显示其他颜色，就需要选中毛发赋予新材质，同时生长面的颜色也会发生相应的改变，如图4-14所示。

图4-14

课外练习：制作化妆刷模型	场景位置	场景文件 >CH04>02.max
	实例位置	实例文件 >CH04> 课外练习 31.max
	视频名称	课外练习 31.mp4
	学习目标	掌握 Hair 和 Fur（WSM）修改器的使用方法

效果展示

本案例用"Hair和Fur（WSM）"修改器制作化妆刷，案例效果如图4-15所示。

制作提示

化妆刷模型可以分为两部分进行制作，如图4-16所示。

第1步：使用"Hair和Fur（WSM）"修改器为模型添加毛发效果。

第2步：调整毛发的参数，使毛发局部生长。

图4-15

图4-16

实战 32 VRay毛皮：制作地毯模型	场景位置	场景文件 >CH04>03.max
	实例位置	实例文件 >CH04> 实战 32 VRay 毛皮：制作地毯模型 .max
	视频名称	实战 32 VRay 毛皮：制作地毯模型 .mp4
	学习目标	掌握 VRay 毛皮工具的使用方法

工具剖析

本案例主要使用"VR-毛皮"工具进行制作。

⊙ 参数解释

"VR-毛皮"工具的参数面板如图4-17所示。

重要参数讲解

源对象：指定需要添加毛发的物体。

长度：设置毛发的长度。

厚度：设置毛发的厚度。

重力：控制毛发在z轴方向被下拉的力度，也就是通常所说的"重量"。

弯曲度：设置毛发的弯曲程度。

图4-17

锥度： 用来控制毛发锥化的程度。

边数： 当前这个参数还不可用，在以后的版本中将开发多边形的毛发。

结数： 用来控制毛发弯曲时的光滑程度。值越大，表示段数越多，弯曲的毛发越光滑。

方向参量： 控制毛发在方向上的随机变化。值越大，表示变化越强烈；0表示无变化。

长度参量： 控制毛发长度的随机变化。1表示变化最强烈；0表示无变化。

厚度参量： 控制毛发粗细的随机变化。1表示变化最强烈；0表示无变化。

重力参量： 控制毛发受重力影响的随机变化。1表示变化最强烈；0表示无变化。

每个面： 用来控制每个面产生的毛发数量，因为物体的每个面不都是均匀的，所以渲染出来的毛发也不均匀。

每区域： 用来控制每单位面积中的毛发数量，这种方式下渲染出来的毛发比较均匀。

整个对象： 选中该选项后，全部的面都将产生毛发。

选定的面： 选中该选项后，只有被选择的面才能产生毛发。

⊙ **操作演示**

工具： VR-毛皮　　**位置：** 几何体>VRay　　**演示视频：** 32-VRay毛皮

实战介绍

本案例是用"VR-毛皮"工具 VR-毛皮 制作地毯模型。

⊙ 效果介绍

图4-18所示是本案例的效果图。

⊙ 运用环境

"VR-毛皮"工具同"Hair和Fur（WSM）"修改器一样，也是用于制作毛发类的工具，只是在使用方法上有所差异。

图4-18

思路分析

在制作模型之前，需要对模型进行分析，以便后续制作。

⊙ 制作简介

地毯模型是在原有模型的基础上，使用"VR-毛皮"工具添加毛发效果，从而创建出地毯的绒毛。

⊙ 图示导向

图4-19所示是模型的制作步骤分解图。

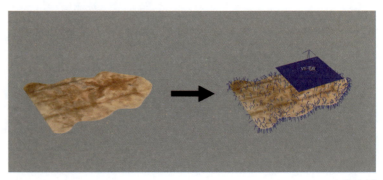

图4-19

步骤演示

01 打开本书学习资源中的"场景文件>CH04>03.max"文件，如图4-20所示。

02 选中地毯模型，在"几何体"中选择"VRay"选项，然后单击"VR-毛皮"按钮 VR-毛皮 ，此时地毯模型上出现毛发模型，如图4-21所示。

图4-20

图4-21

03 选中毛发模型，切换到"修改"面板，在"参数"卷展栏设置"长度"为1cm，"厚度"为0.02cm，"重力"为-0.3cm，"弯曲"为0.7，"每区域"为0.2，如图4-22所示。

04 按F9键渲染当前场景并观察效果，如图4-23所示。此时生成的毛发为默认模型的颜色。

05 选中毛发模型，然后按M键打开"材质编辑器"面板，选中毛发的材质球，并单击"将材质指定给选定对象"按钮，如图4-24所示。

06 按F9键渲染当前场景，效果如图4-25所示。

图4-22

图4-23

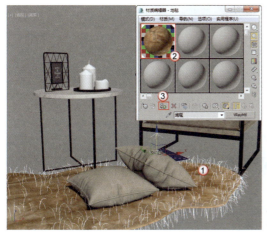

图4-24

图4-25

🔲 经验总结

通过这个案例的学习，相信读者已经掌握了"VR-毛皮"工具 VR-毛皮 的使用方法。

⊙ 技术总结

本案例是按照图示导向中的分解图为选中的地毯模型添加毛发效果，并调节毛发的参数。

⊙ 经验分享

用"VR-毛皮"工具 VR-毛皮 制作毛发效果的参数相对简单，操作性较强，但不够直观，需要通过渲染才能观察最终效果。

课外练习：制作植物盆栽模型

场景位置	无
实例位置	实例文件 >CH04> 课外练习 32.max
视频名称	课外练习 32.mp4
学习目标	掌握 VRay 毛皮工具的使用方法

🔲 效果展示

本案例用"VR-毛皮"工具 VR-毛皮 制作植物盆栽，案例效果如图4-26所示。

🔲 制作提示

植物盆栽模型可以分为花盆和植物两部分进行制作，如图4-27所示。

第1步： 使用"圆锥体"工具 圆锥体 配合多边形建模制作花盆模型。

第2步： 使用"VR-毛皮"工具 VR-毛皮 制作植物模型。

图4-26

图4-27

实战 33

Cloth：制作桌布模型

场景位置	场景文件 >CH04>04.max
实例位置	实例文件 >CH04> 实战 33 Cloth：制作桌布模型 .max
视频名称	实战 33 Cloth：制作桌布模型 .mp4
学习目标	掌握 Cloth 修改器的使用方法

🔲 工具剖析

本案例主要使用"Cloth"修改器进行制作。

⊙ 参数解释

"Cloth"修改器的参数面板如图4-28所示。

重要参数讲解

对象属性 对象属性 ：单击该按钮会打开"对象属性"对话框，如图4-29所示。在这个对话框中可以设置布料的属性和布料碰撞对象的属性。

图4-28

图4-29

布料力 布料力：单击该按钮会打开"力"对话框，如图4-30所示，在这个对话框中可以设置布料所受到的力。

模拟局部 模拟局部：单击该按钮开始模拟布料效果。

模拟 模拟：单击该按钮生成布料动力学效果。

消除模拟 消除模拟：单击该按钮，布料会消除模拟后的效果，恢复为初始状态。

设置初始状态 设置初始状态：单击该按钮，会将调整过的布料模型设置为布料的初始状态。

图4-30

⊙ **操作演示**

工具：Cloth修改器　　**位置**：修改器列表　　**演示视频**：33-Cloth修改器

实战介绍

本案例是用"Cloth"修改器制作桌布模型。

⊙ **效果介绍**

图4-31所示是本案例的效果图。

⊙ **运用环境**

"Cloth"修改器常用来制作桌布、床单和毯子等布料类模型。

图4-31

思路分析

在制作模型之前，需要对模型进行分析，以便后续制作。

⊙ **制作简介**

本案例需要用"Cloth"修改器模拟出桌布模型与桌子模型之间的碰撞效果。

⊙ **图示导向**

图4-32所示是模型的制作步骤分解图。

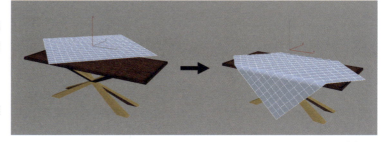

图4-32

步骤演示

`01` 打开本书学习资源中的"场景文件>CH04>04.max"文件，如图4-33所示。

`02` 使用"平面"工具 平面 在桌子模型上方创建一个平面模型，设置"长度"和"宽度"为1500mm，"长度分段"和"宽度分段"为15，如图4-34所示。

图4-33

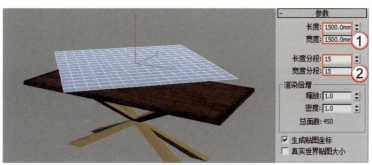

图4-34

03 选中上一步创建的平面模型,为其加载"Cloth"修改器,然后单击"对象属性"按钮 对象属性 打开"对象属性"对话框,具体参数如图4-35所示。

04 在"对象属性"对话框中单击"添加对象"按钮 添加对象... ,在打开的对话框中选中桌子对象,如图4-36和图4-37所示。

05 在"对象属性"面板中将添加的对象设置为冲突对象,并单击"确定"按钮 确定 ,如图4-38所示。

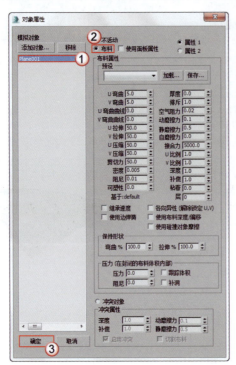

图4-35

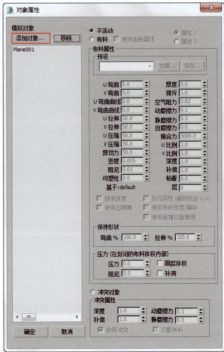

图4-36

图4-37

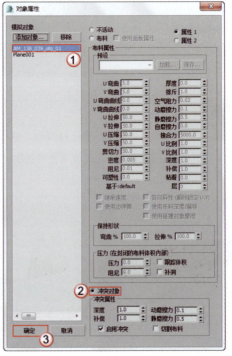

图4-38

中文版 3ds Max 2016 实战基础教程(全彩版)

06 在"Cloth"修改器面板单击"模拟",系统会打开模拟的进度窗口,如图4-39所示。模拟完成后布料效果如图4-40所示。

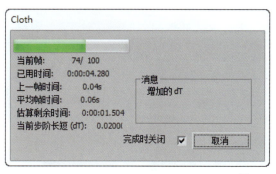

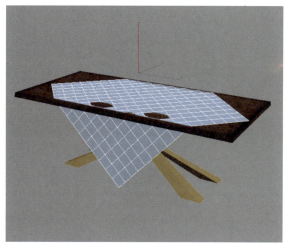

图4-39   图4-40

07 将模拟后的布料适当放大,然后在"修改器列表"中选择"壳"选项,设置"外部量"为1mm,如图4-41所示。

08 调整桌布模型的位置,最终效果如图4-42所示。

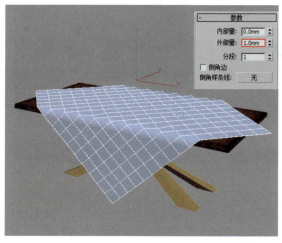

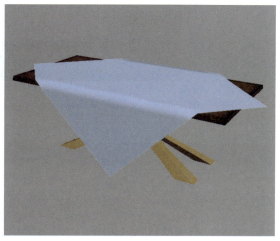

图4-41   图4-42

> **技巧与提示**
>
> 加载"壳"修改器是为布料模型增加厚度,这样模型看起来会更加真实。

⊟ 经验总结

通过这个案例的学习,相信读者已经掌握了"Cloth"修改器的使用方法。

⊙ 技术总结

本案例是为平面模型添加"Cloth"修改器,从而与桌子模型产生碰撞生成桌布效果。

⊙ 经验分享

在使用"Cloth"修改器时,会遇到以下两种情况。

第1种:布料穿过桌子。遇到这种情况需要重新设置布料和冲突对象的属性。

第2种:模拟后,布料与桌子有部分重合。遇到这种情况需要将模拟后的布料转换为可编辑多边形,并进行移动和缩放。

课外练习：制作毯子模型

⊟ 效果展示

本案例用"平面"工具 平面 和"Cloth"修改器制作毯子，案例效果如图4-43所示。

图4-43

⊟ 制作提示

毯子模型可以分为两部分进行制作，如图4-44所示。

第1步： 使用"平面"工具 平面 创建平面，作为毯子的雏形。

第2步： 使用"Cloth"修改器模拟毯子效果。

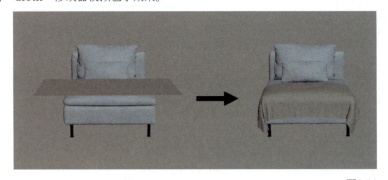

图4-44

第 5 章
摄影机技术

本章将介绍 3ds Max 2016 的摄影机技术，包含目标摄影机、物理摄影机、摄影机特效和渲染安全框。通过学习这些技术，读者可以掌握更多场景的表现方式。

本章技术重点

» 掌握目标摄影机的使用方法

» 掌握物理摄影机的使用方法

» 掌握景深、散景和运动模糊的制作方法

» 掌握渲染安全框的设置方法

目标摄影机：为餐厅空间创建摄影机

场景位置	场景文件 >CH05>01.max
实例位置	实例文件 >CH05> 实战 34 目标摄影机：为餐厅空间创建摄影机 .max
视频名称	实战 34 目标摄影机：为餐厅空间创建摄影机 .mp4
学习目标	掌握目标摄影机的创建与属性设置方法

工具剖析

本案例主要使用目标摄影机进行制作。

参数解释

目标摄影机的参数面板如图5-1所示。

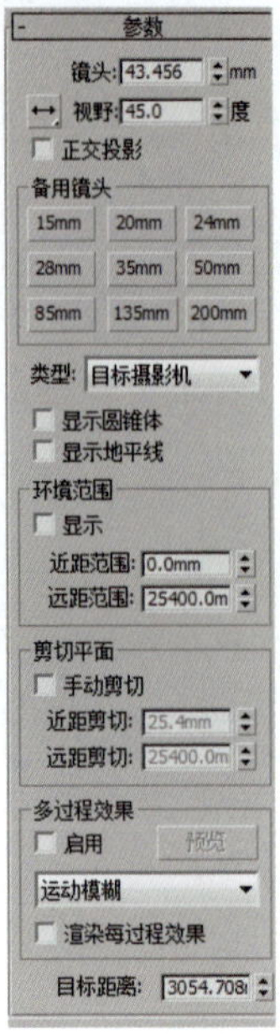

重要参数讲解

镜头：以mm为单位来设置摄影机的焦距。

视野：设置摄影机查看区域的宽度视野，有"水平" ↔、"垂直" ↕ 和"对角线" ↗ 3种方式。

正交投影：勾选该选项后，摄影机视图为用户视图；不选该选项，摄影机视图为标准的透视图。

备用镜头：系统预置的摄影机焦距镜头，包含15mm、20mm、24mm、28mm、35mm、50mm、85mm、135mm和200mm。

类型：切换摄影机的类型，包含"目标摄影机"和"自由摄影机"两种。

显示圆锥体：显示摄影机视野定义的锥形光线（实际上是一个四棱锥）。锥形光线出现在其他视图，但是显示在摄影机视图中。

显示地平线：在摄影机视图中的地平线上显示一条深灰色的线条。

显示：显示出在摄影机锥形光线内的矩形。

近距/远距范围：设置大气效果的近距范围和远距范围。

手动剪切：启用该选项可定义剪切的平面。

近距/远距剪切：设置近距和远距平面。对于摄影机，比"近距剪切"平面近或比"远距剪切"平面远的对象是不可见的。

启用：勾选该选项后，可以预览渲染效果。

预览 预览：单击该按钮可以在活动摄影机视图中预览效果。

多过程效果：共有"景深（mental ray）""景深""运动模糊"3个选项，系统默认为"景深"。

渲染每过程效果：勾选该选项后，系统会将渲染效果应用于多重过滤效果的每个过程（景深或运动模糊）。

目标距离：当使用"目标摄影机"时，该选项用来设置摄影机与其目标之间的距离。

图5-1

操作演示

工具： 目标   **位置**：摄影机>标准   **演示视频**：34-目标摄影机

实战介绍

本案例用"目标"工具 目标 为餐厅场景创建一台摄影机。

效果介绍

图5-2所示是本案例的效果图。

运用环境

目标摄影机可以查看所放置的目标周围的区域，它比自由摄影机更容易定向，因为只需将目标对象定位在所需位置的中心即可。

图5-2

思路分析

在创建摄影机之前，需要对场景进行分析，以便后续制作。

⊙ 制作简介

本案例是一个餐厅场景，主体模型都集中在一侧，可以将目标摄影机面向模型集中的方向。

⊙ 图示导向

图5-3所示是摄影机的位置。

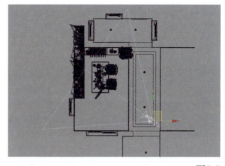

图5-3

步骤演示

01 打开本书学习资源中的"场景文件>CH05>01.max"文件，如图5-4所示。

02 进入顶视图，在"创建"面板 中单击"摄影机"按钮 ，然后选择"标准"选项，接着单击"目标"按钮 目标 ，如图5-5所示，再根据图示导向中的参考图，在视图中拖曳鼠标找出摄影机的位置，如图5-6所示。

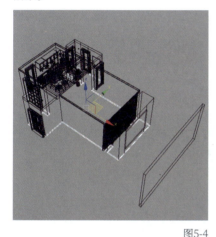

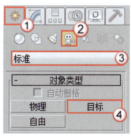

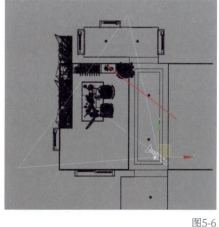

图5-4　　　　　　　　　　　图5-5　　　　　　　　　　　图5-6

03 为了方便调整摄影机，同时方便观察取景，将视图布局从四视图调整为图5-7所示的视图模式，即左侧为顶视图，右侧为摄影机视图。

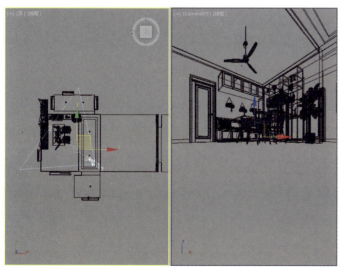

图5-7

技巧与提示

执行"视图>视图配置"菜单命令打开"视口配置"对话框，切换到"布局"选项卡，然后选择两视口面板，并单击"确定"按钮 确定 ，如图5-8所示。读者也可以按照个人喜好选择不同的视口布局。

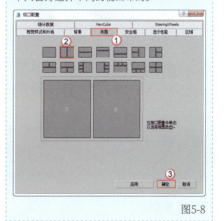

图5-8

04 将顶视图切换为左视图，全选摄影机及其目标点，然后沿着y轴向上移动到如图5-9所示的位置。

05 按F10键打开"渲染设置"面板，然后在默认的"公用"选项卡下设置"输出大小"的"宽度"为1000，"高度"为750，如图5-10所示。这样就可以限定渲染输出画面的比例大小，方便后期微调摄影机。

06 进入摄影机视图，然后按快捷键Shift＋F打开渲染安全框，这时可以直接在视图中观察到渲染画面的内容，如图5-11所示。

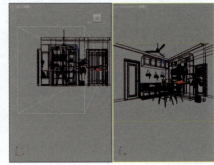

| 图5-9 | 图5-10 | 图5-11 |

> **技巧与提示**
>
> 选择摄影机及其目标点时，为了避免误选其他对象，将"选择过滤器"设置为C-摄影机选项即可。

07 通过观察安全框中的内容会发现摄影机距离场景主体太远，且镜头整体偏低。选中摄影机，切换到"修改"面板，在"参数"卷展栏中设置"镜头"为26mm，并向上移动摄影机的高度，如图5-12所示。

08 在摄影机视图中按F9键渲染视图，效果如图5-13所示。

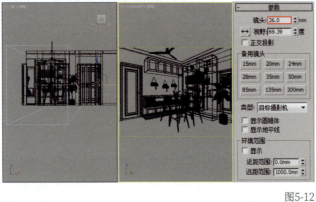

| 图5-12 | 图5-13 |

经验总结

通过这个案例的学习，相信读者已经掌握了如何创建和调整目标摄影机。

⊙ 技术总结

本案例是按照图示导向中的示意图为场景创建目标摄影机。

⊙ 经验分享

创建完摄影机后，必须设置画面比例并打开安全框，这样才能完整、准确地观察镜头效果。

课外练习：为客厅创建摄影机	场景位置	场景文件 >CH05>02.max
	实例位置	实例文件 >CH05> 课外练习 34.max
	视频名称	课外练习 34.mp4
	学习目标	掌握目标摄影机的创建方法

效果展示

本案例用目标摄影机为客厅空间添加摄影机，案例效果如图5-14所示。

中文版 3ds Max 2016 实战基础教程（全彩版）

制作提示

摄影机的参考位置如图5-15所示。

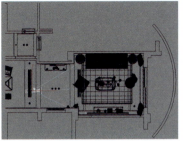

图5-14   图5-15

实战 35

物理摄影机：为卧室空间创建摄影机

场景位置	场景文件 >CH05>03.max
实例位置	实例文件 >CH05> 实战 35 物理摄影机：为卧室空间创建摄影机 .max
视频名称	实战 35 物理摄影机：为卧室空间创建摄影机 .mp4
学习目标	掌握物理摄影机的创建与属性设置方法

工具剖析

本案例主要使用物理摄影机进行制作。

⊙ 参数解释

物理摄影机的参数面板如图5-16所示。

重要参数讲解

目标：勾选后摄影机有目标点。

目标距离：目标点离摄影机的距离。

胶片/传感器

预设值：系统设定的镜头类型，如图5-17所示。

宽度：手动调节镜头范围的大小。

镜头

焦距：设置摄影机的焦长。

指定视野：勾选后可以手动调节视野大小。

缩放：缩放场景。

光圈：设置摄影机的光圈大小，用来控制渲染图像的亮度。

聚焦

使用目标距离：使用目标点的距离。

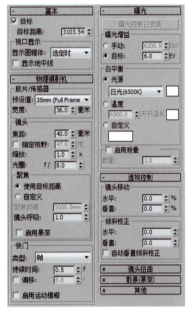

图5-16   图5-17

自定义：手动调节距离。

镜头呼吸：基于焦距更改视野。镜头必须移动，才能在不同的距离聚焦，当聚焦更近时变得更窄，值为0时禁用此效果。

启用景深：勾选后开启景深效果。

快门

类型：按不同的时间单位控制进光时间，如图5-18所示。

持续时间：控制光的进光时间。

偏移：勾选后启用快门偏移。

启用运动模糊：勾选后启用运动模糊效果。

曝光增益

手动：选择后手动调节曝光值。

图5-18

目标：摄影机当前使用的曝光值。

白平衡

光源：光源颜色控制白平衡，如图5-19所示。

温度：用色温控制白平衡。

自定义：自定义颜色控制白平衡。

启用渐晕：开启后镜头有渐晕效果。

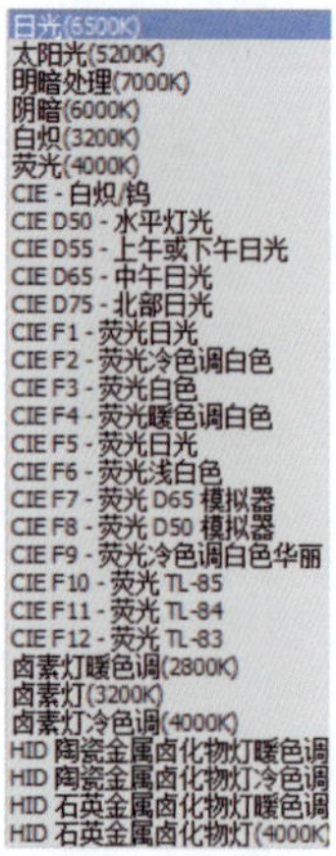

> **技巧与提示**
>
> 使用物理摄影机"曝光"功能，需要配合"环境与效果"面板中"物理摄影机曝光控制"卷展栏参数进行调节。

镜头移动：水平/垂直移动胶片平面，用于使摄影机向上或向下环视，而不必倾斜。

倾斜校正：水平/垂直倾斜镜头，用于更正摄影机向上或向下倾斜的透视。

自动垂直倾斜校正：勾选后自动调整垂直倾斜，以便沿z轴对齐透视。

图5-19

⊙ **操作演示**

| 工具： | 物理 | 位置：摄影机>标准 | 演示视频：35-物理摄影机 |

▭ 实战介绍

本案例是为卧室空间创建物理摄影机。

⊙ **效果介绍**

图5-20所示是本案例的效果图。

⊙ **运用环境**

物理摄影机是3ds Max 2016的"标准"摄影机中新加入的摄影机。其特点与VRay物理相机类似，模拟真实的照相机属性功能。

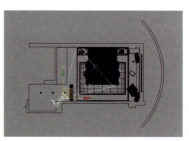

图5-20

▭ 思路分析

在创建摄影机之前，需要对场景进行分析，以便后续制作。

⊙ **制作简介**

本案例是一个卧室场景，主体模型都集中在一侧。将物理摄影机朝向床头的方向比较合适，可以将更多模型容纳到画面中。

⊙ **图示导向**

图5-21所示是摄影机的位置。

图5-21

▭ 步骤演示

01 打开本书学习资源中的"场景文件>CH05>02.max"文件，如图5-22所示。

02 进入顶视图，然后在"创建"面板 中单击"摄影机"按钮 ，选择"标准"选项，再单击"物理"按钮 物理 ，最后在视图中从下向上拖曳鼠标左键找出摄影机，如图5-23所示。

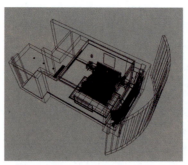

图5-22

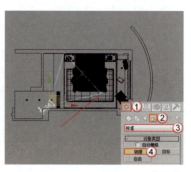

图5-23

中文版 3ds Max 2016 实战基础教程（全彩版）

03 调整摄影机，同时方便观察取景，将视图布局从四视图调整为图5-24所示的布局。

04 将顶视图切换为前视图，全选摄影机及其目标点，然后沿着y轴向上移动，如图5-25所示。

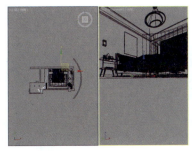
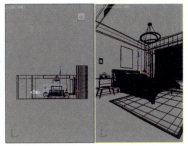

图5-24 图5-25

05 选中摄影机，然后切换到"修改"面板，接着在"物理摄影机"卷展栏中设置"焦距"为30毫米，"曝光增益"选择手动并设置为800ISO，如图5-26所示。

06 按F10键打开"渲染设置"面板，设置"宽度"为1000，"高度"为750，如图5-27所示。

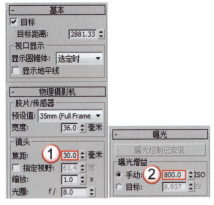

图5-26 图5-27

07 在摄影机视图按快捷键Shift＋F打开安全框，此时摄影机视图的效果如图5-28所示。

08 按F9键渲染场景，效果如图5-29所示。

图5-28 图5-29

经验总结

通过这个案例的学习，相信读者已经掌握了物理摄影机的使用方法。

⊙ 技术总结

本案例是按照图示导向中的示意图为卧室场景创建物理摄影机。

⊙ 经验分享

创建物理摄影机后，除了要调整摄影机位置和画笔比例大小外，还需要按实际情况调整摄影机的"光圈""快门""ISO"属性，否则渲染的图片会发生曝光现象。

请读者牢记，"光圈"的数值越小，图像越亮；"快门"的数值越小，图像越暗；"ISO"的数值越小，图像越暗。

课外练习：为卫生间创建摄影机	场景位置	场景文件 >CH05>04.max
	实例位置	实例文件 >CH05> 课外练习 35.max
	视频名称	课外练习 35.mp4
	学习目标	掌握物理摄影机的创建方法

效果展示

本案例为卫生间添加物理摄影机，案例效果如图5-30所示。

📖 制作提示

摄影机的参考位置如图5-31所示。

图5-30

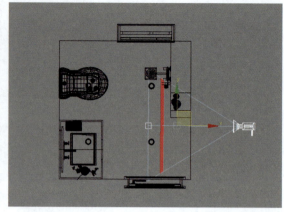

图5-31

实战 36	场景位置	场景文件 >CH05>05.max
安全框：横向构图	实例位置	实例文件 >CH05> 实战 36 安全框：横向构图 .max
	视频名称	实战 36 安全框：横向构图 .mp4
	学习目标	掌握安全框的使用方法

📖 工具剖析

本案例使用"安全框"将场景设置为横向构图。

⊙ 参数解释

在之前的两个案例中都使用了"安全框"，下面为读者详细讲解"安全框"的相关知识。

"安全框"可以通俗地理解为相框，只要在"安全框"内显示的对象都可以被渲染出。"安全框"可以直观地体现渲染输出的尺寸比例。当场景中创建了摄影机之后，在摄影机视图按快捷键Shift＋F就可以显示"安全框"，此时"安全框"内的对象即为摄影机所看到的对象，这样便能直观地对场景摄影机进行调整。

设置"安全框"的界面如图5-32所示。

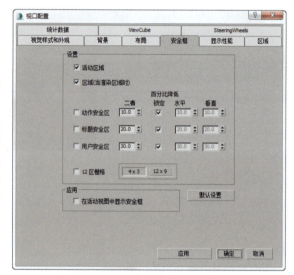

图5-32

重要参数讲解

活动区域：默认勾选该选项，"安全框"为浅黄色，与设置的渲染尺寸相关联，如图5-33所示。
动作安全区：勾选该选项后"安全框"显示为蓝色，通常在制作动画时会勾选该选项，如图5-34所示。
标题安全区：勾选该选项后"安全框"显示为橙色，且在动作安全区内，如图5-35所示。
用户安全区：勾选该选项后"安全框"显示为紫色，且在标题安全区内，如图5-36所示。

图5-33

图5-34

图5-35

图5-36

工具： 安全框　　**位置：** 视口配置　　**演示视频：** 36-视口配置

实战介绍

本案例是用"安全框"将画面设置为横构图。

⊙ 效果介绍

图5-37所示是本案例的效果图。

图5-37

⊙ 运用环境

"安全框"可以很好地显示画面的构图和边界，是创建摄影机时必不可少的工具。

思路分析

在制作案例之前，需要对场景进行分析。

⊙ 制作简介

本案例需要为厨房空间创建一台目标摄影机，并将画面构图设置为横向。

⊙ 图示导向

图5-38所示是摄影机的参考位置。

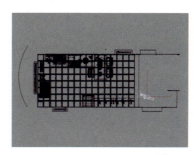

图5-38

步骤演示

01 打开本书学习资源中的"场景文件>CH05>05.max"文件，如图5-39所示。

02 单击"目标"按钮 目标 在顶视图中创建一台摄影机，位置如图5-40所示。

03 按C键切换到摄影机视图，然后按住鼠标中键（或滚轮）拖曳鼠标，移动摄影机的高度，如图5-41所示。

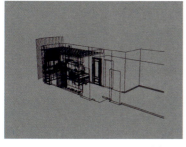
图5-39

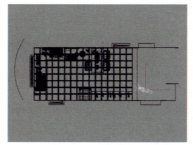
图5-40

图5-41

技巧与提示

读者也可以按照前面两个案例所用的方法移动摄影机的高度。

---

04 选中摄影机，在"修改"面板中的"参数"卷展栏中设置"镜头"为36mm，并推进摄影机，如图5-42所示。

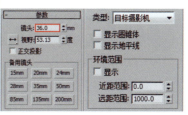

图5-42

05 按F10键打开"渲染设置"面板，在"输出大小"选项组下设置"宽度"为1000，"高度"为750，如图5-43所示。设置的画幅宽度和高度比例是4∶3的横向构图。

06 按快捷键Shift＋F打开安全框，如图5-44所示。按F9键渲染摄影机视图，效果如图5-45所示。

图5-43　　　　　　　　　　　　　图5-44　　　　　　　　　　　　　图5-45

经验总结

通过这个案例的学习，相信读者已经掌握了如何设置横向构图。

⊙ 技术总结

本案例是为厨房空间添加摄影机，并将画面设置为横向构图。

⊙ 经验分享

横向构图应用的空间类型较多，它与人的本能视野有关，宽阔的地平线上，事物依次展开横向排列，各种水平的横向联系能自然地向两边产生辐射的趋势，特别能满足双眼"左顾右盼"的需求，开阔视野。横向构图还有利于表现物体的运动趋势，包括使静止的景物产生流动的节奏美，如图5-46所示。

竖向构图则应用于纵向高度较大的空间，如高大的写字楼、狭长的走廊和高挑的山谷等，如图5-47所示。

若是读者还不能很好理解，这里笔者总结了一个小规律："表现广阔时，用横向构图；表现高大时，用竖向构图。"

图5-46　　　　　　　　　　图5-47

课外练习：竖向构图	场景位置	场景文件 >CH05>06.max
	实例位置	实例文件 >CH05> 课外练习 36.max
	视频名称	课外练习 36.mp4
	学习目标	掌握竖向构图的方法

效果展示

本案例是将画面设置为竖向构图，案例效果如图5-48所示。

制作提示

摄影机参考位置如图5-49所示。

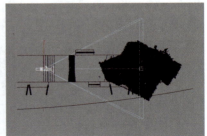

图5-48　　　　　　　　　　　　　图5-49

实战 37	

场景位置	场景文件 >CH05>07.max
实例位置	实例文件 >CH05> 实战 37 景深：制作大厅的景深效果 .max
视频名称	实战 37 景深：制作大厅的景深效果 .mp4
学习目标	掌握目标摄影机制作景深效果的方法

景深：制作大厅的景深效果

⊟ 工具剖析

本案例使用目标摄影机制作场景的景深效果。

⊙ 参数解释

目标摄影机的景深效果不是在摄影机的属性面板中进行设置，而是在"渲染设置"面板的"摄影机"卷展栏中进行设置，如图5-50所示。

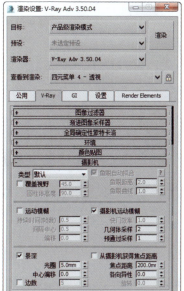

图5-50

重要参数讲解

景深：勾选该选项后开启景深效果。

从摄影机获得焦点距离：勾选该选项后，场景中的景深效果会根据摄影机的目标点位置进行计算。

光圈：设置景深的大小，数值越大，景深越模糊，如图5-51和图5-52所示的对比效果。

图5-51

图5-52

焦点距离：当勾选"从摄影机获得焦点距离"选项后，该选项所设置的数值无效；当不勾选"从摄影机获得焦点距离"选项时，该选项设置的数值表示画面中最清晰部分的位置。

各向异性：当设置为正值时，形成散景效果。

⊙ 操作演示

工具：景深　　**位置：**渲染设置面板　　**演示视频：**37-目标摄影机的景深

⊟ 实战介绍

本案例是用目标摄影机制作大厅的景深效果。

⊙ 效果介绍

图5-53所示是本案例的景深效果。

⊙ 运用环境

景深效果可以很好地表现场景的层次感，更符合人眼的观察效果。添加了景深效果的效果图会显得更加真实。

图5-53

⊟ 思路分析

在制作案例之前，需要确定场景中着重表现的部分。

⊙ **制作简介**

本案例需要为大厅空间创建一台目标摄影机，通过景深效果着重表现。

⊙ **图示导向**

图5-54所示是摄影机的参考位置。

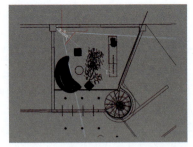

图5-54

⊖ 步骤演示

01 打开本书学习资源中的"场景文件>CH05>07.max"文件，如图5-55所示。

02 单击"目标"按钮 **目标** 在顶视图中创建一台摄影机，位置如图5-56所示。

03 按C键切换到摄影机视图，然后按住鼠标中键（或滚轮）拖曳鼠标，移动摄影机的高度，如图5-57所示。

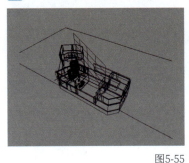　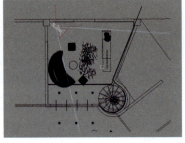　

图5-55　　　　　　　　　　　　图5-56　　　　　　　　　　　　图5-57

> **技巧与提示**
>
> 读者也可以按照前面两个案例的方法移动摄影机的高度。

04 选中摄影机，在"修改"面板的"参数"卷展栏中设置"镜头"为24mm，如图5-58所示。

05 按F10键打开"渲染设置"面板，在"输出大小"选项组下设置"宽度"为1000，"高度"为750，如图5-59所示。

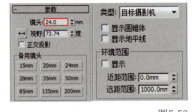

图5-58

06 按快捷键Shift＋F打开安全框，如图5-60所示。按F9键渲染摄影机视图，效果如图5-61所示，此时是没有添加景深的效果。

图5-59　　　　　　　　　　　　图5-60　　　　　　　　　　　　图5-61

07 按F10键打开"渲染设置"面板，在"摄影机"卷展栏中勾选"景深"和"从摄影机获得焦点距离"选项，并设置"光圈"为15mm，如图5-62所示。

08 按F9键渲染摄影机视图，效果如图5-63所示。

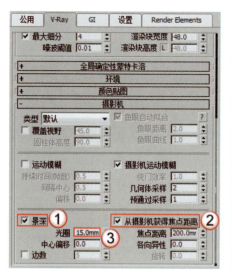

图5-62

图5-63

经验总结

通过这个案例的学习，相信读者已经掌握了使用目标摄影机制作景深效果的方法。

⊙ 技术总结

本案例是用目标摄影机制作场景的景深效果。在"渲染设置"面板的"摄影机"卷展栏中，可以设置景深的相关参数。

⊙ 经验分享

在设置景深效果时，要明确画面最清晰的部分在摄影机的目标点位置。越是远离目标点的位置，景深效果越明显。除了使用目标摄影机制作景深效果外，还可以使用物理摄影机进行制作。

课外练习：制作场景的景深效果	场景位置	场景文件 >CH05>08.max
	实例位置	实例文件 >CH05> 课外练习 37.max
	视频名称	课外练习 37.mp4
	学习目标	掌握物理摄影机制作景深效果的方法

效果展示

本案例是用物理摄影机制作场景的景深效果，案例效果如图5-64所示。

制作提示

摄影机参考位置如图5-65所示。

图5-64

图5-65

场景位置	场景文件 >CH05>09.max
实例位置	实例文件 >CH05> 实战 38 散景：制作灯光的散景效果 .max
视频名称	实战 38 散景：制作灯光的散景效果 .mp4
学习目标	掌握物理摄影机制作散景效果的方法

工具剖析

本案例使用物理摄影机制作散景效果。

⊙ 参数解释

物理摄影机在制作散景时，需要设置"散景（景深）"卷展栏中的参数，如图5-66所示。

重要参数讲解

圆形： 默认选择该选项，所呈现的散景边缘为圆形，如图5-67所示。

叶片式： 选择该选项后，可以通过设置叶片的个数形成不同的散景效果，如图5-68所示。

自定义纹理： 选择该选项后，在下方的通道内加载贴图控制散景效果。

中心偏移（光环效果）： 当设置的数值为正值时，散景的边缘亮度会大于中心亮度，形成"甜甜圈"效果，如图5-69所示。当设置的数值为负值时，中心的亮度会大于边缘的亮度。

图5-66

图5-67

图5-68

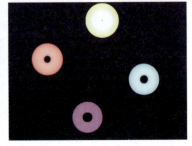

图5-69

光学渐晕（CAT眼睛）： 模拟猫眼效果，常用于广角镜头。

各向异性（失真镜头）： 水平或垂直拉伸光圈，用于模拟失真镜头。

⊙ 操作演示

工具： 散景（景深）卷展栏　　**位置：** 物理摄影机　　**演示视频：** 38-物理摄影机的散景

实战介绍

本案例是用物理摄影机制作灯光的散景效果。

⊙ 效果介绍

图5-70所示的图片是散景的效果。

⊙ 运用环境

散景是景深效果中的一种，当发光物体或高光物体处于景深中时，大概率会发生散景效果。散景效果有可能因为摄影技巧或光圈孔形状的不同，而产生差异的效果。例如镜头本身的光圈叶片数不同（所形成的光圈孔形状不同），会让圆形散景呈现不同的多角形变化。日常生活中常见的"甜甜圈"效果就是散景中的一种。

图5-70

思路分析

在制作案例之前，需要对场景进行分析。

⊙ 制作简介

本案例需要为浴室场景创建一台物理摄影机，从而模拟出吊灯的散景效果。

⊙ 图示导向

图5-71所示是摄影机的参考位置。

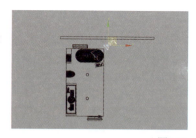

图5-71

📄 步骤演示

01 打开本书学习资源中的"场景文件>CH05>09.max"文件，如图5-72所示。

02 单击"物理"按钮 ▬▬物理▬▬ 在顶视图中创建一台摄影机，位置如图5-73所示。

03 按C键切换到摄影机视图，然后按住鼠标中键（或滚轮）拖曳鼠标，移动摄影机的高度，如图5-74所示。

图5-72

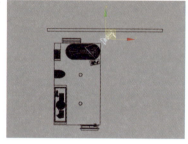

图5-73

图5-74

04 按F3键将视图切换为实体显示，如图5-75所示。由于摄影机在墙体的外部，会发现此时镜头中只能看见外部的墙体。

05 选中摄影机，在"修改"面板的"其他"卷展栏中勾选"启用"选项，并设置"近"为610mm，如图5-76所示。切换到顶视图，可以观察到摄影机出现红色的线段，即视图中可以观察到的部分，如图5-77所示。

图5-75

图5-76

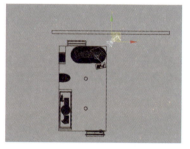

图5-77

06 选中摄影机，在"修改"面板的"物理摄影机"卷展栏中设置"焦距"为40毫米，"光圈"为2，"曝光增益"选择手动并设置为20ISO，如图5-78所示。

07 按F10键打开"渲染设置"面板，在"公用"选项卡中的"输出大小"选项组下设置"宽度"为1000，"高度"为750，如图5-79所示。

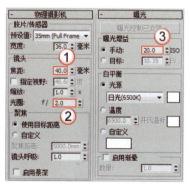

图5-78

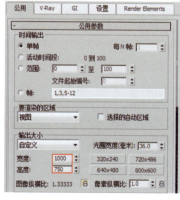

图5-79

08 按F9键渲染摄影机视图，效果如图5-80所示。这是没有散景时候的效果。

09 选中摄影机，切换到"修改"面板，在"物理摄影机"卷展栏中勾选"启用景深"选项，然后设置"光圈形状"为圆形，"中心偏移（光环效果）"为100，如图5-81所示。

10 按F9键进行渲染，效果如图5-82所示。

图5-80

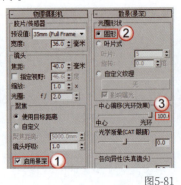
图5-81

图5-82

经验总结

通过这个案例的学习，相信读者已经掌握了使用物理摄影机制作散景效果的方法。

⊙ 技术总结

散景效果必须是在开启景深效果后，且画面中有发光的物体才可能出现。

⊙ 经验分享

散景可以让画面看起来更加朦胧，具有层次感。在制作散景效果时，让镜头朝向有灯光的方向，且灯光处于景深区域，这样就能形成散景效果，如图5-83所示。

读者最好使用物理摄影机制作散景，可以通过调整叶片数形成不同的散景光圈。目标摄影机相对参数较少，最终效果也不如物理摄影机真实。

图5-83

课外练习： 制作
散景效果

场景位置	场景文件 >CH05>10.max
实例位置	实例文件 >CH05> 课外练习 38.max
视频名称	课外练习 38.mp4
学习目标	掌握散景效果的制作方法

效果展示

本案例是用物理摄影机制作散景效果，效果如图5-84所示。

制作提示

摄影机参考位置如图5-85所示。

图5-84

图5-85

实战 39
运动模糊：制作风车的运动模糊效果

场景位置	场景文件 >CH05>11.max
实例位置	实例文件 >CH05> 实战 39 运动模糊：制作风车的运动模糊效果 .max
视频名称	实战 39 运动模糊：制作风车的运动模糊效果 .mp4
学习目标	掌握目标摄影机制作运动模糊效果的方法

☐ 工具剖析

本案例使用目标摄影机制作运动模糊效果。

⊙ 参数解释

使用目标摄影机制作运动模糊效果，需要使用"渲染设置"面板中的"摄影机"卷展栏，如图5-86所示。

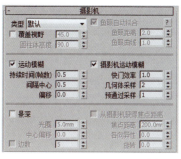

图5-86

重要参数讲解

运动模糊：勾选该选项后，渲染的效果图产生运动模糊效果。

持续时间（帧数）：摄影机的快门参数，控制运动模糊的效果。

几何体采样：设置几何体模型拖尾的模糊颗粒，数值越大颗粒感越细腻，渲染速度越慢。

⊙ 操作演示

工具：运动模糊   **位置**：渲染设置面板   **演示视频**：39-目标摄影机的运动模糊

☐ 实战介绍

本案例是为旋转的风车模型制作运动模糊效果。

⊙ 效果介绍

图5-87所示是本案例的效果图。

图5-87

⊙ 运用环境

运动模糊效果运用于带有动画的模型，使其产生模糊，这样更符合人眼观察的效果。

☐ 思路分析

在制作案例之前，需要对场景进行分析。

⊙ 制作简介

本案例需要为旋转的风车模型制作运动模糊效果。

⊙ 图示导向

图5-88所示是摄影机的参考位置。

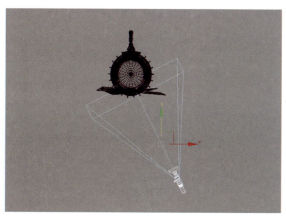

图5-88

步骤演示

01 打开本书学习资源中的"场景文件>CH05>11.max"文件，如图5-89所示。

02 单击"目标"按钮 目标 在顶视图中创建一台摄影机，位置如图5-90所示。

03 按C键切换到摄影机视图，然后按住鼠标中键（或滚轮）拖曳鼠标，移动摄影机的高度，如图5-91所示。

图5-89　　　　　　　　　　图5-90　　　　　　　　　　图5-91

04 选中摄影机，在"修改"面板中设置"镜头"为36mm，并推近摄影机，如图5-92所示。

05 按F10键打开"渲染设置"面板，在"公用"选项卡的"输出大小"选项组下设置"宽度"为1000，"高度"为750，如图5-93所示。

06 将时间滑块移动到第30帧，按F9键进行渲染，效果如图5-94所示。此时是没有开启运动模糊时的效果。

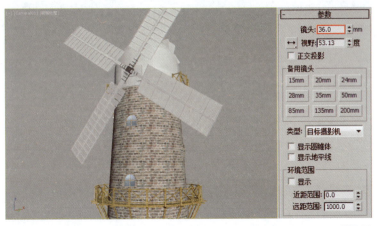

图5-92

图5-93

图5-94

07 按F10键打开"渲染设置"面板，在"摄影机"卷展栏中勾选"运动模糊"选项，如图5-95所示。然后按F9键进行渲染，效果如图5-96所示。

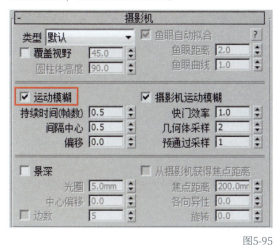

图5-95

图5-96

08 移动时间滑块，随意选择4帧进行渲染，效果如图5-97所示。

图5-97

⊟ 经验总结

通过这个案例的学习，相信读者已经掌握了设置运动模糊效果的方法。

⊙ 技术总结

本案例是为旋转的风车制作运动模糊效果。

⊙ 经验分享

当摄影机开启运动模糊效果后，场景中只要是带有运动的对象都会产生模糊效果。运动速度越快，对象的模糊程度越大。

对象的模糊程度除了与其运动速度有关外，也与摄影机的快门速度有关。当快门速度与运动速度相差较多，运动的对象就会模糊，如图5-98所示。如果快门的速度与运动速度接近，运动的物体则会呈现完全清晰的效果，但没有运动的对象则呈现模糊的效果，如图5-99所示。

图5-98

图5-99

场景位置	场景文件 >CH05>12.max
实例位置	实例文件 >CH05> 课外练习 39.max
视频名称	课外练习 39.mp4
学习目标	掌握物理摄影机制作运动模糊效果的方法

效果展示

本案例是用物理摄影机模拟运动模糊效果，如图5-100所示。

图5-100

制作提示

摄影机参考位置如图5-101所示。

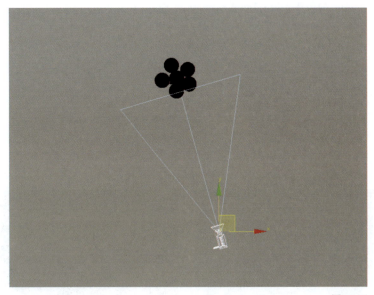

图5-101

第 6 章
灯光技术

本章将介绍 3ds Max 2016 的灯光技术，包含光度学、标准灯光、VRay 灯光和常见的布光方式。其中，VRay 灯光和常见的布光方式是学习的重点。

本章技术重点

» 掌握 3ds Max 2016 常用灯光的使用方法

» 掌握 VRay 常用灯光的使用方法

» 掌握常见空间类型的灯光布置方法

实战 40

目标灯光：制作场景射灯

☐ 工具剖析

本案例主要使用"目标灯光"工具 目标灯光 进行制作。

⊙ 参数解释

"目标灯光"工具 目标灯光 参数面板如图6-1所示。

重要参数讲解

启用：控制是否开启灯光。

目标：勾选该选项后启用目标点，如图6-2所示；不勾选该选项则为自由灯光，如图6-3所示。

阴影-启用：控制灯光是否产生阴影效果。设置渲染器渲染场景时使用的阴影类型，包括"高级光线跟踪""mental ray阴影贴图""区域阴影""阴影贴图""光线跟踪阴影""CoronaShadows""VR-阴影""VR-阴影贴图"8种类型，如图6-4所示，其中"VR-阴影"是比较常用的类型。

图6-2   图6-3

图6-1

图6-4

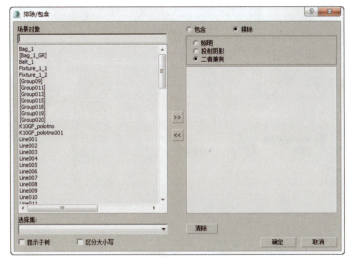

排除 排除... ：单击该按钮可以打开"排除/包含"对话框，将选定的物体排除在灯光照射之外，如图6-5所示。

灯光分布（类型）：设置灯光的分布类型，包含"光度学Web""聚光灯""统一漫反射""统一球形"4种类型，其中"光度学Web"是比较常用的选项，如图6-6所示。

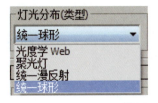

图6-5   图6-6

开尔文： 通过调整色温微调器来设置灯光的颜色。

过滤颜色： 使用颜色过滤器模拟置于光源上的过滤色效果。

lm（流明）： 测量整个灯光（光通量）的输出功率。100W的通用灯泡约有1750 lm的光通量。

cd（坎德拉）： 用于测量灯光的最大发光强度，通常沿着瞄准发射。100W通用灯泡的发光强度约为139 cd。

lx（lux）： 测量由灯光引起的照度，该灯光以一定距离照射在曲面上，并面向光源的方向。

结果强度： 用于显示暗淡所产生的强度。

暗淡百分比： 启用该选项后，该值会指定用于降低灯光强度的"倍增"。

从（图形）发射光线： 选择阴影生成的图形类型，包括"点光源""线""矩形""圆形""球体""圆柱体"6种类型，如图6-7所示。

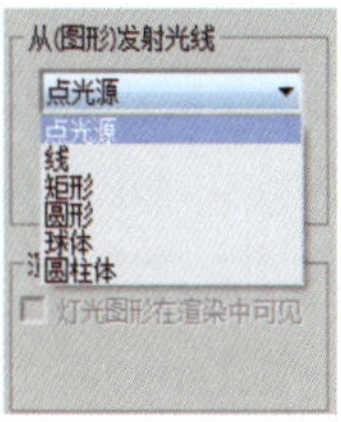

区域阴影： 当阴影类型为"VR-阴影"时会出现"VRay阴影参数"卷展栏，勾选该选项阴影的边缘会出现模糊效果。

U大小/V大小/W大小： 设置阴影的模糊程度，数值越大，阴影边缘越模糊。

细分： 数值越大，阴影产生的噪点越少，渲染速度也越慢。

图6-7

⊙ **操作演示**

| 工具： | 目标灯光 | 位置： | 灯光>光度学 | 演示视频： | 40-目标灯光 |

实战介绍

本案例是用"目标灯光"工具 目标灯光 制作场景灯光。

⊙ **效果介绍**

图6-8所示是本案例的效果图。

⊙ **运用环境**

目标灯光通常用于模拟室内的射灯、筒灯和壁灯等带有方向性的灯光。

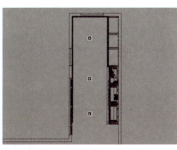

图6-8

思路分析

在布置灯光之前，需要对布光的位置进行确定，以便后续制作。

⊙ **制作简介**

过道场景是通过上方的筒灯作为场景的光源，使用"目标灯光"配合ies文件可以很好地模拟出筒灯的光照效果。

⊙ **图示导向**

图6-9所示是场景的灯光布置图。

图6-9

步骤演示

01 打开本书学习资源中的"场景文件>CH06>01.max"文件，如图6-10所示。

02 在"创建"面板 中单击"灯光"按钮 ，然后选择"光度学"选项，接着单击"目标灯光"按钮 目标灯光 ，再在左视图中单击鼠标左键并拖曳鼠标创建一盏目标灯光，如图6-11所示。

图6-10

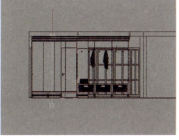

图6-11

技巧与提示

在创建目标灯光时，若将灯光模型与筒灯模型穿插，会无法渲染灯光效果。

03 将上一步创建的灯光复制两盏到另外两个筒灯模型下方，复制方式选择"实例"，如图6-12所示。

04 选中任意一盏目标灯光，然后切换到"修改"面板，接着设置各卷展栏的参数如图6-13所示。

设置步骤

① 在"常规参数"卷展栏中勾选"阴影"下的"启用"选项，然后设置阴影类型为VR-阴影，接着设置"灯光分布（类型）"为光度学Web。

② 在"分布（光度学Web）"卷展栏中加载本书学习资源中的"实例文件>CH06>实战40 目标灯光：制作场景射灯>map>13.ies"文件。

③ 在"强度/颜色/衰减"卷展栏中设置"过滤颜色"为（红:255，绿:231，蓝:201（本书采用此方法表示RGB颜色，后同），然后设置"强度"为30000。

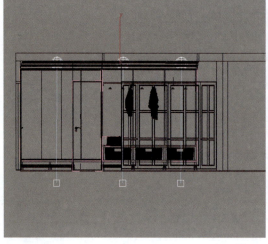

图6-12

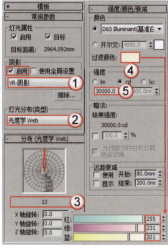

图6-13

技巧与提示

将"灯光分布（类型）"设置为光度学Web后，系统会自动增加一个"分布（光度学Web）"卷展栏，在"分布（光度学Web）"通道中可以加载光域网文件。

"光域网"是灯光的一种物理性质，用来确定光在空气中的发散方式。

不同的灯光在空气中的发散方式也不相同，比如手电筒会发出一个光束，而壁灯或台灯发出的光又是另外一种形状，这些不同的形状是由灯光自身的特性来决定的，也可以说这些形状是由"光域网"造成的。灯光之所以会产生不同的图案，是因为每种灯在出厂时，厂家都要为其设定不同的"光域网"。在3ds Max 2016中，如果为灯光指定一个特殊的文件，就可以产生与现实生活中相同的发散效果，这种特殊文件的标准格式为.ies，如图6-14所示是一些不同光域网的显示形态，图6-15所示是这些光域网的渲染效果。

图6-14

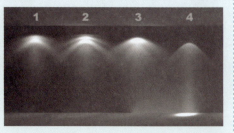

图6-15

05 按C键切换到摄影机视图，然后按F9键渲染场景，效果如图6-16所示。

图6-16

经验总结

通过这个案例的学习，相信读者已经掌握了"目标灯光"工具 目标灯光 的使用方法。

☉ 技术总结

本案例是按照图示导向中的灯光位置，用"目标灯光"工具 目标灯光 创建3盏目标灯光，从而照亮整个场景。

☉ 经验分享

在创建相同类型的灯光时，将灯光进行复制并选择"实例"选项，在修改灯光属性时就可以批量修改相关联的灯光，从而减少制作步骤，提高制作效率。

课外练习：制作筒灯效果

场景位置	场景文件 >CH06>02.max
实例位置	实例文件 >CH06> 课外练习 40.max
视频名称	课外练习 40.mp4
学习目标	掌握目标灯光的设置方法

效果展示

本案例用"目标灯光"工具 目标灯光 模拟筒灯效果，案例效果如图6-17所示。

制作提示

屋顶的筒灯是场景唯一的光源，用"目标灯光"工具 目标灯光 模拟灯光效果，从而照亮整个场景。灯光布置如图6-18所示。

图6-17

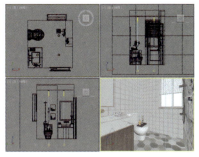

图6-18

实战 41
目标聚光灯：制作落地灯的灯光效果

场景位置	场景文件 >CH06>03.max
实例位置	实例文件 >CH06> 实战 41 目标聚光灯：制作落地灯的灯光效果 .max
视频名称	实战 41 目标聚光灯：制作落地灯的灯光效果 .mp4
学习目标	掌握目标聚光灯的设置方法

工具剖析

本案例主要使用"目标聚光灯"工具 目标聚光灯 进行制作。

⊙ 参数解释

"目标聚光灯"工具 目标聚光灯 的参数面板如图6-19所示。

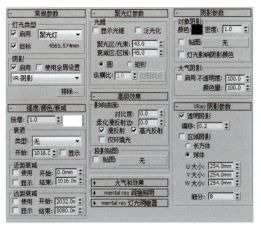

图6-19

重要参数讲解

灯光类型

启用：控制是否开启灯光。选择灯光的类型，包含"聚光灯""平行光""泛光灯"3种类型，如图6-20所示。

聚光灯　　　　平行光　　　　泛光灯

图6-20

> **技巧与提示**
>
> 在切换灯光类型时，可以从视图中很直接地观察到灯光外观的变化。但是切换灯光类型后，场景中的灯光就会变成当前选择的灯光。

目标：如果勾选该选项，灯光将成为目标聚光灯；如果不选该选项，灯光将变成自由聚光灯。

阴影

启用：控制是否开启灯光阴影，可切换阴影的类型得到不同的阴影效果。

使用全局设置：如果勾选该选项，该灯光投射的阴影将影响整个场景的阴影效果；如果不选该选项，则必须选择渲染器使用某种方式来生成特定的灯光阴影。

排除 排除... ：将选定的对象排除于灯光效果之外。

倍增

倍增：控制灯光的强弱程度。

颜色：用来设置灯光的颜色。

衰退

类型：指定灯光的衰退方式。"无"为不衰退；"倒数"为反向衰退；"平方反比"是以平方反比的方式进行衰退。

技巧与提示

如果"平方反比"衰退方式使场景太暗，可以按键盘上的8键打开"环境和效果"对话框，然后在"全局照明"选项组下适当加大"级别"值来提高场景亮度。

开始：设置灯光开始衰退的距离。

显示：在视口中显示灯光衰退的效果。

近距衰减：该选项组用来设置灯光近距离衰退的参数。

使用：启用灯光近距离衰退。

显示：在视口中显示近距离衰退的范围。

开始：设置灯光开始淡出的距离。

结束：设置灯光达到衰退最远处的距离。

远距衰减：该选项组用来设置灯光远距离衰退的参数。

使用：启用灯光的远距离衰退。

显示：在视口中显示远距离衰退的范围。

开始：设置灯光开始淡出的距离。

结束：设置灯光衰退为0的距离。

光锥

聚光区/光束：用来调整灯光圆锥体的角度。

衰减区/区域：设置灯光衰减区的角度，如图6-21所示是不同数值的"聚光区/光束"和"衰减区/区域"的光锥对比。

影响曲面

漫反射：开启该选项后，灯光将影响曲面的漫反射属性。

高光反射：开启该选项后，灯光将影响曲面的高光属性。

VRay阴影参数

区域阴影：当设置"阴影类型"为"VR-阴影"后，勾选该选项，阴影的边缘会出现模糊的渐变效果。

长方体/球体：设置阴影的投射方式，默认为"球体"选项。

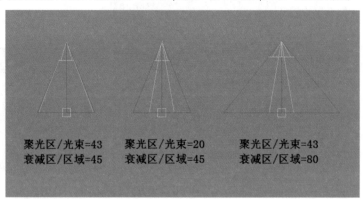

聚光区/光束=43　聚光区/光束=20　聚光区/光束=43
衰减区/区域=45　衰减区/区域=45　衰减区/区域=80

图6-21

U大小/V大小/W大小：设置阴影边缘的模糊程度，数值越大阴影边缘越模糊。

细分：设置阴影边缘模糊的细分值，数值越高阴影的噪点越少，渲染速度也越慢。

⊙ 操作演示

工具： 目标聚光灯　　**位置：** 灯光>标准　　**演示视频：** 41-目标聚光灯

实战介绍

本案例是为落地灯创建灯光。

⊙ 效果介绍

图6-22所示是本案例的效果图。

⊙ 运用环境

目标聚光灯常用于模拟带方向的灯光,例如落地灯、舞台照明灯和筒灯等。

图6-22

思路分析

在创建灯光之前,需要对场景进行分析,以便后续制作。

⊙ 制作简介

本案例是一个卧室场景,主体模型都集中在一侧。将物理摄影机朝向床头的方向比较合适,可以将更多模型容纳到画面中。

⊙ 图示导向

图6-23所示是灯光的位置。

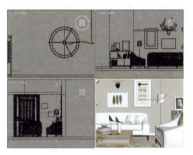

图6-23

步骤演示

`01` 打开本书学习资源中的"场景文件>CH06>03.max"文件,如图6-24所示。

`02` 进入前视图,在"创建"面板 中单击"灯光"按钮 ,选择"标准"选项,并单击"目标聚光灯"按钮 目标聚光灯 ,在视图中拖曳鼠标做出目标聚光灯,如图6-25所示。

`03` 选中灯光,切换到"修改"面板,接着设置各卷展栏的参数如图6-26所示。

设置步骤

① 在"常规参数"卷展栏中勾选"阴影"下的启用选项,然后设置阴影类型为VR-阴影。

② 在"强度/颜色/衰减"卷展栏中设置"倍增"为1,"过滤颜色"为(红:255,绿:169,蓝:111)。

③ 在"聚光灯参数"卷展栏中设置"聚光区/光束"为60,"衰减区/区域"为100。

④ 在"VRay阴影参数"卷展栏中勾选"区域阴影"选项,并设置"U大小""V大小""W大小"都为10mm。

图6-24

图6-25

图6-26

技巧与提示

除了在"创建"面板可以创建目标聚光灯外,还可以执行菜单栏"创建>灯光>标准灯光>目标聚光灯"命令,然后在视图中拖曳鼠标即可创建。

04 按C键切换到摄影机视图，然后按F9键进行渲染，效果如图6-27所示。

05 由于落地灯的灯罩上半部分没有封口，此时灯光只能向下照射，需要再创建一个向上的灯光。将原有创建的目标聚光灯复制一盏，并使用"镜像"工具 沿y轴镜像排列，位置如图6-28所示。

06 按C键切换到摄影机视图，然后按F9键进行渲染，最终效果如图6-29所示。

图6-27

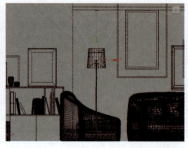
图6-28

图6-29

技巧与提示

复制灯光时，应该选择"实例"选项。

─ 经验总结

通过这个案例的学习，相信读者已经掌握了"目标聚光灯"工具 目标聚光灯 的使用方法。

⊙ 技术总结

本案例是按照图示导向中的示意图为落地灯添加目标聚光灯。

⊙ 经验分享

"目标聚光灯"工具 目标聚光灯 可以产生一个锥形的照射区域，区域以外的对象不会受到灯光的影响。"聚光区/光束"和"衰减区/区域"之间的差值越大，灯光所形成的光锥边缘越柔和。

课外练习：制作
台灯效果

场景位置	场景文件 >CH06>04.max
实例位置	实例文件 >CH06> 课外练习 41.max
视频名称	课外练习 41.mp4
学习目标	掌握目标聚光灯的设置方法

─ 效果展示

本案例用"目标聚光灯"工具 目标聚光灯 模拟台灯灯光，案例效果如图6-30所示。

─ 制作提示

灯光的参考位置如图6-31所示。

图6-30

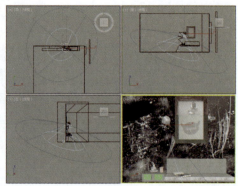
图6-31

中文版 3ds Max 2016 实战基础教程（全彩版）

実 战 42

目标平行光：制作月光效果

场景位置	场景文件 >CH06>05.max
实例位置	实例文件 >CH06> 实战 42 目标平行光：制作月光效果 .max
视频名称	实战 42 目标平行光：制作月光效果 .mp4
学习目标	掌握目标平行光的设置方法

工具剖析

本案例使用"目标平行光"工具 目标平行光 进行制作。

⊙ **参数解释**

"目标平行光"工具 目标平行光 的参数面板如图6-32所示。

> **技巧与提示**
>
> "目标平行光"的参数与"目标聚光灯"的参数完全一致，这里不赘述。

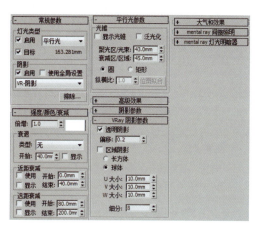

图6-32

⊙ **操作演示**

工具： 目标平行光　　**位置：** 灯光>标准　　**演示视频：** 42-目标平行光

实战介绍

本案例是用"目标平行光"工具 目标平行光 模拟月光效果。

⊙ **效果介绍**

图6-33所示是本案例的效果图。

⊙ **运用环境**

"目标平行光"工具 目标平行光 常用于模拟阳光和月光等带有方向性的灯光，是使用频率较高的一种工具。

图6-33

思路分析

在制作案例之前，需要对场景进行分析。

⊙ **制作简介**

本案例需要为场景创建一盏目标平行光，从而模拟出月光效果。

⊙ **图示导向**

图6-34所示是灯光的参考位置。

步骤演示

图6-34

01 打开本书学习资源中的"场景文件>CH06>05.max"文件，如图6-35所示。

02 进入前视图，在"创建"面板中单击"灯光"按钮，选择"标准"选项，并单击"目标平行光"按钮 目标平行光 ，在视图中使用鼠标左键拖曳出目标平行光，如图6-36所示。

图6-35

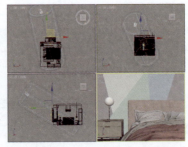

图6-36

03 选中灯光，切换到"修改"面板，接着设置各卷展栏的参数如图6-37所示。

设置步骤

① 在"常规参数"卷展栏中勾选"阴影"下的启用选项，然后设置阴影类型为VR-阴影。

② 在"强度/颜色/衰减"卷展栏中设置，"倍增"为1"过滤颜色"为（红:203，绿:224，蓝:255）。

③ 在"平行光参数"卷展栏中设置"聚光区/光束"为1738mm，"衰减区/区域"为2065mm。

④ 在"VRay阴影参数"卷展栏中勾选"区域阴影"选项，并设置"U大小""V大小""W大小"都为50mm。

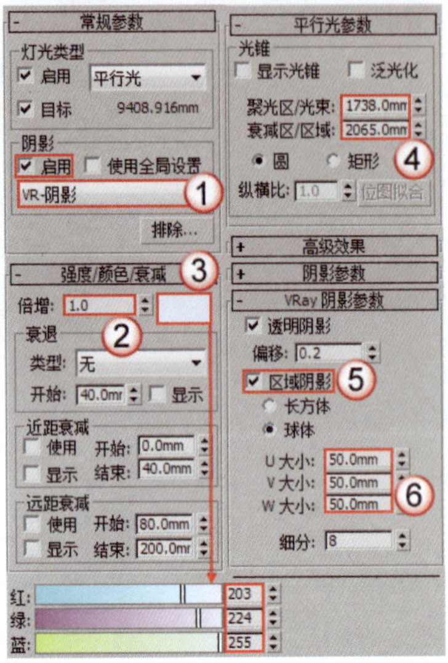

技巧与提示

在创建"目标平行光"时，最好让"聚光区/光束"的区域包裹整个场景，这样就不会出现因灯光不能直接照射而产生的黑色区域。

技巧与提示

月光的颜色也可以设置为纯白色或灰白色。

04 按C键切换到摄影机视图，然后按F9键进行渲染，效果如图6-38所示。

图6-37

图6-38

经验总结

通过这个案例的学习，相信读者已经掌握了"目标平行光"工具 目标平行光 的使用方法。

⊙ **技术总结**

本案例是用"目标平行光"工具 目标平行光 模拟月光效果。

⊙ **经验分享**

"目标平行光"工具常用于模拟带方向的直线灯光，例如阳光和月光。在创建灯光时，一定要让灯光完全包裹住场景中的物体，这样才不会产生暗角。

课外练习：制作阳光效果

场景位置	场景文件 >CH06>06.max
实例位置	实例文件 >CH06> 课外练习 42.max
视频名称	课外练习 42.mp4
学习目标	掌握目标平行光的设置方法

效果展示

本案例是用"目标平行光"工具 目标平行光 模拟阳光效果，案例效果如图6-39所示。

制作提示

灯光参考位置如图6-40所示。

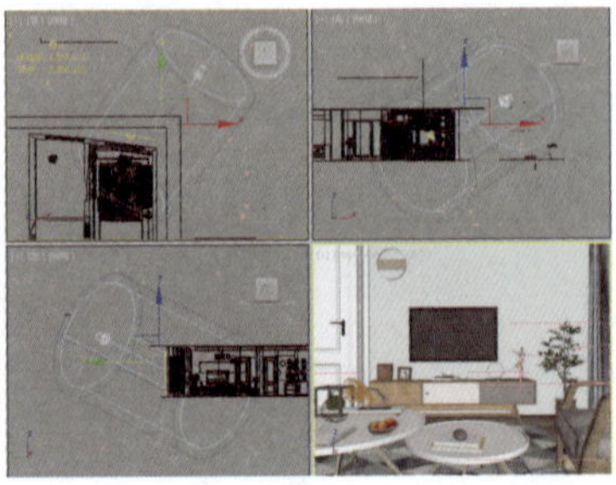

图6-39

图6-40

中文版 3ds Max 2016 实战基础教程（全彩版）

实战 43

泛光：制作烛光效果

场景位置	场景文件 >CH06>07.max
实例位置	实例文件 >CH06> 实战 43 泛光：制作烛光效果 .max
视频名称	实战 43 泛光：制作烛光效果 .mp4
学习目标	掌握泛光灯的设置方法

⊟ 工具剖析

本案例使用"泛光"工具 泛光 模拟烛光效果。

⊙ 参数解释

"泛光"工具 泛光 的参数面板，如图6-41所示。

重要参数讲解

近距衰减：勾选"使用"选项后启用近距衰减功能，用来避免离光源很近的物体被照得太亮。

显示：勾选该选项后，会观察到灯光周围出现蓝色线框，表示近距衰减的范围，如图6-42所示。

开始/结束：设置蓝色线框的大小。

远距衰减：勾选"使用"选项后启用远距衰减功能，用来模拟远处灯光照不到或逐渐减弱的效果。

显示：勾选该选项后，会观察到灯光周围出现黄色和褐色的线框，如图6-43所示。

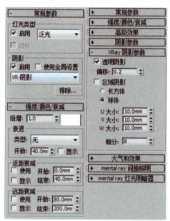

图6-41

图6-42

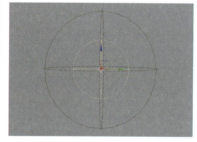

图6-43

开始/结束："开始"的数值代表黄色线框的大小，"结束"数值代表褐色线框的大小。

> **技巧与提示**
> 其他参数与前面讲过的灯光一致，这里不赘述。

⊙ 操作演示

工具： 泛光   **位置：**灯光>标准   **演示视频：** 43-泛光灯

⊟ 实战介绍

本案例是用"泛光"工具 泛光 模拟烛光效果。

⊙ 效果介绍

图6-44所示是本案例的效果。

⊙ 运用环境

泛光灯可以模拟蜡烛、灯泡等光源，可以有效地控制光源的照射范围、衰减程度，也可以作为环境补光使用。

图6-44

思路分析

在制作案例之前，需要分析场景中的灯光。

⊙ 制作简介

本案例需要用"泛光"工具 泛光 模拟蜡烛的烛光效果。

⊙ 图示导向

图6-45所示是灯光的参考位置。

图6-45

步骤演示

01 打开本书学习资源中的"场景文件>CH06>07.max"文件，如图6-46所示。

02 在"创建"面板中单击"灯光"按钮，选择"标准"选项，并单击"泛光"按钮 泛光 ，在视图中使用鼠标单击场景创建一盏灯光，并用"实例"形式复制两个，位置如图6-47所示。

> **技巧与提示**
>
> 除了在"创建"面板可以创建目标聚光灯外，还可以执行菜单栏"创建>灯光>标准灯光>泛光"命令，然后在视图中拖曳鼠标即可创建。

图6-46

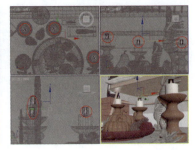
图6-47

03 选中创建的灯光，切换到"修改"面板，设置各卷展栏的参数如图6-48所示。

设置步骤

① 在"常规参数"卷展栏中启用"阴影"，然后设置阴影类型为VR-阴影。

② 在"强度/颜色/衰减"卷展栏中设置"过滤颜色"为（红:255，绿:144，蓝:54），"倍增"为100，然后设置"衰退"的类型为平方反比，"开始"为20mm，接着勾选"远距衰减"的"使用"选项，并设置"开始"为17mm，"结束"为745.92mm。

③ 在"VRay阴影参数"卷展栏中勾选"区域阴影"选项，并设置"U大小""V大小""W大小"都为50mm。

04 按C键切换到摄影机视图，然后按F9键进行渲染，效果如图6-49所示。

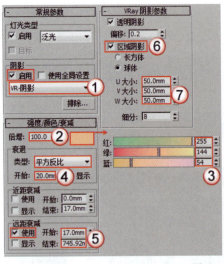
图6-48

图6-49

> **技巧与提示**
>
> 现实生活中的灯光强度是按照"平方反比"的方式进行衰减。如果是为了模拟真实的光源，最好使用"平方反比"的衰退类型；如果只是为了添加补光，则可以使用"无"的衰退类型。

中文版 3ds Max 2016 实战基础教程（全彩版）

经验总结

通过这个案例的学习，相信读者已经掌握了如何使用"泛光"工具 `泛光` 。

⊙ 技术总结

本案例是用"泛光"工具 `泛光` 模拟蜡烛的烛光。

⊙ 经验分享

使用"泛光"工具 `泛光` 时，配合衰减的参数，可以更加逼真地模拟出真实的灯光效果。除了模拟烛光外，还可以模拟环境光。

课外练习：制作 环境光效果

场景位置	场景文件 >CH06>08.max
实例位置	实例文件 >CH06> 课外练习 43.max
视频名称	课外练习 43.mp4
学习目标	掌握泛光灯的设置方法

效果展示

本案例是"泛光"工具 `泛光` 模拟环境光，案例效果如图6-50所示。

制作提示

灯光的参考位置如图6-51所示。

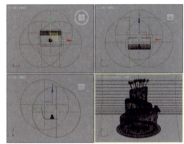

图6-50   图6-51

实战 44
VRay灯光：制作 台灯的灯光效果

场景位置	场景文件 >CH06>09.max
实例位置	实例文件 >CH06> 实战 44 VRay 灯光：制作台灯的灯光效果 .max
视频名称	实战 44 VRay 灯光：制作台灯的灯光效果 .mp4
学习目标	掌握 VRay 灯光的设置方法

工具剖析

本案例使用"VR-灯光"工具 `VR-灯光` 模拟台灯的灯光效果。

⊙ 参数解释

"VR-灯光"工具 `VR-灯光` 的参数面板，如图6-52所示。

重要参数讲解

开：控制是否开启灯光。

类型：设置VRay灯光的类型，共有"平面""穹顶""球体""网格""圆形"5种类型，如图6-53所示。

平面：将VRay灯光设置成平面形状。

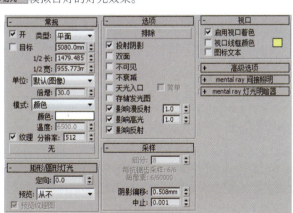

图6-52   图6-53

穹顶：将VRay灯光设置成穹顶状，类似于天光，光线来自于位于灯光z轴的半球体状圆顶。

球体：将VRay灯光设置成球体。

网格： 这种灯光是一种以网格为基础的灯光，必须拾取网格模型。

圆形： 将VRay灯光设置成圆环形状。

目标： 控制是否开启目标点。

1/2长： 设置灯光的长度。

1/2宽： 设置灯光的宽度。

半径： 当前这个参数还没有被激活（即不能使用）。另外，这3个参数会随着VRay灯光类型的改变而发生变化。

单位： 指定VRay灯光的发光单位，共有"默认（图像）""发光率（lm）""亮度（lm·m^{-2}·sr^{-1}）""辐射率（W）""辐射量（W·m^{-2}·sr^{-1}）"5种。

默认（图像）： VRay默认单位，依靠灯光的颜色和亮度来控制灯光的最后强弱，如果忽略曝光类型的因素，灯光色彩将是物体表面受光的最终色彩。

发光率（lm）： 当选择这个单位时，灯光的亮度将和灯光的大小无关（100W的亮度大约等于1500lm）。

亮度（lm·m^{-2}·sr^{-1}）： 当选择这个单位时，灯光的亮度和它的大小有关系。

辐射率（W）： 当选择这个单位时，灯光的亮度和灯光的大小无关。注意，这里的瓦特和物理上的瓦特不一样，这里的100W等于物理上的2~3瓦特。

辐射量（W·m^{-2}·sr^{-1}）： 当选择这个单位时，灯光的亮度和它的大小有关系。

倍增： 设置VRay灯光的强度。

模式： 设置VRay灯光的颜色模式，有"颜色"和"温度"两种。

颜色： 指定灯光的颜色。

温度： 以温度模式来设置VRay灯光的颜色。

纹理： 控制是否给VRay灯光添加纹理贴图。

分辨率： 控制添加贴图的分辨率大小。

定向： 使用"平面"和"圆形"灯光时，控制灯光照射方向，0为180°照射，1为光源大小的面片状照射，如图6-54和图6-55所示。

预览： 观察灯光定向的范围，有"选定""始终""从不"3种选项，如图6-56所示。

图6-54　　　　　　　　　　　　　　　　图6-55　　　　图6-56

排除 ：用来排除灯光对物体的影响。

投射阴影： 控制是否对物体的光照产生阴影。

双面： 用来控制是否让灯光的双面都产生照明效果（当灯光类型设置为"平面"和"圆形"时有效，其他灯光类型无效）。

不可见： 这个选项用来控制最终渲染时是否显示VRay灯光的形状。

不衰减： 在物理世界中，所有的光线都是有衰减的。如果勾选这个选项，VRay将不计算灯光的衰减效果。

天光入口： 这个选项是把VRay灯光转换为天光，这时的VRay灯光就变成了"间接照明（GI）"，失去了直接照明。当勾选这个选项时，"投射阴影""双面""不可见"等参数将不可用，这些参数将被VRay的天光参数所取代。

存储发光图： 勾选这个选项，同时将"间接照明（GI）"里的"首次反弹"引擎设置为"发光图"时，VRay灯光的光照信息将保存在"发光图"中。在渲染光子的时候将变得更慢，但是在渲染出图时，渲染速度会提高很多。当渲染完光子的时候，可以关闭或删除这个VRay灯光，它对最后的渲染效果没有影响，因为它的光照信息已经保存在了"发光图"中。

影响漫反射： 这选项决定灯光是否影响物体材质属性的漫反射。

影响高光： 这选项决定灯光是否影响物体材质属性的高光。

影响反射： 勾选该选项时，灯光将对物体的反射区进行光照，物体可以将灯光进行反射。

细分： 这个参数控制VRay灯光的采样细分。当设置比较低的值时，会增加阴影区域的杂点，但是渲染速度比较快。

阴影偏移： 这个参数用来控制物体与阴影的偏移距离，设置较高的值会使阴影向灯光的方向偏移。

中止： 设置采样的最小阈值，小于这个数值采样将结束。

⊙ 操作演示

工具： VR-灯光	**位置：** 灯光>VRay	**演示视频：** 44-VRay灯光

实战介绍

本案例是用"VR-灯光"工具 VR-灯光 模拟台灯的效果。

⊙ 效果介绍

图6-57所示是案例的效果图。

⊙ 运用环境

无论是自然光源还是人工光源，"VR-灯光"工具 VR-灯光 都尽可能地进行模拟，是日常制作中使用频率较高的一种工具。

图6-57

思路分析

在制作案例之前，需要对灯光位置进行分析。

⊙ 制作简介

本案例需要用"VR-灯光"工具 VR-灯光 模拟场景的自然光和台灯的灯光。

⊙ 图示导向

图6-58所示是灯光的参考位置。

图6-58

步骤演示

01 打开本书学习资源中的"场景文件>CH06>09.max"文件，如图6-59所示。

02 在"创建"面板中单击"灯光"按钮，选择"VRay"选项，并单击"VR-灯光"按钮 VR-灯光 ，在左侧窗外创建一盏VRay灯光，位置如图6-60所示。

03 选中创建的灯光，切换到"修改"面板，设置各卷展栏的参数如图6-61所示。

设置步骤

① 在"常规"卷展栏中设置"类型"为球体，"半径"为44.525mm，"倍增"为80，"温度"为4000。

② 在"选项"卷展栏中勾选"不可见"选项。

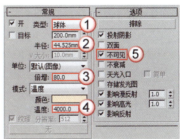

图6-59   图6-60   图6-61

04 按C键切换到摄影机视图，并按F9键渲染，效果如图6-62所示。

图6-62

经验总结

通过这个案例的学习，相信读者已经掌握了"VR-灯光"工具 `VR-灯光` 的使用方法。

⊙ 技术总结

"VR-灯光"工具 `VR-灯光` 使用方法相对灵活，且功能强大，可以模拟大多数灯光效果。

⊙ 经验分享

"VR-灯光"工具 `VR-灯光` 除了可以模拟常见的环境光、台灯灯光和灯带灯光等，还可以模拟聚光灯和目标灯光的效果。聚光灯是用"定向"参数控制灯光照射范围，如图6-63所示。目标灯光则是勾选"目标"选项后，形成带目标点的灯光，如图6-64所示。

图6-63

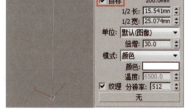

图6-64

效果展示

本案例是用"VR-灯光"工具 `VR-灯光` 模拟自然光，效果如图6-65所示。

制作提示

灯光参考位置如图6-66所示。

图6-65

图6-66

实战 45 VRay太阳：制作阳光效果

场景位置	场景文件 >CH06>11.max
实例位置	实例文件 >CH06> 实战 45 VRay 太阳：制作阳光效果 .max
视频名称	实战 45 VRay 太阳：制作阳光效果 .mp4
学习目标	掌握 VRay 太阳的设置方法

一 工具剖析

本案例使用“VR-太阳”工具 VR-太阳 制作阳光。

⊙ 参数解释

“VR-太阳”工具 VR-太阳 的参数面板如图6-67所示。

图6-67

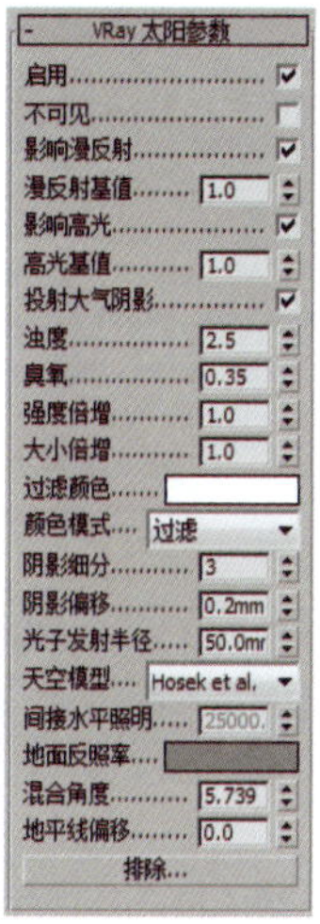

重要参数讲解

启用：控制是否开启灯光。

不可见：勾选后太阳将在反射中不可见。

浊度：决定天光的冷暖，并受到太阳与地面夹角的控制。当太阳与地面夹角不变时，浊度数值越小，天光越冷。

臭氧：这个参数是指空气中臭氧的含量，较小的值的阳光比较黄，较大的值的阳光比较蓝。

强度倍增：这个参数是指阳光的亮度，默认值为1。

大小倍增：这个参数是指太阳的大小，它的作用主要表现在阴影的模糊程度上，较大的值可以使阳光阴影比较模糊。

过滤颜色：用于自定义太阳光的颜色。

阴影细分：这个参数是指阴影的细分，较大的值可以使模糊区域的阴影产生比较光滑的效果，并且没有杂点。

阴影偏移：用来控制物体与阴影的偏移距离，较高的值会使阴影向灯光的方向偏移。

光子发射半径：这个参数和“光子贴图”计算引擎有关。

天空模型：选择天空的模型，可以选晴天，也可以选阴天。

间接水平照明：该参数目前不可用。

地面反照率：通过颜色控制画面的反射颜色。

排除 排除... **：**将物体排除于阳光照射范围之外。

⊙ 操作演示

工具： VR-太阳　**位置：**灯光>VRay　**演示视频：**45-VRay太阳

一 实战介绍

本案例是用“VR-太阳”工具 VR-太阳 模拟场景中的太阳光。

⊙ 效果介绍

图6-68所示是本案例的效果图。

图6-68

⊙ 运用环境

“VR-太阳”工具 VR-太阳 主要用于模拟真实的室外太阳光。

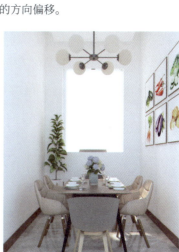

一 思路分析

在制作案例之前，需要对场景进行分析。

⊙ 制作简介

本案例需要使用“VR-太阳”工具 VR-太阳 为餐厅空间添加太阳光。

⊙ 图示导向

图6-69所示是灯光的参考位置。

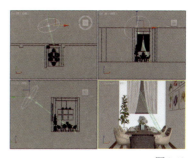

图6-69

步骤演示

01 打开本书学习资源中的"场景文件>CH06>11.max"文件，如图6-70所示。

02 进入顶视图，在"创建"面板 中单击"灯光"按钮 ，选择"VRay"选项，并单击"VR-太阳"按钮 VR-太阳 ，在视图中拖曳出灯光，位置如图6-71所示。

03 选中创建的灯光，切换到"修改"面板，设置"VRay太阳参数"卷展栏的"强度倍增"为0.06，"大小倍增"为5，"阴影细分"为8，如图6-72所示。

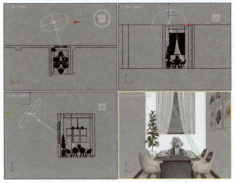

图6-70   图6-71   图6-72

> **技巧与提示**
>
> "浊度"和"强度倍增"是相互影响的，因为当空气中浮尘多的时候，阳光的强度就会降低。"大小倍增"和"阴影细分"也是相互影响的，这主要是因为影子虚边越大，所需的细分就越多，也就是说"大小倍增"值越大，"阴影细分"的值就要适当增大，因为当影子为虚边阴影（面阴影）的时候，就会需要一定的细分值来增加阴影的采样，不然就会有很多噪点。

04 按C键切换到摄影机视图，然后按F9键进行渲染，效果如图6-73所示。

经验总结

通过这个案例的学习，相信读者已经掌握了"VR-太阳"工具 VR-太阳 的使用方法。

⊙ 技术总结

本案例是用"VR-太阳"工具 VR-太阳 为餐厅场景模拟阳光效果。

⊙ 经验分享

读者在使用"VR-太阳"工具 VR-太阳 时需要注意，灯光与地面夹角不同，阳光和附带的"VRay天空"贴图的颜色也会不同。

当灯光与地面的夹角越接近垂直，灯光的颜色越偏白，且"VRay天空"贴图的颜色偏浅蓝，如图6-74所示。当灯光与地面的夹角越接近平行，灯光的颜色越偏黄，且"VRay天空"贴图的颜色越偏灰，如图6-75所示。如果读者要模拟夕阳的光效，只需要将灯光与地面的夹角设置得小一些即可。

图6-73

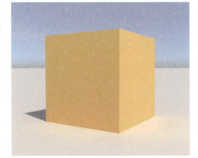

图6-74   图6-75

中文版 3ds Max 2016 实战基础教程（全彩版）

课外练习：制作浴室的阳光效果

场景位置	场景文件 >CH06>12.max
实例位置	实例文件 >CH06> 课外练习 45.max
视频名称	课外练习 45.mp4
学习目标	掌握 VRay 太阳的设置方法

效果展示

本案例是"VR-太阳"工具 VR-太阳 模拟浴室的阳光效果，如图6-76所示。

制作提示

灯光参考位置如图6-77所示。

图6-76

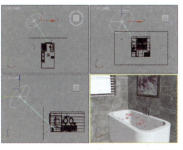

图6-77

实战 46
产品布光：制作电风扇展示灯光

场景位置	场景文件 >CH06>13.max
实例位置	实例文件 >CH06> 实战 46 产品布光：制作电风扇展示灯光 .max
视频名称	实战 46 产品布光：制作电风扇展示灯光 .mp4
学习目标	掌握产品灯光的布光方法

实战介绍

本案例是用"VR-灯光"工具 VR-灯光 模拟摄影棚的灯光。

⊙ 效果介绍

图6-78所示是本案例的效果图。

⊙ 运用环境

产品布光用于产品模型的展示。通过模拟摄影棚的灯光，更加逼真地展现产品模型的颜色、纹理和质感。

图6-78

思路分析

在制作案例之前，需要对场景进行分析。

⊙ 制作简介

本案例需要使用"VR-灯光"工具 VR-灯光 为场景添加两盏灯光，一盏用于主光源，另一盏则用于辅助光源。

⊙ 图示导向

图6-79所示是灯光的参考位置。

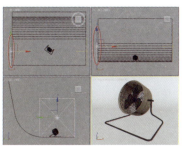

图6-79

步骤演示

01 打开本书学习资源中的"场景文件>CH06>13.max"文件，如图6-80所示。

02 进入左视图，在"创建"面板中单击"灯光"按钮，选择"VRay"选项，并单击"VR-灯光"按钮 VR-灯光 ，在视图中拖曳出灯光，位置如图6-81所示。

图6-80

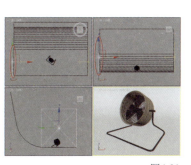

图6-81

设置步骤

① 在"常规"卷展栏中设置"类型"为平面，"1/2长"为1488.004mm，"1/2宽"为1531.513mm，"倍增"为15，"颜色"为（红:255，绿:255，蓝:255）。

② 在"选项"卷展栏中勾选"不可见"选项。

③ 在"采样"卷展栏中设置"细分"为20。

04 按C键切换到摄影机视图，然后按F9键进行渲染，效果如图6-83所示。这盏光源是场景的主光源，确定场景的大致亮度，阴影的方向。

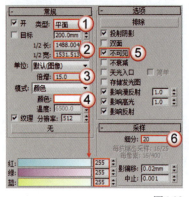

图6-82

图6-83

05 风扇左侧亮度偏暗，需要一盏辅助光源。将"步骤02"中创建的灯光复制一盏，放在如图6-84所示的位置。

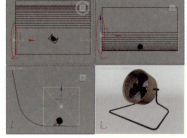

图6-84

06 选中复制的灯光，切换到"修改"面板，设置各卷展栏的参数如图6-85所示。

设置步骤

① 在"常规"卷展栏中设置"类型"为平面，"1/2长"为1488.004mm，"1/2宽"为1531.513mm，"倍增"为8，"颜色"为（红:255，绿:255，蓝:255）。

② 在"选项"卷展栏中勾选"不可见"选项。

③ 在"采样"卷展栏中设置"细分"为20。

07 按C键切换到摄影机视图，然后按F9键进行渲染，最终效果如图6-86所示。

技巧与提示

辅助光源的灯光强度一般是主光源的50%~80%。

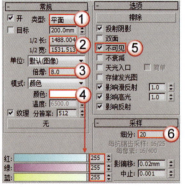

图6-85

图6-86

经验总结

通过这个案例的学习，相信读者已经掌握了产品灯光的布置方法。

⊙ 技术总结

产品布光通常通过模拟摄影棚的灯光来展示产品的效果。在创建灯光时，要区分主光源与辅助光源，这样渲染的画面才会有层次感。

⊙ 经验分享

场景中的主光源只有一个，是场景中亮度最大的灯光，它是确定场景明暗层次、阴影方向和大致亮度的灯光。辅助光源则可以有很多，一般为1~3个灯光。辅助光源的灯光强度不会超过主光源，灯光颜色可以相同，也可以为互补色。

常见的产品布光方式如图6-87和图6-88所示。

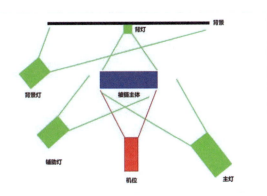

图6-87

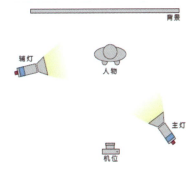

图6-88

效果展示

本案例是用"VR-灯光"工具 VR-灯光 制作U盘的产品灯光，如图6-89所示。

制作提示

灯光参考位置如图6-90所示。

图6-89

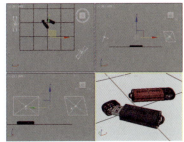

图6-90

实战介绍

本案例是为阳台空间布置灯光，从而模拟出清晨的灯光效果。

效果介绍

图6-91所示是本案例的效果图。

运用环境

阳台、花园和户外都是常见的开放空间，自然光源是其主光源，人工光源作为辅助光源。

图6-91

思路分析

在制作案例之前，需要对场景进行分析。

⊙ 制作简介

本案例是为阳台空间布置灯光，需要使用"VR-太阳"工具 `VR-太阳` 模拟出主光源，用"VR-灯光"工具 `VR-灯光` 和"目标灯光"工具 `目标灯光` 模拟辅助光源。

⊙ 图示导向

图6-92所示是灯光的参考位置。

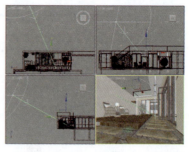
图6-92

步骤演示

`01` 打开本书学习资源中的"场景文件>CH06>15.max"文件，如图6-93所示。

`02` 首先创建主光源。切换到顶视图，在"创建"面板 中单击"灯光"按钮 ，选择 "VRay"选项，并单击"VR-太阳"按钮 `VR-太阳` ，在视图中拖曳出灯光，位置如图6-94所示。

`03` 选中创建的灯光，切换到"修改"面板，设置"VRay太阳参数"的"浊度"为8，"强度倍增"为0.025，"大小倍增"为8，"阴影细分"为8，如图6-95所示。

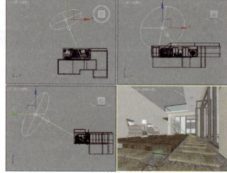

图6-93   图6-94   图6-95

> **技巧与提示**
>
> 本案例模拟的是傍晚的夕阳，增加"浊度"的数值可以让光线更接近夕阳的效果。

`04` 按C键切换到摄影机视图，然后按F9键进行渲染，效果如图6-96所示。这盏光源是场景的主光源，确定场景的大致亮度，阴影的方向。

`05` 自然光源创建完成，下面创建人工光源。使用"VR-灯光"工具 `VR-灯光` 在左侧的台灯灯罩内创建一盏灯光，位置如图6-97所示。

`06` 选中创建的灯光，切换到"修改"面板，设置各卷展栏的参数如图6-98所示。

设置步骤

① 在"常规"卷展栏中设置"类型"为球体，"半径"为37.545mm，"倍增"为80，"温度"为3200。

② 在"选项"卷展栏中勾选"不可见"选项。

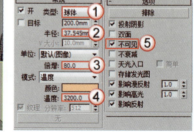

图6-96   图6-97   图6-98

中文版 3ds Max 2016 实战基础教程（全彩版）

07 按C键切换到摄影机视图，然后按F9键进行渲染，效果如图6-99所示。

08 右侧走廊有一排筒灯，需要为其添加光源。使用"目标灯光"工具 目标灯光 在筒灯模型下方添加一盏灯光，然后以"实例"形式复制到其余筒灯模型下，位置如图6-100所示。

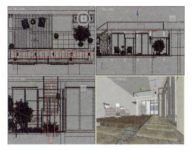

图6-99   图6-100

09 选中创建的灯光，在"修改"面板中设置各卷展栏的参数，如图6-101所示。

设置步骤

① 在"常规参数"卷展栏中启用"阴影"，然后设置阴影类型为VR-阴影，接着设置"灯光分布（类型）"为光度学Web。

② 在"分布（光度学Web）"卷展栏中加载"实例文件>CH06>实战47 开放空间布光：制作阳台的灯光>map>中间亮.ies"文件。

③ 在"强度/颜色/衰减"卷展栏中设置"开尔文"为4500，然后设置"强度"为15000。

10 按C键切换到摄影机视图，然后按F9键进行渲染，最终效果如图6-102所示。

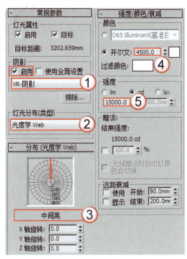

图6-101

图6-102

经验总结

通过这个案例的学习，相信读者已经掌握了开放空间灯光的布置方法。

⊙ 技术总结

开放空间的灯光都是以自然光源作为主光源，人工光源为辅助光源。

⊙ 经验分享

开放空间的自然光源依靠环境光照亮整个场景，太阳光或月光是主光，起到明确主体阴影方向的作用，如图6-103所示。人工光源是辅助光源，起到点缀场景的作用，让整个画面拥有氛围与层次感，如图6-104所示。

图6-103   图6-104

场景位置	场景文件 >CH06>16.max
实例位置	实例文件 >CH06> 课外练习 47.max
视频名称	课外练习 47.mp4
学习目标	掌握开放空间布光方法

一 效果展示

本案例是用"VR-灯光"工具 `VR-灯光` 制作阳台的夜晚灯光效果,如图6-105所示。

一 制作提示

灯光参考位置如图6-106所示。

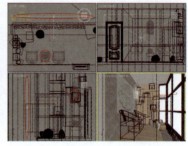

图6-105　　　　　图6-106

实战 48
半封闭空间布光:
制作书房的灯光

场景位置	场景文件 >CH06>17.max
实例位置	实例文件 >CH06> 实战 48 半封闭空间布光: 制作书房的灯光 .max
视频名称	实战 48 半封闭空间布光: 制作书房的灯光 .mp4
学习目标	掌握半封闭空间的布光方法

一 实战介绍

本案例是为书房空间布置灯光,从而模拟出夜晚的灯光效果。

⊙ 效果介绍

图6-107所示是本案例的效果图。

⊙ 运用环境

客厅、卧室和书房等都是拥有一定面积开窗的空间,这种空间通常被称为半封闭空间。半封闭空间的布光相对复杂,除了要理清场景中灯光的主次,还要从灯光颜色上进行区分。

图6-107

一 思路分析

在制作案例之前,需要对场景进行分析。

⊙ 制作简介

本案例是为书房空间布置灯光,需要使用"VR-灯光"工具 `VR-灯光` 模拟自然光源和辅助光源。

⊙ 图示导向

图6-108所示是灯光的参考位置。

图6-108

一 步骤演示

01 打开本书学习资源中的"场景文件>CH06>17.max"文件,如图6-109所示。

02 首先创建主光源自然光。在"创建"面板 中单击"灯光"按钮 ,选择"VRay"选项,并单击"VR-灯光"按钮 `VR-灯光` ,在左侧窗外创建一盏VRay灯光,位置如图6-110所示。

03 选中创建的灯光,切换到"修改"面板,设置各卷展栏的参数如图6-111所示。

中文版 3ds Max 2016 实战基础教程 (全彩版)

设置步骤

① 在"常规"卷展栏中设置"类型"为平面，"1/2长"为30.705mm，"1/2宽"为46.37mm，"倍增"为12，"颜色"为（红:0，绿:68，蓝:221）。

② 在"选项"卷展栏中勾选"不可见"选项，取消勾选"影响反射"选项。

③ 在"采样"卷展栏中设置"细分"为16。

图6-109

图6-110

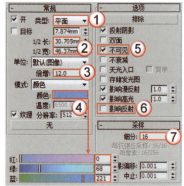
图6-111

04 按C键切换到摄影机视图，并按F9键渲染，效果如图6-112所示。

05 下面创建辅助光源台灯。使用"VR-灯光"工具 VR-灯光 在台灯的灯罩下方创建一盏灯光，位置如图6-113所示。

图6-112

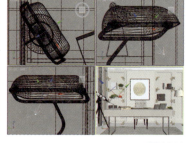
图6-113

06 选中创建的灯光，切换到"修改"面板，设置各卷展栏的参数如图6-114所示。

设置步骤

① 在"常规"卷展栏中设置"类型"为平面，"1/2长"为11.701mm，"1/2宽"为2mm，"倍增"为150，"温度"为4000。

② 在"选项"卷展栏中勾选"不可见"选项，取消勾选"影响高光"和"影响反射"选项。

③ 在"采样"卷展栏中设置"细分"为10。

07 按C键切换到摄影机视图，并按F9键渲染，效果如图6-115所示。

08 下面创建另一个辅助光源落地灯。使用"VR-灯光"工具 VR-灯光 在右侧落地灯的灯罩内创建一盏灯光，位置如图6-116所示。

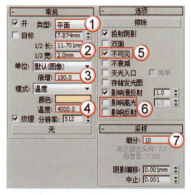
图6-114

图6-115

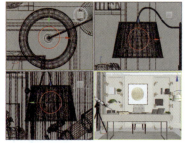
图6-116

技巧与提示

取消勾选"影响高光"和"影响反射"选项，灯光不会在白色的桌面上产生曝光过度的白斑。

09 选中创建的灯光，切换到"修改"面板，设置各卷展栏的参数如图6-117所示。

设置步骤

① 在"常规"卷展栏中设置"类型"为球体，"半径"为1.384mm，"倍增"为70，"温度"为3200。

② 在"选项"卷展栏中勾选"不可见"选项。

10 按C键切换到摄影机视图，并按F9键渲染，最终效果如图6-118所示。

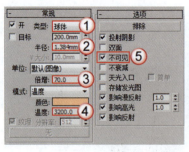

图6-117　　　　　　　　　　图6-118

经验总结

通过这个案例的学习，相信读者已经掌握了半封闭空间灯光的布置方法。

⊙ 技术总结

本案例的半封闭空间是以自然光源作为主光源。自然光源是冷色光，相对最亮；两个人工光源是暖色光，台灯的光源偏白偏亮，落地灯的光源则偏暗偏暖。最终的效果图中不仅有灯光的冷暖对比，还有灯光的层次对比。

⊙ 经验分享

半封闭空间布光相对于开放空间会创建更多的灯光，所以分清灯光层次就显得尤为重要。半封闭空间布光一般会遵循"从外到内，从大到小"的原则进行创建。

"从外到内"是指先创建室外的自然光源，例如太阳光、环境光和月光等，再创建室内的人工光源，例如顶灯、台灯和射灯等。

"从大到小"是指先创建亮度最大的主光源，明确画面的亮度和整体阴影走势，再创建亮度小的辅助光源，补充暗部的亮度和添加软阴影。

无论是白天场景还是夜晚场景都应遵循这个原理，如图6-119所示。

图6-119

<table>
<tr><td rowspan="5">**课外练习：制作客厅的灯光效果**</td><td>场景位置</td><td>场景文件 >CH06>18.max</td></tr>
<tr><td>实例位置</td><td>实例文件 >CH06> 课外练习 48.max</td></tr>
<tr><td>视频名称</td><td>课外练习 48.mp4</td></tr>
<tr><td>学习目标</td><td>掌握半封闭空间布光方法</td></tr>
</table>

效果展示

本案例是用"VR-灯光"工具 VR-灯光 模拟客厅的灯光，效果如图6-120所示。

制作提示

灯光参考位置如图6-121所示。

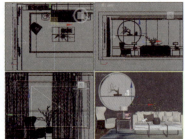

图6-120　　　　　　　　　　图6-121

中文版 3ds Max 2016 实战基础教程（全彩版）

实战 49
封闭空间布光：制作浴室的灯光

场景位置	场景文件 >CH06>19.max
实例位置	实例文件 >CH06> 实战 49 封闭空间布光：制作浴室的灯光 .max
视频名称	实战 49 封闭空间布光：制作浴室的灯光 .mp4
学习目标	掌握封闭空间的布光方法

实战介绍

本案例是为浴室空间布置灯光，从而模拟出封闭空间的灯光效果。

⊙ 效果介绍

图6-122所示是本案例的效果图。

⊙ 运用环境

没有开窗的空间就是封闭空间。封闭空间的布光相对复杂，全部依靠人工光源进行布光，灯光的层次是布光的重点。

图6-122

思路分析

在制作案例之前，需要对场景进行分析。

⊙ 制作简介

本案例是为浴室空间布置灯光，需要使用"VR-灯光"工具 VR-灯光 和"目标灯光"工具 目标灯光 模拟人工光源。

⊙ 图示导向

图6-123所示是灯光的参考位置。

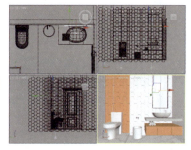

图6-123

步骤演示

01 打开本书学习资源中的"场景文件>CH06>19.max"文件，如图6-124所示。

02 首先创建主光源。使用"目标灯光"工具 目标灯光 在前视图创建一盏目标灯光，然后以"实例"形式复制一盏，放在洗脸盆的上方，如图6-125所示。

图6-124

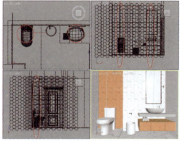

图6-125

> **技巧与提示**
>
> 虽然洗脸盆的上方没有筒灯模型，但是为了最终画面的美观，仍然可以在此处创建灯光。

03 选中创建的灯光，切换到"修改"面板，设置各卷展栏的参数如图6-126所示。

设置步骤

① 在"常规参数"卷展栏中启用"阴影"，设置阴影类型为VRay阴影，"灯光分布（类型）"为光度学Web。

② 在"分布（光度学Web）"卷展栏中加载本书学习资源中的"实例文件>CH06>实战49 封闭空间布光：制作浴室的灯光>map>经典筒灯.ies"文件。

③ 在"强度/颜色/衰减"卷展栏中设置"过滤颜色"为（红:200，绿:226，蓝:255），"强度"为5000。

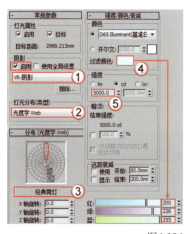

图6-126

04 按C键切换到摄影机视图，并按F9键渲染，效果如图6-127所示。

05 下面创建辅助光源。使用"VR-灯光"工具 VR-灯光 在镜子后面的凹槽内创建一盏灯光，并以"实例"形式复制3盏放置于其他凹槽内，位置如图6-128所示。

06 选中创建的灯光，切换到"修改"面板，设置各卷展栏的参数如图6-129所示。

设置步骤

① 在"常规"卷展栏中设置"类型"为平面，"1/2长"为268.595mm，"1/2宽"为10.035mm，"倍增"为5，"颜色"为（红:255，绿:152，蓝:42）。

② 在"选项"卷展栏中勾选"不可见"选项。

图6-127

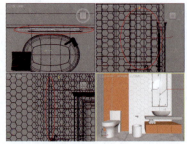
图6-128

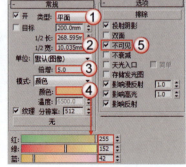
图6-129

> **技巧与提示**
>
> 蓝色的灯光可以中和场景中橙色的材质所反射的黄色光线，让画面整体呈现偏白的效果。

07 按C键切换到摄影机视图，并按F9键渲染，效果如图6-130所示。

08 观察画面，发现柜子的下方有些暗，需要补充光源。将镜子后的灯光复制一盏放在柜子下方，位置如图6-131所示。

09 按C键切换到摄影机视图，并按F9键渲染，最终效果如图6-132所示。

图6-130

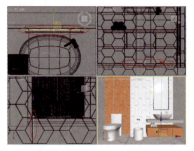
图6-131

图6-132

经验总结

通过这个案例的学习，相信读者已经掌握了封闭空间灯光的布置方法。

⊙ 技术总结

本案例的封闭空间以人工光源作为场景主光源，颜色偏冷。镜子后的灯光和柜子下的灯光都是辅助光源，颜色偏暖。通过强度和冷暖的对比，所渲染的画面会更有层次感。

⊙ 经验分享

封闭空间缺少自然光源，只能依靠室内的人工光源进行照明，灯光的亮度层次就是布光的关键点。室内的人工光源需要在亮度和颜色上进行一定区分，从而形成层次感。阴影的处理也是另一个关键点，阴影可以增加画面的冷色调和立体感，让画面看起来更有真实感。

封闭空间遵循"从大到小"的布光顺序，先确定主光源，明确画面的亮度和阴影方向，然后补充亮度稍弱的辅助光源，如图6-133所示。

图6-133

课外练习：制作走廊的灯光效果

场景位置	场景文件 >CH06>20.max
实例位置	实例文件 >CH06> 课外练习 49.max
视频名称	课外练习 49.mp4
学习目标	掌握封闭空间布光方法

⊟ 效果展示

本案例是制作走廊的灯光效果，效果如图6-134所示。

⊟ 制作提示

灯光参考位置如图6-135所示。

图6-134

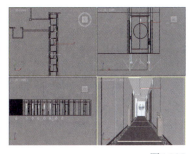

图6-135

实战 50

室外空间布光：制作别墅的灯光

场景位置	场景文件 >CH06>21.max
实例位置	实例文件 >CH06> 实战 50 室外空间布光：制作别墅的灯光 .max
视频名称	实战 50 室外空间布光：制作别墅的灯光 .mp4
学习目标	掌握室外空间的布光方法

⊟ 实战介绍

本案例是为室外建筑空间布置灯光。

⊙ 效果介绍

图6-136所示是本案例的效果图。

⊙ 运用环境

室外空间通常有建筑外观、园林规划和地形鸟瞰等多种表现形式。通过灯光所产生的明暗关系，着重表现建筑的体积感，使整体画面看起来更加立体是这一类布光的目的。

图6-136

⊟ 思路分析

在制作案例之前，需要对场景进行分析。

⊙ 制作简介

本案例是为别墅空间布置灯光，需要使用"VR-太阳"工具 `VR-太阳` 模拟自然光源。

⊙ 图示导向

图6-137所示是灯光的参考位置。

⊟ 步骤演示

01 打开本书学习资源中的"场景文件>CH06>21.max"文件，如图6-138所示。

02 使用"VR-太阳"工具 `VR-太阳` 在顶视图创建一盏灯光，位置如图6-139所示。

图6-138

图6-139

03 选中创建的灯光，切换到"修改"面板，设置"VRay太阳参数"的"强度倍增"为0.05，"大小倍增"为5，"阴影细分"为8，如图6-140所示。

04 按C键切换到摄影机视图，并按F9键渲染，效果如图6-141所示。

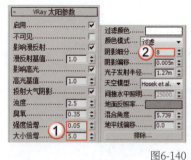
图6-140

图6-141

经验总结

通过这个案例的学习，相信读者已经掌握了室外空间灯光的布置方法。

技术总结

本案例的室外空间灯光很简单，只有一盏"VR-太阳"工具 VR-太阳 创建的灯光。通过灯光产生的阴影，可以鲜明地表现别墅的明暗面。

经验分享

室外空间的布光较为简单，通常只需要创建主光源即可。主光源与摄影机之间夹角在30°~90°时，阴影的角度在摄影机中较为合适，如图6-142所示。若是夹角角度大于90°，就会出现逆光效果，如图6-143所示。除非一些需要特殊表现的场景，一般情况下都不会使用逆光。

图6-142

图6-143

课外练习：制作泳池的阳光效果		
场景位置	场景文件 >CH06>22.max	
实例位置	实例文件 >CH06> 课外练习 50.max	
视频名称	课外练习 50.mp4	
学习目标	掌握室外空间的布光方法	

效果展示

本案例是制作泳池的阳光效果，效果如图6-144所示。

制作提示

灯光参考位置如图6-145所示。

图6-144

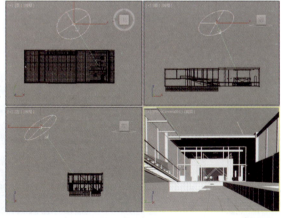
图6-145

第 7 章
材质和贴图技术

本章将介绍 3ds Max 2016 的材质和贴图技术，包括材质编辑器、标准材质、VRay 材质、常用贴图、贴图坐标和常见材质。其中，VRay 材质、常用贴图和常见材质是学习的重点。

本章技术重点

» 掌握材质编辑器

» 熟悉常用的标准材质

» 掌握常用的 VRay 材质

» 掌握常用的贴图

» 熟悉贴图坐标

场景位置	无
实例位置	实例文件 >CH07> 实战 51 材质编辑器 .max
视频名称	实战 51 材质编辑器 .mp4
学习目标	掌握材质编辑器的使用方法

材质编辑器

01 打开3ds Max 2016的界面后，执行"渲染>材质编辑器>精简材质编辑器"命令，如图7-1所示，系统会自动弹出"材质编辑器"面板，如图7-2所示。

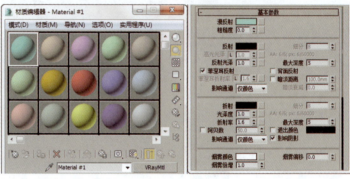

图7-1　　　　　　　　　　　　　　　　　　　　　　　　　　　　图7-2

02 打开菜单栏，执行"渲染>材质编辑器>Slate材质编辑器"命令，如图7-3所示，然后系统会自动弹出"Slate材质编辑器"面板，如图7-4所示。

图7-3　　　　　　　　　　　　　　　　　　　　　　　　　　　　图7-4

技巧与提示

　　初次打开材质编辑器时，系统默认为"Slate材质编辑器"。如果要切换到"材质编辑器"，需要在材质编辑器的菜单栏中执行"模式>精简材质编辑器"命令，就可以进行切换，如图7-5所示。

　　在本书的材质讲解中，全部使用"材质编辑器"。虽然"Slate材质编辑器"在功能上更强大，但对于初学者来说"精简材质编辑器"更加利于学习。

　　无论是哪种材质编辑器，其打开的快捷键都是M键。

图7-5

03 若材质编辑器中的空白材质球已经满了，就需要重置材质球。执行"实用程序>重置材质编辑器窗口"命令，如图7-6所示，此时材质球窗口就全部还原为默认材质球，如图7-7所示。

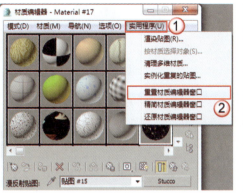

图7-6　　　　　　　　　　　　　图7-7

技巧与提示

在默认情况下，材质球示例窗中的材质球不会完全显示，需要拖曳滚动条显示出不在窗口中的材质球，同时也可以使用鼠标中键来旋转材质球，这样可以观看到材质球其他位置的效果，如图7-8所示。

使用鼠标左键可以将一个材质球拖曳到另一个材质球上，这样当前材质就会覆盖掉原有的材质，如图7-9所示。

图7-8

图7-9

使用鼠标左键可以将材质球中的材质拖曳到场景中的物体上（即将材质指定给对象），如图7-10所示。将材质指定给物体后，材质球上会显示4个缺角的符号，如图7-11所示。

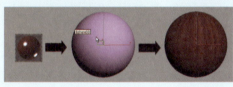

图7-10　　　　　　图7-11

04 给模型赋予材质的方法很简单：选中需要的材质球，然后选中如图7-12所示的模型，在"材质编辑器"上单击"将材质指定给选定对象"按钮 █，选中的模型部分自动转换为材质球的颜色，如图7-13所示。

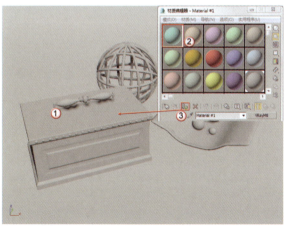

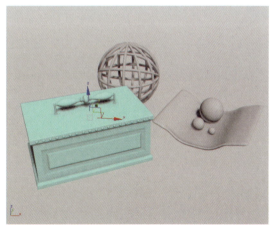

图7-12　　　　　　　　　　　　　图7-13

技巧与提示

给模型赋予材质的方法，除了上述提到的以外，还可以用鼠标左键拖曳材质球，然后移动到需要赋予材质的模型上，接着松开鼠标即可。

05 如果需要得到场景中模型的材质，就需要使用"从对象拾取材质"工具 ✏。选中一个空白材质球，然后单击"从对象拾取材质"按钮 ✏，如图7-14所示。此时指针变成吸管形状，在需要吸取材质的模型上单击一下，空白材质球就转换为该模型的材质，如图7-15所示。

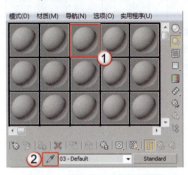

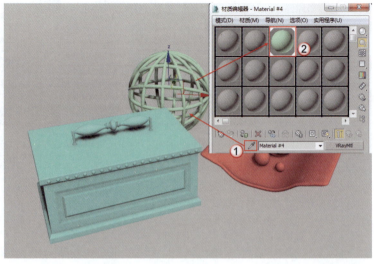

图7-14   图7-15

技巧与提示

材质工具栏，如图7-16所示，下面讲解常用工具。

"获取材质"按钮 ⬤：为选定的材质打开"材质/贴图浏览器"对话框。与菜单栏中"材质>获取材质"选项的作用一致。

"材质ID通道"按钮 ⬤：为应用后期制作效果设置唯一的ID通道。

"在视口中显示明暗处理材质"按钮 ▨：在视口对象上显示2D材质贴图。单击此按钮后，带贴图的材质就能在赋予后的对象上显示，为进一步调整贴图坐标提供帮助。

"转到父对象"按钮 ▨：将当前材质上移一级。为基本材质添加子层级贴图或是增加父级别材质时使用。

图7-16

"采样类型"按钮 ⬤：控制示例窗显示的对象类型，默认为球体类型，还有圆柱体和立方体类型。

"背景"按钮 ▦：在材质后面显示方格背景图像，这在观察透明材质时非常有用，如图7-17所示。

图7-17

实战 52 标准材质：制作装饰品的材质		
场景位置	场景文件 >CH07>01.max	
实例位置	实例文件 >CH07> 实战 52 标准材质：制作装饰品的材质 .max	
视频名称	实战 52 标准材质：制作装饰品的材质 .mp4	
学习目标	掌握标准材质工具的使用方法	

☐ 工具剖析

本案例主要使用标准材质工具 Standard 进行制作。

⊙ 参数解释

标准材质工具 Standard 的面板如图7-18所示。

重要参数讲解

明暗器类型列表： 在该列表中包含了8种明暗器类型，如图7-19所示。

（A）各向异性：这种明暗器通过调节两个垂直于正向上可见高光尺寸之间的差值来提供了一种"重折光"的高光

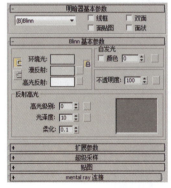

图7-18   图7-19

中文版 3ds Max 2016 实战基础教程（全彩版）

效果，这种渲染属性可以很好地表现毛发、玻璃和被擦拭过的金属等物体。

（B）Blinn：这种明暗器是以光滑的方式来渲染物体表面，是最常用的明暗器之一。

（M）金属：这种明暗器适用于金属表面，它能提供金属所需的强烈反光。

（ML）多层："多层"明暗器与"各向异性"明暗器很相似，但"多层"明暗器可以控制两个高亮区，因此"多层"明暗器拥有对材质更多的控制，第1高光反射层和第2高光反射层具有相同的参数控制，可以对这些参数使用不同的设置。

（O）Oren-Nayar-Blinn：这种明暗器适用于无光表面（如纤维或陶土），与Blinn明暗器几乎相同，通过它附加的"漫反射色级别"和"粗糙度"两个参数可以实现无光效果。

（P）Phong：这种明暗器可以平滑面与面之间的边缘，也可以真实地渲染有光泽和规则曲面的高光，适用于高强度的表面和具有圆形高光的表面。

（S）Strauss：这种明暗器适用于金属和非金属表面，与"金属"明暗器十分相似。

（T）半透明明暗器：这种明暗器与Blinn明暗器类似，他们之间最大的区别在于该明暗器可以设置半透明效果，使光线能够穿透半透明的物体，并且在穿过物体内部时离散。

环境光：用于模拟间接光，也可以用来模拟光能传递。

漫反射："漫反射"是在光照条件较好的情况下（比如在太阳光和人工光直射的情况下）物体反射出来的颜色，又被称作物体的"固有色"，也就是物体本身的颜色。

高光反射：物体发光表面高亮显示部分的颜色。

颜色：使用"漫反射"颜色替换曲面上的任何阴影，从而创建出白炽效果。

不透明度：控制材质的不透明度。

高光级别：控制"反射高光"的强度。数值越大，反射强度越强。

光泽度：控制镜面高亮区域的大小，即反光区域的大小。数值越大，反光区域越小。

柔化：设置反光区和无反光区衔接的柔和度。0表示没有柔化效果；1表示应用最大的柔化效果。

⊙ **操作演示**

工具： `Standard`　　　**位置：**材质编辑器>材质>标准　　　**演示视频：** 52-标准材质

─ **实战介绍**

本案例是用标准材质工具为装饰品赋予材质。

⊙ **效果介绍**

图7-20所示是本案例的效果图。

⊙ **运用环境**

标准材质工具可以模拟绝大部分的材质效果，在很多渲染器中都可以使用。

图7-20

─ **思路分析**

在赋予材质之前，需要对场景进行分析，以便后续制作。

⊙ **制作简介**

本案例是一个装饰品，需要用标准材质工具模拟油漆的质感。

⊙ **图示导向**

图7-21所示是材质的效果。

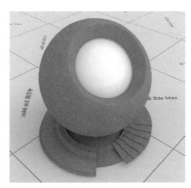

图7-21

步骤演示

01 打开本书学习资源中的"场景文件>CH07>01.max"文件，如图7-22所示。

02 按M键打开材质编辑器，选择一个空白材质球，材质球默认为Standard（标准）材质，具体参数设置如图7-23所示。

设置步骤

① 设置"环境光"和"漫反射"颜色为蓝色（红58，绿:47，蓝:39）。

② 设置"高光级别"为50，"光泽度"为30。

03 将制作好的材质指定给场景中的模型，然后按F9键渲染当前场景，最终效果如图7-24所示。

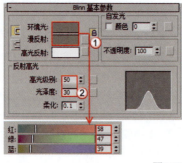

图7-22　　　　　　　　　　图7-23　　　　　　　　　　图7-24

> **技巧与提示**
>
> "环境光"与"漫反射"的颜色设置被关联锁定，只要调整其中一个参数，另一个参数会相应改变。

经验总结

通过这个案例的学习，相信读者已经掌握了标准材质工具的使用方法。

⊙ 技术总结

本案例是用标准材质工具模拟油漆的质感。油漆具有高光，但不是特别光滑。

⊙ 经验分享

如果要让标准材质展现更加逼真的反射效果，需要在"反射"通道中加载"VRay贴图"选项，如图7-25所示。设置"反射"通道量为30~45时，材质反射的效果比较好。

图7-25

<table>
<tr><td colspan="4">课外练习：制作摆件的材质</td></tr>
<tr><td>场景位置</td><td>场景文件 >CH07>02.max</td></tr>
<tr><td>实例位置</td><td>实例文件 >CH07> 课外练习 52.max</td></tr>
<tr><td>视频名称</td><td>课外练习 52.mp4</td></tr>
<tr><td>学习目标</td><td>掌握标准材质工具的使用方法</td></tr>
</table>

效果展示

本案例用标准材质工具模拟摆件的材质，案例效果如图7-26所示。

图7-26

制作提示

材质的效果如图7-27所示。

图7-27

中文版 3ds Max 2016 实战基础教程（全彩版）

实战 53

多维/子对象：制作魔方的材质

场景位置	场景文件 >CH07>03.max
实例位置	实例文件 >CH07> 实战 53 多维 / 子对象：制作魔方的材质 .max
视频名称	实战 53 多维 / 子对象：制作魔方的材质 .mp4
学习目标	掌握多维 / 子对象工具的使用方法

工具剖析

本案例使用多维/子对象工具 Multi/Sub-Object 进行制作。

⊙ 参数解释

多维/子对象工具 Multi/Sub-Object 的面板如图7-28所示。

重要参数讲解

设置数量 设置数量：设置子材质的数量。

添加 添加：单击该按钮，可以添加新的子材质。

删除 删除：单击该按钮，可以将选中的子材质删除。

ID：子材质的编号。

名称：子材质的名称。

子材质：在通道中可以加载不同材质成为子材质。

启用/禁用：设置子材质是否使用。

图7-28

⊙ 操作演示

工具： Multi/Sub-Object　　**位置：** 材质编辑器>材质>标准　　**演示视频：** 53-多维/子对象

实战介绍

本案例是用多维/子对象工具 Multi/Sub-Object 模拟魔方的材质。

⊙ 效果介绍

图7-29所示是本案例的效果图。

⊙ 运用环境

多维/子对象工具 Multi/Sub-Object 可以将多种材质进行混合，形成一个单独的材质。若是将多种材质的模型塌陷为一个单独的模型，其材质也会自动组合为一个新的"多维/子对象"。

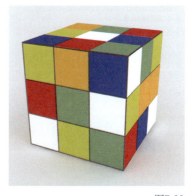

图7-29

思路分析

在制作案例之前，需要对场景进行分析。

⊙ 制作简介

本案例需要用多维/子对象工具 Multi/Sub-Object 模拟魔方的材质。

⊙ 图示导向

图7-30所示是材质的效果。

图7-30

步骤演示

01 打开本书学习资源中的"场景文件>CH07>03.max"文件，如图7-31所示。

02 观察模型，可以分为7个颜色。按M键打开材质编辑器，选择一个空白材质球，将材质球转换为"多维/子对象"材质，参数面板如图7-32所示。

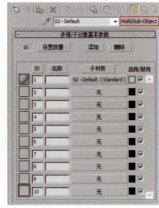

图7-31　　　　　　　　　　图7-32

03 由于模型是由7种材质组成，因此只需要7个ID材质即可。单击"设置数量"按钮，然后在弹出的"设置材质数量"对话框中设置"材质数量"为7，单击"确定"按钮，如图7-33所示。此时材质球面板如图7-34所示。

04 进入ID1材质，具体参数设置如图7-35所示。

设置步骤

① 设置"漫反射"颜色为（红:13，绿:13，蓝:13）。

② 设置"高光级别"为80，"光泽度"为60。

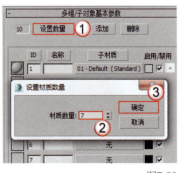
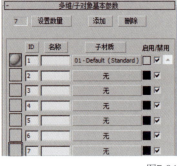
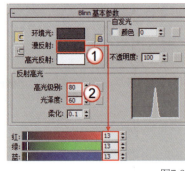

图7-33　　　　　　　　　　图7-34　　　　　　　　　　图7-35

05 单击"转到父对象"按钮返回"多维/子对象"面板，如图7-36所示。

图7-36

06 进入ID2材质，设置ID2材质为Standard（标准）材质，具体参数如图7-37所示。

设置步骤

① 设置"漫反射"颜色为（红:247，绿:247，蓝:247）。

② 设置"高光级别"为80，"光泽度"为60。

07 其他材质制作方法相同，只是颜色上有所区别，这里不赘述。赋予材质后的模型效果，如图7-38所示。

08 按C键切换到摄影机视图，然后按F9键进行渲染，效果如图7-39所示。

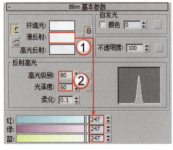
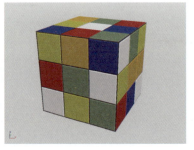
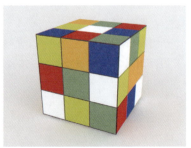

图7-37　　　　　　　　　　图7-38　　　　　　　　　　图7-39

经验总结

通过这个案例的学习，相信读者已经掌握了多维/子对象工具 Multi/Sub-Object 的使用方法。

⊙ 技术总结

多维/子对象工具 Multi/Sub-Object 是将多种材质混合在同一个材质上。

⊙ 经验分享

多维/子对象工具创建的材质的ID号对应模型的ID。只有两种ID相同，材质才能精准定位其位置。设置模型的ID方法如下。

第1步：选中模型，然后进入"多边形"层级，并选中需要标注ID的多边形。

第2步：展开"多边形：材质ID"卷展栏，在"设置ID"后的输入框内输入相对应的ID号，如图7-40所示。

图7-40

课外练习：制作花瓶的材质	场景位置 场景文件 >CH07>04.max
	实例位置 实例文件 >CH07> 课外练习 53.max
	视频名称 课外练习 53.mp4
	学习目标 掌握多维 / 子对象的使用方法

效果展示

本案例是用多维 / 子对象工具 Multi/Sub-Object 模拟花瓶的材质，案例效果如图7-41所示。

制作提示

材质的效果如图7-42所示。

图7-41　　　　　图7-42

实战 54 **VRayMtl：制作水晶球的材质**	场景位置 场景文件 >CH07>05.max
	实例位置 实例文件 >CH07> 实战 54 VRayMtl：制作水晶球的材质 .max
	视频名称 实战 54 VRayMtl：制作水晶球的材质 .mp4
	学习目标 掌握 VRayMtl 工具的使用方法

工具剖析

本案例使用"VRayMtl"工具 VRayMtl 进行制作。

⊙ 参数解释

"VRayMtl"工具 VRayMtl 的参数面板，如图7-43所示。

重要参数讲解

漫反射：物体的漫反射用来决定物体的表面颜色。通过单击它的色块，可以调整自身的颜色。单击右边的按钮■可以选择不同的贴图类型。

粗糙度：数值越大，粗糙效果越明显，可以用该选项来模拟绒布的效果。

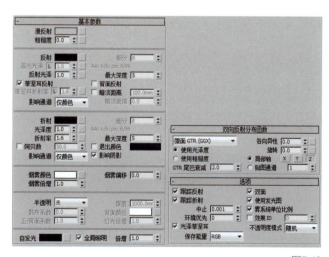

图7-43

反射： 这里的反射是靠颜色的亮度来控制，颜色越白反射越强，越黑反射越弱。而这里选择的颜色则是反射出来的颜色，和反射的强度是分开来计算的。单击右边的按钮■，可以使用贴图的亮度来控制反射的强弱，如图7-44所示的是颜色亮度对反射的影响。

图7-44

　　高光光泽： 控制材质的高光大小，默认情况下是和"反射光泽"进行关联控制的，可以通过单击旁边的"L"按钮来解除锁定，从而可以单独调整高光的大小，如图7-45所示的是不同"高光光泽"下的效果。

图7-45

　　反射光泽： 通常也被称为"反射模糊"，决定物体表面反射的模糊程度。默认的1表示没有模糊效果，数值越小表示模糊效果越强烈。单击右边的按钮■，可以通过贴图的亮度来控制反射模糊的强弱，如图7-46所示。

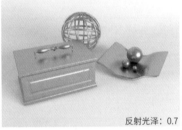

图7-46

　　细分： 细分用来控制反射模糊的品质，较高的值可以取得较平滑的效果，而较低的值让模糊区域有颗粒效果。细分值越大渲染速度越慢，如图7-47所示。

图7-47

　　菲涅耳反射： 勾选"菲涅尔反射"选项后，物体的反射强度与摄影机的视点和具有反射功能的物体之间的角度有关，角度越小，反射越强烈。当垂直入射的时候，反射强度最弱。

菲涅耳折射率：单击右边的 "L" 按钮解除锁定后，可以对折射率进行调整。数值越大，材质越接近金属质感，如图7-48所示。

菲涅耳折射率：3

菲涅耳折射率：10

图7-48

技巧与提示

下面通过真实物理世界中的照片来说明一下菲涅耳反射现象，如图7-49所示，由于远处的玻璃与人眼的视线构成的角度较小，所以反射比较强烈；而近处的玻璃与人眼的视线构成的角度较大（几乎垂直），所以反射比较弱。

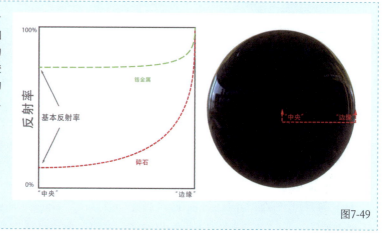

图7-49

最大深度：反射的最大次数。反射次数越多，反射就越彻底，当然渲染时间也越慢。在实际应用中，在对效果要求不太高的情况下，可以适当降低该值来控制渲染时间。

折射：折射的原理和反射的原理一样，颜色越白，物体越透明，进入物体内部产生折射的光线也就越多；颜色越黑，物体越不透明，产生折射的光线也就越少。单击右边的按钮█，可以通过贴图的亮度来控制折射的强弱，如图7-50所示是不同颜色折射的效果。

折射：50

折射：125

折射：200

图7-50

光泽度：用来控制物体的折射模糊程度。值越小，模糊程度越明显。默认值为1，表示不产生折射模糊。单击右边的按钮█，可以通过贴图的灰度来控制折射模糊的强弱，如图7-51所示是不同光泽度的效果。

光泽度：1.0

光泽度：0.7

图7-51

细分：用来控制折射模糊的品质，较高的值可以得到比较光滑的效果，渲染速度就比较慢；较低的值模糊区域将有杂点产生，渲染速度比较快，如图7-52所示。

折射率：用于设置透明物体的折射率，如图7-53所示的是不同"折射率"的效果。

 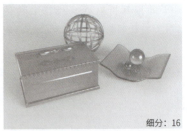

细分：8　　　　　　　　　　　　细分：16

图7-52

 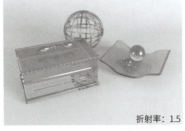 

折射率：1.3　　　　　折射率：1.5　　　　　折射率：2.0

图7-53

最大深度：和"反射"选项组中的"最大深度"原理相同，控制折射的最大次数。

烟雾颜色：这个选项用来虚拟透明物体的颜色。其原理就是虚拟光线穿透透明物体后所折射出来的不同颜色，从而起到给透明物体"上色"的效果。

烟雾倍增：可以理解为雾的浓度。值越大，雾越浓，光线穿透物体的能力越差，如图7-54所示。

烟雾倍增：1.0　　　　　烟雾倍增：0.6　　　　　烟雾倍增：0.2

图7-54

烟雾偏移：雾的偏移，较低的值会使雾向相机的方向偏移。

半透明：包含"无""硬（蜡）模型""软（水）模型""混合模式"模型。

厚度：用来控制光线在物体内部被追踪的深度，也可以理解为光线的最大穿透能力。较大的值，会让整个物体都被光线穿透；较小的值，让物体比较薄的地方产生次表面散射现象。

散布系数：物体内部的散射总量。0表示光线在所有方向被物体内部散射，1表示光线在一个方向被物体内部散射，而不考虑物体内部的曲面。

背面颜色：用来控制次表面散射的颜色。

正/背面系数：控制光线在物体内部的散射方向。0表示光线沿着灯光发射的方向向前散射，1表示光线沿着灯光发射的方向向后散射，而0.5表示这两个情况各占一半。

灯光倍增：光线穿透能力倍增值，值越大，散射效果越强，这就是典型的SSS效果。

自发光：设置材质的自发光颜色，勾选"全局照明"选项后会产生光照效果。

双向反射分布函数：包含"多面""反射""沃德""微面GTR（GGX）"4种类型。

各向异性：控制高光区域的形状，可以用该参数来设置拉丝效果。

旋转：控制高光区的旋转方向。

中文版 3ds Max 2016 实战基础教程（全彩版）

工具：`VRayMtl`　　位置：材质编辑器>材质>VRay　　演示视频：54-VRayMtl

实战介绍

本案例是用"VRayMtl"工具 `VRayMtl` 进行制作。

⊙ 效果介绍

图7-55所示是本案例的效果。

⊙ 运用环境

"VRayMtl"工具 `VRayMtl` 是使用频率最高的材质工具之一，也是使用范围最广的一种材质工具，可以模拟出任何一种材质效果。

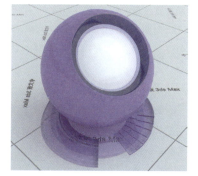

图7-55

思路分析

在制作案例之前，需要对场景进行分析。

⊙ 制作简介

本案例需要用"VRayMtl"工具 `VRayMtl` 模拟水晶球的材质效果。

⊙ 图示导向

图7-56所示是材质的效果。

图7-56

步骤演示

`01` 打开本书学习资源中的"场景文件>CH07>05.max"文件，如图7-57所示。

`02` 按M键打开材质编辑器，然后选择一个空白材质球，接着设置"材质类型"为VRayMtl，具体参数设置如图7-58所示。

设置步骤

① 设置"漫反射"颜色为（红:74，绿:74，蓝:216）。

② 设置"反射"颜色为（红:100，绿:100，蓝:100），"高光光泽"为0.9，"反射光泽"为0.95，"细分"为16。

③ 设置"折射"颜色为（红:220，绿:220，蓝:220），"光泽度"为0.9，"折射率"为2，"细分"为16。

④ 设置"烟雾颜色"为（红:100，绿:40，蓝:167），"烟雾倍增"为0.2。

图7-57

`03` 将制作好的材质指定给场景中的模型，然后按F9键渲染当前场景，最终效果如图7-59所示。

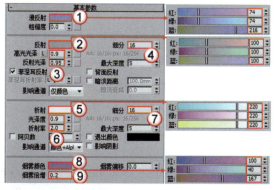

图7-58

图7-59

技巧与提示

"光泽度"数值小于1，透明材质会产生磨砂效果，值越小，磨砂效果越强，渲染时间越长。当材质有透明效果时，设置烟雾色才会起作用。

一 经验总结

通过这个案例的学习，相信读者已经掌握了"VRayMtl"工具 `VRayMtl` 的使用方法。

⊙ 技术总结

"VRayMtl"工具 `VRayMtl` 可以模拟出绝大多数的材质效果，使用灵活方便。

⊙ 经验分享

"VRayMtl"工具 `VRayMtl` 的参数较多，可以模拟现实生活中的绝大多数材质，甚至可以模拟发光效果。在VRayMtl材质面板的下方有"自发光"的选项组，如图7-60所示。

图7-60

单击颜色的色块，就可以设置材质自发光的颜色，如图7-61所示。默认黑色表示关闭自发光。

勾选"全局照明"选项后还可以将其视为发光体，生成照明效果，如图7-62所示。"倍增"数值则可以设置发光的强度。

该功能可以代替后边案例中讲到的VRay灯光材质，但在低版本的V-Ray渲染器中没有该项功能。

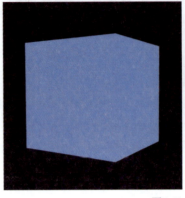

图7-61

图7-62

课外练习：制作墙饰的材质

场景位置	场景文件 >CH07>06.max
实例位置	实例文件 >CH07> 课外练习 54.max
视频名称	课外练习 54.mp4
学习目标	掌握 VRayMtl 工具的使用方法

一 效果展示

本案例是用"VRayMtl"工具 `VRayMtl` 进行制作，案例效果如图7-63所示。

一 制作提示

材质效果如图7-64所示。

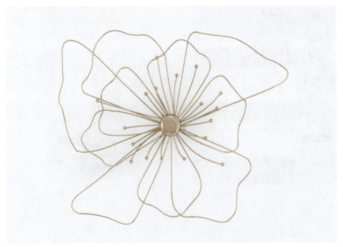

图7-63

图7-64

中文版 3ds Max 2016 实战基础教程（全彩版）

VRay灯光材质：
制作灯箱的材质

场景位置	场景文件 >CH07>07.max
实例位置	实例文件 >CH07> 实战 55 VRay 灯光材质：制作灯箱的材质 .max
视频名称	实战 55 VRay 灯光材质：制作灯箱的材质 .mp4
学习目标	掌握 VRay 灯光材质工具的使用方法

工具剖析

本案例使用"VR-灯光材质"工具 VR-灯光材质 进行制作。

参数解释

"VR-灯光材质"工具 VR-灯光材质 的参数面板，如图7-65所示。

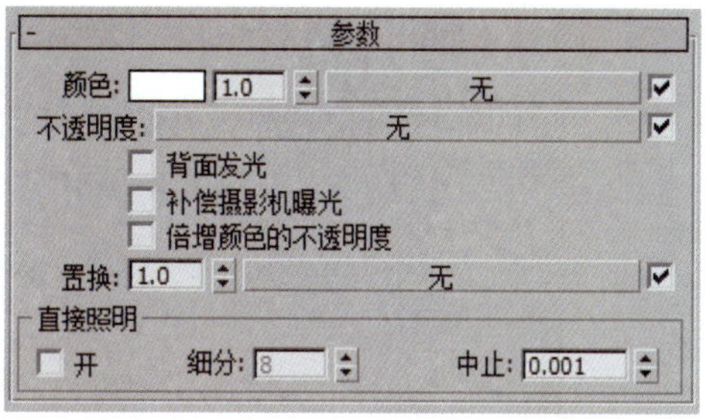

重要参数讲解

颜色： 设置灯光的颜色。

倍增数值框： 设置贴图亮度的数值。

无 无 ： 单击该按钮可加载贴图，系统会拾取贴图的颜色信息产生亮度。

不透明度： 在后面的通道中添加黑白贴图，系统会拾取贴图的颜色信息产生透明效果。黑色的部分透明，白色的部分不透明。

图7-65

操作演示

工具： VR-灯光材质 　**位置：** 材质编辑器>材质>VRay 　**演示视频：** 57- VRay灯光材质

实战介绍

本案例是用"VR-灯光材质"工具 VR-灯光材质 模拟灯箱的效果。

效果介绍

图7-66所示是案例的效果图。

运用环境

"VR-灯光材质"工具 VR-灯光材质 常用于模拟灯箱、发光管、灯丝、外景和屏幕等发光的物体。因为可以添加贴图，所以模拟的灯光效果会比较真实。

图7-66

思路分析

在制作案例之前，需要对场景进行分析。

制作简介

本案例需要用"VR-灯光材质"工具 VR-灯光材质 模拟灯箱的效果，需要在材质的贴图通道中添加灯箱的贴图。

图示导向

图7-67所示是材质的效果。

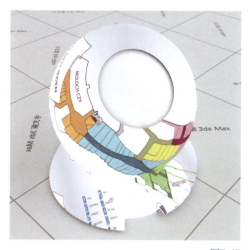

图7-67

⊟ 步骤演示

01 打开本书学习资源中的"场景文件>CH07>07.max"文件，如图7-68所示。

02 按M键打开材质编辑器，然后选择一个空白材质球，再设置"材质类型"为VRay灯光，具体参数设置如图7-69所示。

设置步骤

① 在"颜色"通道中加载一张学习资源中"实例文件>CH07> 实战55 VRay灯光材质：制作灯箱的材质> map>vm_v3_047_shopping_centre_map_diffuse.jpg"文件。

② 设置倍增为1.5。

03 将制作好的材质赋予灯箱显示屏上，然后按F9键渲染当前场景，最终效果如图7-70所示。

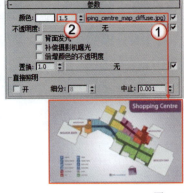

图7-68　　　　　　　　　　图7-69　　　　　　　　　　图7-70

⊟ 经验总结

通过这个案例的学习，相信读者已经掌握了"VR-灯光材质"工具 VR-灯光材质 的使用方法。

⊙ 技术总结

"VR-灯光材质"工具 VR-灯光材质 使用方法相对简单，只需要加载贴图或设置颜色即可。

⊙ 经验分享

使用 "VR-灯光材质"工具 VR-灯光材质 时，会出现赋予贴图并加载贴图坐标后不能观察到贴图的情况，如图7-71所示。

遇到这种情况，有两种方法可以解决。

第1种： 单击"在视口中显示明暗处理材质"按钮 ▨ 显示贴图。

图7-71

第2种： 若第一种方法无效，将VRay灯光材质转换为VRayMtl材质，加载贴图并调整贴图坐标。再转换为VRay灯光材质并加载贴图，贴图坐标固定，即使无法显示贴图也不影响渲染。

课外练习：制作烛光的材质

场景位置	场景文件 >CH07>08.max
实例位置	实例文件 >CH07> 课外练习 55.max
视频名称	课外练习 55.mp4
学习目标	掌握 VRay 灯光材质工具的使用方法

⊟ 效果展示

本案例是用"VR-灯光材质"工具 VR-灯光材质 模拟烛光，效果如图7-72所示。

⊟ 制作提示

材质效果如图7-73所示。

图7-72   图7-73

实战 56
VRay混合材质：
制作陶罐的材质

场景位置	场景文件 >CH07>09.max
实例位置	实例文件 >CH07> 实战 56 VRay 混合材质：制作陶罐的材质 .max
视频名称	实战 56 VRay 混合材质：制作陶罐的材质 .mp4
学习目标	掌握 VRay 混合材质工具的使用方法

工具剖析

本案例使用"VR-混合材质"工具 VR-混合材质 进行制作。

⊙ 参数解释

"VR-混合材质"工具 VR-混合材质 的参数面板如图7-74所示。

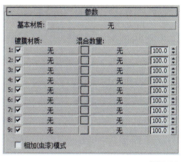

图7-74

重要参数讲解

基本材质： 在通道中加载材质，成为基础材质。

镀膜材质： 在通道中加载材质，成为附加表面的材质。一共可以加载9层镀膜材质。

混合数量： 通过加载黑白贴图控制镀膜材质显示的位置和浓度。黑色代表完全显示基本材质，白色代表全部显示镀膜材质。

> **技巧与提示**
>
> "混合数量"通道中如果加载的是彩色贴图，系统会识别其黑白信息，将其转换为黑白贴图。

相加（虫漆）模式： 勾选该选项后，会将基本材质和所有的镀膜材质相加，形成一种独特的效果。

⊙ 操作演示

工具： VR-混合材质   **位置：** 材质编辑器>材质>VRay   **演示视频：** 56-VRay混合材质

实战介绍

本案例是用"VR-混合材质"工具 VR-混合材质 模拟陶罐的材质效果。

⊙ 效果介绍

图7-75所示是本案例的效果图。

⊙ 运用环境

"VR-混合材质"工具 VR-混合材质 可以将多个材质在一个材质球上表现出来，通过不同的黑白贴图来控制不同材质所占的比率。

图7-75

⊟ 思路分析

在制作案例之前，需要对场景进行分析。

⊙ 制作简介

本案例需要使用"VR-混合材质"工具 VR-混合材质 制作陶罐的材质。

⊙ 图示导向

图7-76所示是材质的效果。

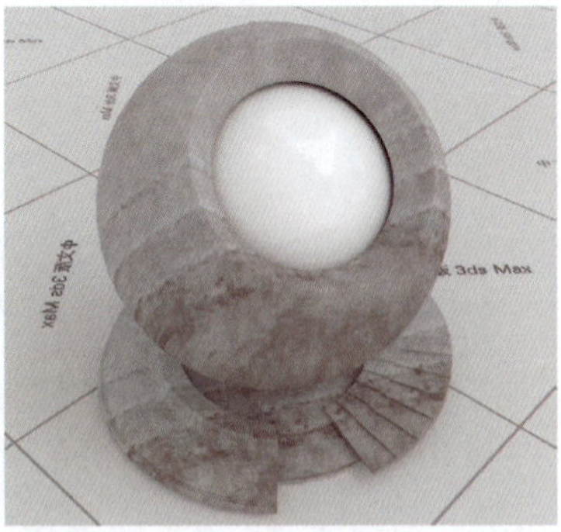

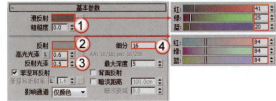

图7-76

⊟ 步骤演示

01 打开本书学习资源中的"场景文件>CH07>09.max"文件，如图7-77所示。

02 按M键打开材质编辑器，然后选择一个空白材质球，接着设置"材质类型"为VRayMtl，具体参数设置如图7-78所示。

设置步骤

① 设置"漫反射"颜色为（红:41，绿:25，蓝:20）。

② 设置"反射"颜色为（红:84，绿:84，蓝:84），"高光光泽"为0.6，"反射光泽"为0.5，"细分"为16。

图7-77

图7-78

03 单击"材质编辑器"上的"VRayMtl"按钮 VRayMtl ，在弹出的"材质/贴图浏览器"中选择"VRay混合材质"选项，如图7-79所示，接着在弹出的对话框中，选择"将旧材质保存为子材质？"选项，并单击"确定"按钮 确定 ，如图7-80所示。

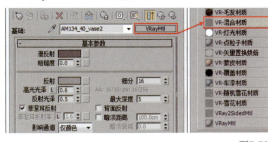

图7-79

图7-80

04 在"VRay混合材质"面板中，单击"镀膜材质1"通道，然后在弹出的"材质/贴图浏览器"中选择"VRayMtl"选项，将其设置为VRayMtl材质，具体参数设置如图7-81所示。

设置步骤

① 设置"漫反射"颜色为（红:131，绿:140，蓝:146）。

② 设置"反射"颜色为（红:122，绿:122，蓝:122），"高光光泽"为0.6，"反射光泽"为0.7。

05 返回"VRay混合材质"面板，在"混合数量"通道中加载一张本书学习资源中"实例文件>CH07> 实战56 VRay混合材质：制作陶罐的材质>map> AM134_40_vase_1.jpg"贴图，如图7-82所示。

06 另外两个罐子的材质参数都是一样的，只是"混合数量"的贴图有所区别，将3个材质分别赋予模型，渲染效果如图7-83所示。

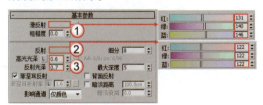

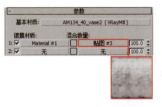

图7-81

图7-82

图7-83

经验总结

通过这个案例的学习，相信读者已经掌握了"VR-混合材质"工具 VR-混合材质 的使用方法。

技术总结

本案例是用"VR-混合材质"工具 VR-混合材质 将两种不同的材质通过黑白贴图进行混合。

经验分享

"VR-混合材质"工具 VR-混合材质 看起来很复杂，其实只要读者准确区分每一层材质所代表的含义，就能很好地掌握该材质，制作出复杂又美观的材质效果。

课外练习：制作雪地的材质

场景位置	场景文件 >CH07>10.max
实例位置	实例文件 >CH07> 课外练习 56.max
视频名称	课外练习 56.mp4
学习目标	掌握 VRay 混合材质工具的使用方法

效果展示

本案例是用"VR-混合材质"工具 VR-混合材质 模拟雪地效果，如图7-84所示。

制作提示

材质的效果如图7-85所示。

图7-84　　　　　　　　　　　图7-85

实战 57

位图贴图：制作挂画的材质

场景位置	场景文件 >CH07>11.max
实例位置	实例文件 >CH07> 实战 57 位图贴图：制作挂画的材质 .max
视频名称	实战 57 位图贴图：制作挂画的材质 .mp4
学习目标	掌握位图贴图工具的使用方法

工具剖析

本案例使用位图贴图工具 Bitmap 进行制作。

参数解释

位图贴图工具 Bitmap 的参数面板如图7-86所示。

重要参数讲解

位图： 在通道中加载外部贴图。

重新加载 重新加载 ：当外部贴图修改后，单击该按钮可重新加载。

查看图像 查看图像 ：单击该按钮，可以打开"指定裁剪/放置"窗口，查看加载的贴图效果，如图7-87所示。

应用： 勾选该选项后，"指定裁剪/放置"窗口中的贴图会按照红框的大小进行裁剪。

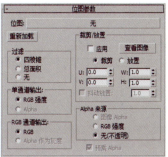

图7-86　　　　　　　　　　　图7-87

操作演示

工具： Bitmap 　　**位置：** 材质编辑器>贴图>标准　　**演示视频：** 57-位图贴图

实战介绍

本案例是用位图贴图工具 Bitmap 模拟挂画的材质。

⊙ 效果介绍

图7-88所示是本案例的效果图。

⊙ 运用环境

位图贴图工具 Bitmap 用法很灵活，可以表现材质图案、反射强弱、光滑程度、透明度和凹凸纹理。将位图贴图放置在不同作用的通道，所表现的效果也各不相同。

图7-88

思路分析

在制作案例之前，需要对场景进行分析。

⊙ 制作简介

本案例需要使用位图贴图工具 Bitmap 制作挂画的材质。

⊙ 图示导向

图7-89所示是材质的效果。

图7-89

步骤演示

01 打开本书学习资源中的"场景文件>CH07>11.max"文件，如图7-90所示。

02 按M键打开材质编辑器，选择一个空白材质球设置为VRayMtl材质，然后展开"贴图"卷展栏，在"漫反射"通道加载一张本书学习资源中"实例文件> CH07>实战57 位图贴图：制作挂画的材质>map>5.jpg"文件，如图7-91所示。

03 按照上述方法制作出其余挂画的材质，然后按F9键渲染当前场景，最终效果如图7-92所示。

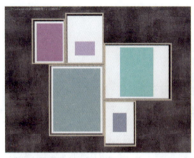

图7-90   图7-91   图7-92

经验总结

通过这个案例的学习，相信读者已经掌握了位图贴图工具 Bitmap 的使用方法。

⊙ 技术总结

本案例是用位图贴图工具 Bitmap 制作挂画的材质，只需要在"漫反射"通道中加载挂画的贴图即可。

⊙ 经验分享

位图贴图工具 Bitmap 使用简单、灵活，是日常制作中使用频率较高的工具之一。位图贴图工具一般要配合"UVW贴图"修改器一起使用，在后面的案例中将专门进行讲解。

中文版 3ds Max 2016 实战基础教程（全彩版）

课外练习：制作抱枕的材质

场景位置	场景文件 >CH07>12.max
实例位置	实例文件 >CH07> 课外练习 57.max
视频名称	课外练习 57.mp4
学习目标	掌握位图贴图工具的使用方法

效果展示

本案例是用位图贴图工具 `Bitmap` 模拟抱枕材质，如图7-93所示。

制作提示

材质的效果如图7-94所示。

图7-93　　　　　　　　　　图7-94

实战 58
衰减贴图：制作绒布的材质

场景位置	场景文件 >CH07>13.max
实例位置	实例文件 >CH07> 实战 58 衰减贴图：制作绒布的材质 .max
视频名称	实战 58 衰减贴图：制作绒布的材质 .mp4
学习目标	掌握衰减贴图工具的使用方法

工具剖析

本案例使用衰减贴图工具 `Falloff` 进行制作。

⊙ 参数解释

衰减贴图工具 `Falloff` 的参数面板如图7-95所示。

重要参数讲解

衰减类型： 设置衰减的方式，共有5种方式，如图7-96所示。

垂直/平行： 在与衰减方向相垂直的法线和与衰减方向相平行的法线之间设置角度衰减范围。

朝向/背离： 在面向衰减方向的法线和背离衰减方向的法线之间设置角度衰减范围。

Fresnel： 基于IOR（折射率）在面向视图的曲面上产生暗淡反射，而在有角的面上产生较明亮的反射。

阴影/灯光： 基于落在对象上的灯光，在两个子纹理之间进行调节。

图7-95　　　　　　　　　图7-96

距离混合： 基于"近端距离"值和"远端距离"值，在两个子纹理之间进行调节。

衰减方向： 设置衰减的方向，默认为"查看方向（摄影机Z轴）"。

混合曲线： 设置曲线的形状，可以精确地控制由任何衰减类型所产生的渐变。

⊙ 操作演示

工具： `Falloff`　　**位置：** 材质编辑器>贴图>标准　　**演示视频：** 58-衰减贴图

实战介绍

本案例是用衰减贴图工具 | Falloff | 模拟绒布的材质。

⊙ 效果介绍

图7-97所示是本案例的效果图。

⊙ 运用环境

衰减贴图工具 | Falloff | 有两个主要用法：第1种是加载在"漫反射"通道，使用"垂直/平行"的方式模拟布料类材质；第2种是加载在"反射"通道，使用Fresnel的方式模拟菲涅耳反射效果。

图7-97

思路分析

在制作案例之前，需要对场景进行分析。

⊙ 制作简介

本案例需要使用衰减贴图工具 | Falloff | 制作绒布的材质。衰减贴图的两个颜色通道模拟绒布的颜色，设置"衰减类型"为垂直/平行。

⊙ 图示导向

图7-98所示是材质的效果。

图7-98

步骤演示

01 打开本书学习资源中的"场景文件>CH07>13.max"文件，如图7-99所示。

02 按M键打开材质球编辑器，然后选择一个空白材质球，接着设置"材质类型"为VRayMtl，具体参数设置如图7-100所示。

设置步骤

① 在"漫反射"通道中加载一张"衰减"贴图。

② 在"衰减参数"卷展栏的"前"通道和"侧"通道中加载学习资源中的"实例文件> CH07>实战58　衰减贴图：制作绒布的材质>map> FabricPatterns0013_L.jpg"文件，并设置"侧"通道量为90，然后设置"衰减类型"为垂直/平行。

图7-99

03 返回VRayMtl材质面板，设置"反射"颜色为（红:255，绿:255，蓝:255），接着设置"反射光泽"为0.6，具体参数如图7-101所示。

04 制作好的材质指定给场景中的模型，然后按F9键渲染当前场景，最终效果如图7-102所示。

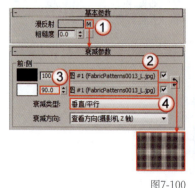

图7-100

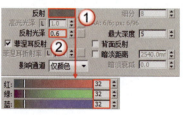

图7-101

图7-102

中文版 3ds Max 2016 实战基础教程（全彩版）

⊟ 经验总结

通过这个案例的学习，相信读者已经掌握了衰减贴图工具 Falloff 的使用方法。

⊙ 技术总结

本案例是用衰减贴图工具 Falloff 制作绒布材质。在"漫反射"通道中加载衰减贴图，然后添加绒布的布纹贴图，并设置"衰减类型"为垂直/平行。

⊙ 经验分享

衰减贴图常用于模拟布料类材质和菲涅耳反射。

当模拟布料材质时，衰减贴图加载在"漫反射"通道中，使用"垂直/平行"模式。当模拟纱帘等半透明布料时，衰减贴图加载在"折射"通道中，使用"垂直/平行"模式。

当模拟菲涅耳反射时，衰减贴图加载在"反射"通道，使用"Fresnel"模式。如果加载在VRayMtl材质的"反射"通道，需要取消勾选"菲涅耳反射"选项，如图7-103所示。

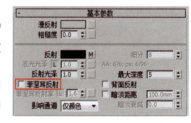

图7-103

课外练习：制作摆件的材质	

场景位置	场景文件 >CH07>14.max
实例位置	实例文件 >CH07> 课外练习 58.max
视频名称	课外练习 58.mp4
学习目标	掌握衰减贴图工具制作菲涅耳反射效果

⊟ 效果展示

本案例是用衰减贴图工具 Falloff 模拟摆件的菲涅尔反射效果，如图7-104所示。

⊟ 制作提示

材质效果如图7-105所示。

图7-104

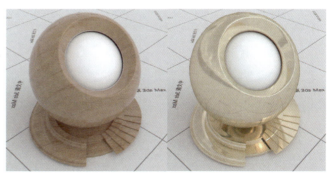

图7-105

第 7 章 材质和贴图技术

173

场景位置	场景文件 >CH07>15.max
实例位置	实例文件 >CH07> 实战 59 噪波贴图：制作水面的材质 .max
视频名称	实战 59 噪波贴图：制作水面的材质 .mp4
学习目标	掌握噪波贴图工具的使用方法

工具剖析

本案例使用噪波贴图工具 [Noise] 进行制作。

参数解释

噪波贴图工具 [Noise] 的参数面板如图7-106所示。

重要参数讲解

噪波类型： 共有"规则""分形""湍流"3种类型。

规则：生成普通噪波，如图7-107所示。

分形：使用分形算法生成噪波，如图7-108所示。

湍流：生成应用绝对值函数来制作故障线条的分形噪波，如图7-109所示。

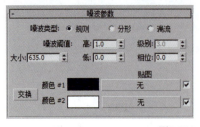
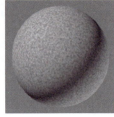

图7-106　　　　　　　图7-107　　　　　　　图7-108　　　　　　　图7-109

大小： 设置噪波函数的大小。

噪波阈值： 控制噪波的效果，取值范围为0~1。

级别： 决定有多少分形能量用于分形和湍流噪波函数。

相位： 控制噪波函数的动画速度。

交换 [交换]**：** 交换两个颜色或贴图的位置。

颜色#1/#2：可以从两个主要噪波颜色中进行选择，将通过所选的两种颜色来生成中间颜色值。

操作演示

工具： [Noise]　　　**位置：** 材质编辑器>贴图>标准　　　**演示视频：** 59-噪波贴图

实战介绍

本案例是用噪波贴图工具 [Noise] 模拟水面的材质。

效果介绍

图7-110所示是本案例的效果图。

运用环境

噪波贴图工具 [Noise] 主要用于"凹凸"通道，模拟水面的波纹或是材质表面的颗粒感。

图7-110

思路分析

在制作案例之前，需要对场景进行分析。

⊙ 制作简介

本案例需要使用噪波贴图工具 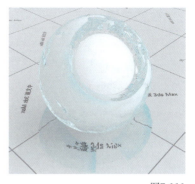 制作水面的材质。噪波贴图加载在水材质的"凹凸"通道中，用来模拟水面的波纹。

⊙ 图示导向

图7-111所示是材质的效果。

图7-111

步骤演示

01 打开本书学习资源中的"场景文件>CH07>15.max"文件，如图7-112所示。

02 按M键打开材质球编辑器，然后选择一个空白材质球，再设置"材质类型"为VRayMtl，具体参数设置如图7-113所示。

设置步骤

① 设置"漫反射"颜色为（红:197，绿:227，蓝:255）。

② 设置"反射"颜色为（红:45，绿:45，蓝:45）。

③ 设置"折射"颜色为（红:255，绿:255，蓝:255），"折射率"为1.33。

④ 设置"烟雾颜色"为（红:246，绿:255，蓝:255），"烟雾倍增"为0.3。

图7-112

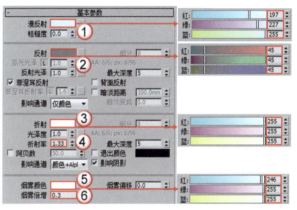

图7-113

03 展开"贴图"卷展栏，在"凹凸"通道中加载一张"噪波"贴图，设置"噪波类型"为湍流，"大小"为8，"凹凸"强度为10，如图7-114所示。

04 将材质赋予水模型，然后按F9键渲染当前场景，最终效果如图7-115所示。

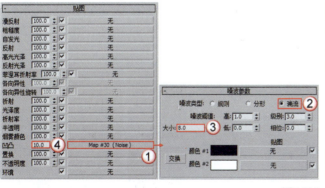

图7-114

图7-115

技巧与提示

噪波的大小，除了可以在"噪波参数"卷展栏中的"大小"一栏控制外，还可以用UVW贴图的大小来控制。

第 7 章 材质和贴图技术

175

经验总结

通过这个案例的学习，相信读者已经掌握了噪波贴图工具 Noise 的使用方法。

⊙ 技术总结

本案例是用噪波贴图工具 Noise 在"凹凸"通道中模拟水面的波纹。

⊙ 经验分享

调节噪波的大小方法有两种。

第1种： 用贴图中的"大小"参数进行调节。

第2种： 使用"UVW贴图"坐标进行调节。

课外练习：制作带波纹的水材质

场景位置	场景文件 >CH07>16.max
实例位置	实例文件 >CH07> 课外练习 59.max
视频名称	课外练习 59.mp4
学习目标	掌握噪波贴图工具的使用方法

效果展示

本案例是用噪波贴图工具 Noise 模拟水面的波纹效果，如图7-116所示。

制作提示

材质的效果如图7-117所示。

图7-116　　　　　　　　　　图7-117

实战 60
平铺贴图：制作木地板的材质

场景位置	场景文件 >CH07>17.max
实例位置	实例文件 >CH07> 实战 60 平铺贴图：制作木地板的材质 .max
视频名称	实战 60 平铺贴图：制作木地板的材质 .mp4
学习目标	掌握平铺贴图工具的使用方法

工具剖析

本案例使用平铺贴图工具 Tiles 进行制作。

⊙ 参数解释

平铺贴图工具 Tiles 的参数面板如图7-118所示。

重要参数讲解

预设类型： 可以在右侧的下拉列表中选择不同的砖墙图案，其中"自定义平铺"可以调用在"高级控制"中自制的图案。下图中列出了几种不同的砌合方式，如图7-119所示。

图7-118

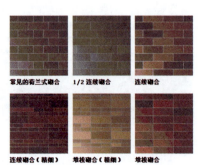

图7-119

纹理： 控制当前砖块贴图的显示。开启时，使用纹理替换色块中的颜色作为砖墙的图案；关闭时，则只显示砖墙颜色。

水平数： 控制一行上的平铺数。

垂直数： 控制一列上的平铺数。

颜色变化： 控制砖墙中的颜色变化程度。

淡出变化： 控制砖墙中的褪色变化程度。

纹理： 控制当前砖缝贴图的显示。开启时，使用纹理替换色块中的颜色作为砖缝的图案；关闭时，则只显示砖缝颜色。

水平间距： 控制砖块之间水平向上的灰泥大小。默认情况下与"垂直间距"锁定在一起。单击右侧的"锁"按钮可以解除锁定。

垂直间距： 控制砖块之间垂直方向上的灰泥大小。

粗糙度： 设置灰泥边缘的粗糙程度。

随机种子： 将颜色变化图案随机应用到砖墙上，不需要任何其他设置就可以产生完全不同的图案。

⊙ **操作演示**

工具： [Tiles]　　**位置：** 材质编辑器>贴图>标准　　**演示视频：** 60-平铺贴图

实战介绍

本案例是用平铺贴图工具 [Tiles] 模拟木地板的材质。

⊙ **效果介绍**

图7-120所示是本案例的效果图。

⊙ **运用环境**

平铺贴图工具 [Tiles] 主要用于模拟地板、地砖和墙砖类材质。这类材质都是通过一定规律形成的，平铺贴图可以模拟这种规律。

图7-120

思路分析

在制作案例之前，需要对场景进行分析。

⊙ **制作简介**

本案例需要使用平铺贴图工具 [Tiles] 制作木地板材质，使用平铺贴图的"预设类型"模拟木地板的拼接方式，再加载木地板的贴图。

⊙ **图示导向**

图7-121所示是材质的参数。

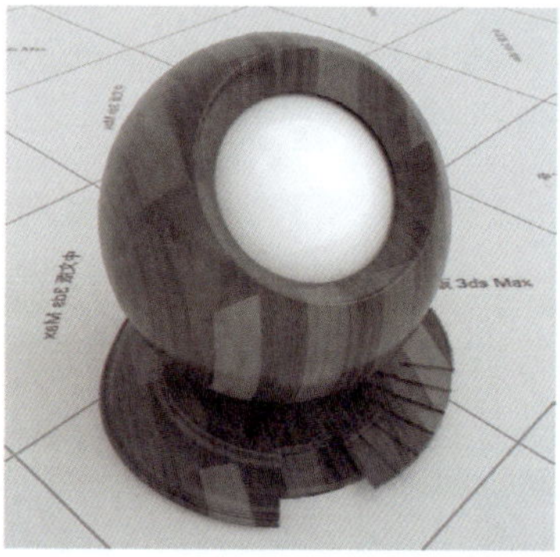

图7-121

步骤演示

01 打开本书学习资源中的"场景文件>CH07>17.max"文件，如图7-122所示。

02 按M键打开材质球编辑器，然后选择一个空白材质球，再设置"材质类型"为VRayMtl，具体参数设置如图7-123所示。

设置步骤

① 在"漫反射"通道加载一张"平铺"贴图，然后进入"平铺"贴图，在"标准控制"卷展栏中，设置"预设类型"为连续砌合。

② 展开"高级控制"卷展栏，在"平铺设置"的"纹理"通道中加载一张本书学习资源"实例文件>CH07>实战60 平铺贴图：制作木地板的材质>map>20170331161244_406.jpg"文件，设置"水平数"为10，"垂直数"为4，"颜色变化"为0.6，然后设置"砖缝设置"的"纹理"颜色为黑色（红:7，绿:7，蓝:7），"水平间距"和"垂直间距"都为0.02。

图7-122

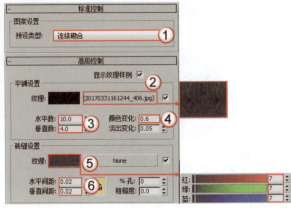
图7-123

03 将材质赋予地面模型，然后为其加载一个"UVW贴图"修改器，接着设置"贴图"类型为"平面"，"长度"为2836.93mm，"宽度"为1128mm，如图7-124所示。

04 按F9键渲染当前场景，效果如图7-125所示。

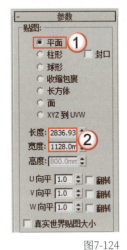
图7-124

图7-125

📖 经验总结

通过这个案例的学习，相信读者已经掌握了平铺贴图工具 `Tiles` 的使用方法。

⊙ 技术总结

本案例是用平铺贴图工具 `Tiles` 模拟木地板材质。

⊙ 经验分享

在制作本案例时，如果想为木地板添加凹凸纹理，可以将平铺贴图向下复制到"凹凸"通道中，然后清除加载在"平铺设置"的"纹理"通道中的贴图，并将"纹理"的颜色设置为白色，这样就可以得到木地板的凹凸纹理，如图7-126所示。

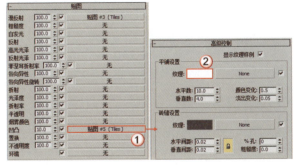
图7-126

中文版 3ds Max 2016 实战基础教程（全彩版）

课外练习：制作地砖的材质

场景位置	场景文件 >CH07>18.max
实例位置	实例文件 >CH07> 课外练习 60.max
视频名称	课外练习 60.mp4
学习目标	掌握平铺贴图工具的使用方法

效果展示

本案例是用平铺贴图工具模拟地砖的材质，如图7-127所示。

制作提示

材质效果如图7-128所示。

图7-127　　　　　　　　　　图7-128

实战 61
UVW贴图：调整贴图的坐标

场景位置	场景文件 >CH07>19.max
实例位置	实例文件 >CH07> 实战 61 UVW 贴图：调整贴图的坐标 .max
视频名称	实战 61 UVW 贴图：调整贴图的坐标 .mp4
学习目标	掌握 UVW 贴图修改器的使用方法

工具剖析

本案例使用"UVW贴图"修改器进行制作。

⊙ 参数解释

"UVW贴图"修改器的参数面板如图7-129所示。

重要参数讲解

贴图： 系统提供了"平面""柱形""球形""收缩包裹""长方体""面""XYZ到UVW"7种模式。

长度/宽度/高度： 设置贴图坐标的大小。

U向平/V向平/W向平： 设置贴图在长度、宽度和高度上的重复度。

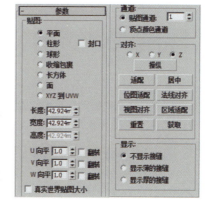

图7-129

翻转： 勾选该选项后，贴图会在相应方向上进行翻转。

贴图通道： 设置贴图的通道，与材质面板中的贴图通道相关联。只有设置了相同的贴图通道之后，坐标才能控制相对应的贴图。

X/Y/Z： 设置贴图的投影方向。

适配 适配 ：单击该按钮后，坐标会自动显示为模型的大小。

居中 居中 ：单击该按钮后，坐标会自动居中到模型的中心位置。

视图对齐 视图对齐 ：单击该按钮后，坐标会按照视图的位置进行对齐。

重置 重置 ：单击该按钮后，可以将坐标还原为初始状态，方便后续调整。

⊙ 操作演示

工具： UVW贴图修改器　　**位置：** 修改器列表　　**演示视频：** 61- UVW贴图修改器

实战介绍

本案例是用"UVW贴图"修改器调整贴图的坐标。

⊙ 效果介绍

图7-130所示是本案例的效果图。

图7-130

⊙ 运用环境

平铺贴图工具 Tiles 主要用于模拟地板、地砖和墙砖类材质。这类材质都是通过一定规律形成的，平铺贴图可以模拟这种规律。

思路分析

在制作案例之前，需要对场景进行分析。

⊙ 制作简介

本案例需要使用平铺贴图工具 Tiles 制作木地板材质，使用平铺贴图的"预设类型"模拟木地板的拼接方式，再加载木地板的贴图。

⊙ 图示导向

图7-131所示是材质的效果。

图7-131

步骤演示

01 打开本书学习资源中的"场景文件>CH07>19.max"文件，如图7-132所示。

02 按M键打开材质球编辑器，然后选择一个空白材质球，再设置"材质类型"为VRayMtl，具体参数设置如图7-133所示。

设置步骤

① 在"漫反射"通道加载一张学习资源中的"实例文件CH07>实战61 UVW贴图：调整贴图的坐标>map>hutaimu02_jyc.jpg"文件。

② 设置"反射"颜色为（红:185，绿:185，蓝:185），"高光光泽"为0.55，"反射光泽"为0.7，"细分"为12。

图7-132

03 将材质赋予茶几桌面，然后为其加载一个"UVW贴图"修改器，接着设置"贴图"类型为长方体，"长度"为700mm，"宽度"为510mm，"高度"为16.868mm，如图7-134所示。

04 按F9键渲染当前场景，效果如图7-135所示。

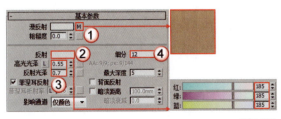

图7-133　　　　图7-134　　　　图7-135

经验总结

通过这个案例的学习，相信读者已经掌握了"UVW贴图"修改器的使用方法。

中文版 3ds Max 2016 实战基础教程（全彩版）

⊙ 技术总结

本案例是用"UVW贴图"修改器调整贴图的坐标。

⊙ 经验分享

"UVW贴图"修改器是常用的调整贴图坐标的修改器之一，在大多数情况下都使用该修改器调整贴图映射在模型上的位置。对于一些复杂的模型，"UVW贴图"修改器不能很好地反映贴图的正确位置，需要使用"UVW展开"修改器展开模型，再调整贴图位置。

课外练习：调整 UVW贴图坐标	场景位置	场景文件 >CH07>20.max
	实例位置	实例文件 >CH07> 课外练习 61.max
	视频名称	课外练习 61.mp4
	学习目标	掌握 UVW 贴图修改器的使用方法

效果展示

本案例是用"UVW贴图"修改器调整小熊模型的贴图位置，如图7-136所示。

制作提示

贴图坐标参数如图7-137所示。

图7-136　　　　　　　　　　　　图7-137

实战 62 陶瓷类材质：制作陶瓷洗手盆	场景位置	场景文件 >CH07>21.max
	实例位置	实例文件 >CH07> 实战 62 陶瓷类材质：制作陶瓷洗手盆 .max
	视频名称	实战 62 陶瓷类材质：制作陶瓷洗手盆 .mp4
	学习目标	掌握陶瓷类材质的制作方法

实战介绍

本案例制作陶瓷类材质。

⊙ 效果介绍

图7-138所示是本案例的效果图。

⊙ 运用环境

陶瓷类材质具有强反射和光滑的物理效果，常用于洁具、碗盘和瓷砖等模型。

图7-138

思路分析

在制作案例之前，需要对材质进行分析。

⊙ 制作简介

本案例需要使用"VRayMtl"工具制作陶瓷材质。

⊙ 图示导向

图7-139所示是材质的效果。

图7-139

步骤演示

01 打开本书学习资源中的"场景文件>CH07>21.max"文件，如图7-140所示。

02 按M键打开材质球编辑器，然后选择一个空白材质球，接着设置"材质类型"为VRayMtl，具体参数设置如图7-141所示。

设置步骤

① 设置"漫反射"颜色为（红:240，绿:240，蓝:240）。

② 设置"反射"颜色为（红:255，绿:255，蓝:255），"高光光泽"为0.9，"反射光泽"为0.95，"细分"为12。

03 将制作好的材质指定给场景中的模型，然后按F9键渲染当前场景，最终效果如图7-142所示。

图7-140

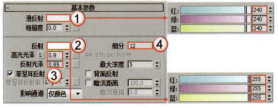
图7-141

图7-142

经验总结

通过这个案例的学习，相信读者已经掌握了陶瓷类材质的制作方法。

⊙ 技术总结

陶瓷类材质制作很简单，只需要设置"漫反射"为陶瓷的颜色，设置"反射"为白色，设置"高光光泽"为0.9~1或不开启，设置"反射光泽"为0.9~1即可。

⊙ 经验分享

常见的陶瓷都是高光陶瓷，即案例中的效果。还有一种亚光陶瓷，呈磨砂质感。这种陶瓷的反射要弱于高光陶瓷，制作时可以设置"高光光泽"为0.6~0.8，"反射光泽"为0.7~0.9，还可以在"凹凸"通道中加载"噪波"贴图模拟陶瓷表面的磨砂颗粒感。

课外练习：制作
陶瓷茶具

场景位置	场景文件 >CH07>22.max
实例位置	实例文件 >CH07> 课外练习 62.max
视频名称	课外练习 62.mp4
学习目标	掌握陶瓷类材质的制作方法

效果展示

本案例制作高光和亚光的陶瓷效果，如图7-143所示。

制作提示

材质的效果如图7-144所示。

图7-143

图7-144

中文版 3ds Max 2016 实战基础教程 （全彩版）

实战 63
金属类材质：制作金属烛台

场景位置	场景文件 >CH07>23.max
实例位置	实例文件 >CH07> 实战 63 金属类材质：制作金属烛台 .max
视频名称	实战 63 金属类材质：制作金属烛台 .mp4
学习目标	掌握金属类材质的制作方法

⊟ 实战介绍

本案例是用"VRayMtl"工具制作金属类材质。

⊙ 效果介绍

图7-145所示是本案例的效果图。

⊙ 运用环境

金属类材质应用广泛，大致可以分为不锈钢和有色金属两大类。日常生活中常见的餐具、锅具、装饰品和首饰等都属于金属类材质。

图7-145

⊟ 思路分析

在制作案例之前，需要对材质进行分析。

⊙ 制作简介

本案例用"VRayMtl"工具制作金属类的烛台和摆件。烛台呈现亚光效果，需要降低反射，减小"反射光泽"的数值。摆件是高光不锈钢，强反射且表面光滑。

⊙ 图示导向

图7-146所示是材质的效果。

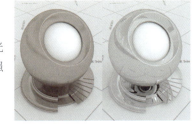

图7-146

⊟ 步骤演示

01 打开本书学习资源中的"场景文件>CH07>23.max"文件，如图7-147所示。

02 首先创建主烛台的金属材质。按M键打开材质球编辑器，然后选择一个空白材质球，接着设置"材质类型"为VRayMtl，具体参数设置如图7-148所示。

设置步骤

① 设置"漫反射"颜色为（红:10，绿:4，蓝:3）。

② 设置"反射"颜色为（红:124，绿:110，蓝:96），"高光光泽"为0.6，"反射光泽"为0.8，"菲涅耳折射率"为10，"细分"为16。

③ 在"双向反射分布函数"卷展栏中设置类型为微面GTR（GGX）。

图7-147

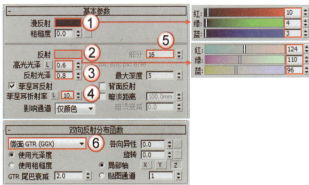

图7-148

183

03 下面创建摆件的不锈钢材质。按M键打开材质球编辑器，然后选择一个空白材质球，接着设置"材质类型"为VRayMtl，具体参数设置如图7-149所示。

设置步骤

① 设置"漫反射"颜色为（红:0，绿:0，蓝:0）。

② 设置"反射"颜色为（红:255，绿:255，蓝:255)，"高光光泽"为0.9，"反射光泽"为0.98，"菲涅耳折射率"为8，"细分"为20。

③ 在"双向反射分布函数"卷展栏中设置类型为微面GTR（GGX）。

04 将材质赋予相应的模型，然后按F9键进行渲染，效果如图7-150所示。

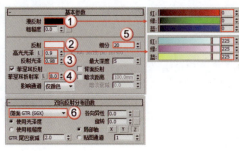

图7-149　　　　　　　　　　　　　　　图7-150

▱ 经验总结

通过这个案例的学习，相信读者已经掌握了金属类材质的制作方法。

⊙ 技术总结

金属类材质具有强反射，还需要调节"菲涅耳折射率"的数值。高光金属的"高光光泽"为0.9~1，"反射光泽"为0.9~1。亚光金属的"高光光泽"为0.6~0.9，"反射光泽"为0.6~0.85。

⊙ 经验分享

金属类材质还有两种制作方法。

第1种： 增大反射，并取消勾选"菲涅耳反射"选项，这种方法制作的金属质感较为粗糙。

第2种： 在"反射"通道加载"衰减"贴图，翻转"前"和"侧"通道的颜色，并设置"衰减类型"为Frensel，这种方法制作的金属质感比较逼真，如图7-151所示。使用这种方法需要取消勾选"菲涅耳反射"选项。

图7-151

课外练习： 制作磨砂不锈钢的材质

场景位置	场景文件 >CH07>24.max
实例位置	实例文件 >CH07> 课外练习 63.max
视频名称	课外练习 63.mp4
学习目标	掌握金属类材质的制作方法

▱ 效果展示

本案例是制作磨砂的不锈钢材质，如图7-152所示。

▱ 制作提示

材质效果如图7-153所示。

图7-152　　　　　　　　　　　　　　图7-153

中文版 3ds Max 2016 实战基础教程（全彩版）

实战 64

液体类材质：制作红酒材质

场景位置	场景文件 >CH07>25.max
实例位置	实例文件 >CH07> 实战 64 液体类材质：制作红酒材质 .max
视频名称	实战 64 液体类材质：制作红酒材质 .mp4
学习目标	掌握液体类材质的制作方法

⊟ 实战介绍

本案例是用"VRayMtl"工具制作液体类材质。

⊙ 效果介绍

图7-154所示是本案例的效果图。

图7-154

⊙ 运用环境

液体类的材质大致可以分为有色和无色两大类。牛奶、咖啡、红酒和可乐等都属于有色液体，需要设置"烟雾颜色"的数值表现液体的颜色。纯水是典型的无色液体，不需要设置"烟雾颜色"。

⊟ 思路分析

在制作案例之前，需要对材质进行分析。

⊙ 制作简介

本案例用"VRayMtl"工具制作液体类的牛奶材质。牛奶材质透明度低，呈黄白色，反射较强且表面光滑。

⊙ 图示导向

图7-155所示是材质的效果。

图7-155

⊟ 步骤演示

01 打开本书学习资源中的"场景文件>CH07>25.max"文件，如图7-156所示。

02 按M键打开材质球编辑器，然后选择一个空白材质球，接着设置"材质类型"为VRayMtl，具体参数设置如图7-157所示。

设置步骤

① 设置"漫反射"颜色为（红:42，绿:0，蓝:0）。

② 设置"反射"颜色为（红:92，绿:92，蓝:92），"高光光泽"为0.9，"细分"为12。

③ 设置"折射"颜色为（红:114，绿:114，蓝:114），"折射率"为1.34，"细分"为12。

④ 设置"烟雾颜色"为（红:75，绿:0，蓝:0），"烟雾倍增"为0.1。

03 将材质赋予模型，然后按F9键进行渲染，效果如图7-158所示。

图7-156

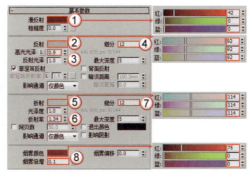
图7-157

图7-158

经验总结

通过这个案例的学习，相信读者已经掌握了液体类材质的设置方法。

⊙ 技术总结

液体类材质反射很强，表面光滑。对于有色液体会用"烟雾颜色"加深液体的颜色。

⊙ 经验分享

下面列举一些日常制作中常用液体的折射率。

纯水的折射率为1.33。

咖啡、红酒和可乐这种混合型液体，折射率一般为1.34。

冰块的折射率一般设置为1.309。

气泡的折射率为0.8。

课外练习：制作牛奶的材质		
场景位置	场景文件 >CH07>26.max
实例位置	实例文件 >CH07> 课外练习 64.max
视频名称	课外练习 64.mp4
学习目标	掌握液体类材质的制作方法

效果展示

本案例是制作牛奶材质，效果如图7-159所示。

制作提示

材质效果如图7-160所示。

图7-159　　　　　　　　图7-160

实战 65 布纹类材质：制作布纹窗帘		
场景位置	场景文件 >CH07>27.max
实例位置	实例文件 >CH07> 实战 65 布纹类材质：制作布纹窗帘 .max
视频名称	实战 65 布纹类材质：制作布纹窗帘 .mp4
学习目标	掌握布纹类材质的制作方法

实战介绍

本案例是用"VRayMtl"工具制作布纹类材质。

⊙ 效果介绍

图7-161所示是本案例的效果图。

⊙ 运用环境

布纹类材质按照质感大致分为普通布料、绒布和丝绸等。普通布料制作最为简单，一般只需添加布料贴图即可，绒布需要用"衰减"贴图进行模拟，丝绸相对光滑，且反射较强。

图7-161

中文版 3ds Max 2016 实战基础教程（全彩版）

图7-162

思路分析

在制作案例之前，需要对材质进行分析。

⊙ 制作简介

本案例用"VRayMtl"工具制作布纹窗帘。布纹窗帘有两种布料效果，一种是不透光的布料，带有绒布效果，另一种是透光的纱帘。

⊙ 图示导向

图7-162所示是材质的效果。

步骤演示

`01` 打开本书学习资源中的"场景文件>CH07>27.max"文件，如图7-163所示。

`02` 首先制作布纹窗帘的材质。按M键打开材质球编辑器，然后选择一个空白材质球，接着设置"材质类型"为VRayMtl，具体参数设置如图7-164所示。

设置步骤

① 在"漫反射"通道加载"衰减"贴图，然后在"前"通道和"侧"通道中加载学习资源中的"实例文件>CH07>实战65布纹类材质：制作布纹窗帘>textures> len 1.jpg"文件，设置"侧"通道量为90，"衰减类型"为垂直/平行。

② 在"凹凸"通道中加载"实例文件>CH07>实战65 布纹类材质：制作布纹窗帘>textures> len 1.jpg"文件，并设置通道量为30。

图7-163

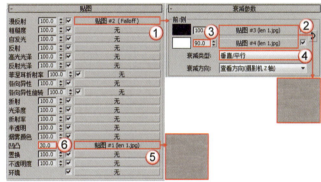

图7-164

`03` 下面制作纱帘的材质。按M键打开材质球编辑器，然后选择一个空白材质球，接着设置"材质类型"为VRayMtl，具体参数设置如图7-165所示。

设置步骤

① 设置"漫反射"卷颜色为（红:255，绿:255，蓝:255）。

② 在"折射"通道中加载"衰减"贴图，设置"前"通道颜色为（红:206，绿:206，蓝:206），"侧"通道颜色为（红:42，绿:42，蓝:42），"衰减"类型为垂直/平行，"折射率"为1.1。

`04` 将材质赋予相应的模型，并按F9键渲染，效果如图7-166所示。

技巧与提示

设置"光泽度"为0.8~0.9，可以让纱帘的质感更加逼真，但渲染速度会相应减慢。

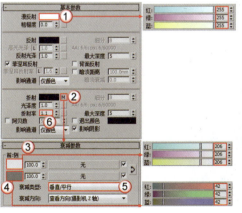

图7-165

图7-166

经验总结

通过这个案例的学习，相信读者已经掌握了布纹类材质的制作方法。

☉ 技术总结

布纹类的材质大部分反射都不是很强，有些反射微弱的面料可以不设置反射参数。

☉ 经验分享

布纹类的材质看似简单，但要模拟出逼真的效果还需要很多功能的辅助。例如，布纹的凹凸纹理就可以分为布料本身的纹理和褶皱纹理，要将两种纹理在同一个材质上进行表现，就需要使用相对复杂的"混合"贴图，如图7-167所示。

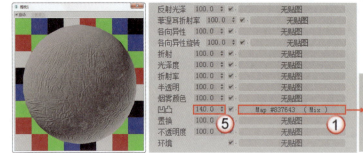

图7-167

课外练习：制作 丝绸的材质	场景位置	场景文件 >CH07>28.max
	实例位置	实例文件 >CH07> 课外练习 65.max
	视频名称	课外练习 65.mp4
	学习目标	掌握布纹类材质的制作方法

效果展示

本案例是制作丝绸材质，效果如图7-168所示。

制作提示

材质效果如图7-169所示。

图7-168　　　　　　　　　　　　　　　　　　　图7-169

中文版 3ds Max 2016 实战基础教程（全彩版）

实战 66
透明类材质：制作玻璃花瓶

场景位置	场景文件 >CH07>29.max
实例位置	实例文件 >CH07> 实战 66 透明类材质：制作玻璃花瓶 .max
视频名称	实战 66 透明类材质：制作玻璃花瓶 .mp4
学习目标	掌握透明类材质的制作方法

⊟ 实战介绍

本案例是用"VRayMtl"工具制作透明类材质。

⊙ 效果介绍

图7-170所示是本案例的效果图。

⊙ 运用环境

透明类材质最常见的有玻璃、钻石和水晶等，这些材质都可以分为无色和有色两种。和液体类材质一样，有色的透明类材质是通过"烟雾颜色"这个参数表现材质的颜色。

图7-170

⊟ 思路分析

在制作案例之前，需要对材质进行分析。

⊙ 制作简介

本案例用"VRayMtl"工具制作透明类的玻璃材质。

⊙ 图示导向

图7-171所示是材质的效果。

图7-171

⊟ 步骤演示

01 打开本书学习资源中的"场景文件>CH07>29.max"文件，如图7-172所示。

02 按M键打开材质球编辑器，然后选择一个空白材质球，接着设置"材质类型"为VRayMtl，具体参数设置如图7-173所示。

设置步骤

① 设置"漫反射"颜色为（红:0，绿:0，蓝:0）。

② 设置"反射"颜色为（红:250，绿:250，蓝:250），"高光光泽"为0.9，"细分"为16，"最大深度"为10。

③ 设置"折射"颜色为（红:255，绿:255，蓝:255），"折射率"为1.517，"细分"为16，"最大深度"为10。

03 将材质赋予相应的模型，并按F9键渲染，效果如图7-174所示。

图7-172

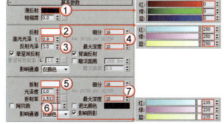

图7-173

图7-174

技巧与提示

磨砂玻璃需要设置"光泽度"的数值，数值越小，磨砂程度越高。

经验总结

通过这个案例的学习，相信读者已经掌握了透明类材质的制作方法。

⊙ 技术总结

透明类的材质反射强，透明度高，大部分表面光滑。

⊙ 经验分享

花纹玻璃一般使用"VRay混合材质"工具进行制作，通过黑白花纹贴图，将玻璃的多种材质进行混合，如图7-175所示。

镜面材质是一种特殊的玻璃材质，只有反射没有透明度，设置如图7-176所示。

图7-175

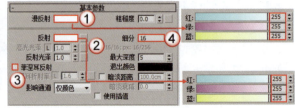

图7-176

<table>
<tr><td>课外练习：制作钻石的材质</td><td>场景位置</td><td>场景文件 >CH07>30.max</td></tr>
<tr><td></td><td>实例位置</td><td>实例文件 >CH07> 课外练习 66.max</td></tr>
<tr><td></td><td>视频名称</td><td>课外练习 66.mp4</td></tr>
<tr><td></td><td>学习目标</td><td>掌握透明类材质的制作方法</td></tr>
</table>

效果展示

本案例是制作钻石材质，效果如图7-177所示。

制作提示

材质效果如图7-178所示。

图7-177

图7-178

<table>
<tr><td>实战 67
木质类材质：制作木地板</td><td>场景位置</td><td>场景文件 >CH07>31.max</td></tr>
<tr><td></td><td>实例位置</td><td>实例文件 >CH07> 实战 67 木质类材质：制作木地板 .max</td></tr>
<tr><td></td><td>视频名称</td><td>实战 67 木质类材质：制作木地板 .mp4</td></tr>
<tr><td></td><td>学习目标</td><td>掌握木质类材质的制作方法</td></tr>
</table>

实战介绍

本案例是用"VRayMtl"工具制作木质类材质。

⊙ 效果介绍

图7-179所示是本案例的效果图。

⊙ 运用环境

木质类材质大致可以分为高光木纹和亚光木纹两大类。高光木纹的反射强，表面光滑；亚光木纹的反射较弱，表面粗糙。

图7-179

思路分析

在制作案例之前，需要对材质进行分析。

⊙ 制作简介

本案例用"VRayMtl"工具制作木质类的木地板材质。

⊙ 图示导向

图7-180所示是材质的效果。

图7-180

步骤演示

01 打开本书学习资源中的"场景文件>CH07>31.max"文件，如图7-181所示。

02 按M键打开材质球编辑器，然后选择一个空白材质球，接着设置"材质类型"为VRayMtl，具体参数设置如图7-182所示。

设置步骤

① 在"漫反射"通道中加载学习资源中的"实例文件>CH07>实战67 木质类材质：制作木地板>map> 1_Diffuse.jpg"文件。

② 设置"反射光泽"为0.88，"细分"为16。

③ 在"反射"和"反射光泽"通道中加载学习资源中的"实例文件>CH07>实战67 木质类材质：制作木地板>map>1_Reflect.jpg"文件，然后设置"反射光泽"通道量为45，在"凹凸"通道中加载学习资源中的"实例文件>CH07>实战67 木质类材质：制作木地板>map> 1_Bump.jpg"文件，然后设置通道量为2。

03 将材质赋予相应的模型，并按F9键渲染，效果如图7-183所示。

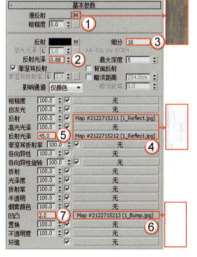

图7-181　　　　　　　　　　　图7-182　　　　　　　　　　　图7-183

> **技巧与提示**
>
> "反射光泽"的通道量是用于设置"反射光泽"的数值和通道中贴图的混合量。当通道量为默认的100时，表示全部显示为贴图信息；当通道量为0时，表示全部显示为数值信息。

经验总结

通过这个案例的学习，相信读者已经掌握了木质类材质的制作方法。

⊙ 技术总结

木地板材质反射强，表面较为光滑。

利用带有黑白信息的贴图模拟材质的反射和反射光泽时，材质会根据贴图的黑白信息形成较为复杂的反射效果。利用贴图控制反射和反射光泽，可以轻而易举地制作出复杂的材质效果。

黑白贴图加载在"反射"通道时，纯黑色的反射最小，纯白色的反射最大。

黑白贴图加载在"反射光泽"通道时，纯黑色的光泽度最小，纯白色的光泽度最大。

▶ 课外练习：制作木纹的材质

场景位置	场景文件 >CH07>32.max
实例位置	实例文件 >CH07> 课外练习 67.max
视频名称	课外练习 67.mp4
学习目标	掌握木质类材质的制作方法

🔲 效果展示

本案例是制作书柜的木纹材质，效果如图7-184所示。

🔲 制作提示

材质效果如图7-185所示。

图7-184　　　　　　　图7-185

实战 68 塑料类材质：制作塑料椅

场景位置	场景文件 >CH07>33.max
实例位置	实例文件 >CH07> 实战 68 塑料类材质：制作塑料椅 .max
视频名称	实战 68 塑料类材质：制作塑料椅 .mp4
学习目标	掌握塑料类材质的制作方法

🔲 实战介绍

本案例是用"VRayMtl"工具制作透明类材质。

⊙ 效果介绍

图7-186所示是本案例的效果图。

⊙ 运用环境

塑料类材质在生活中是常见的材质之一，大体可以分为不透明和半透明两类。

图7-186

☐ 思路分析

在制作案例之前，需要对材质进行分析。

⊙ 制作简介

本案例用"VRayMtl"工具制作塑料类的椅子。

⊙ 图示导向

图7-187所示是材质的效果。

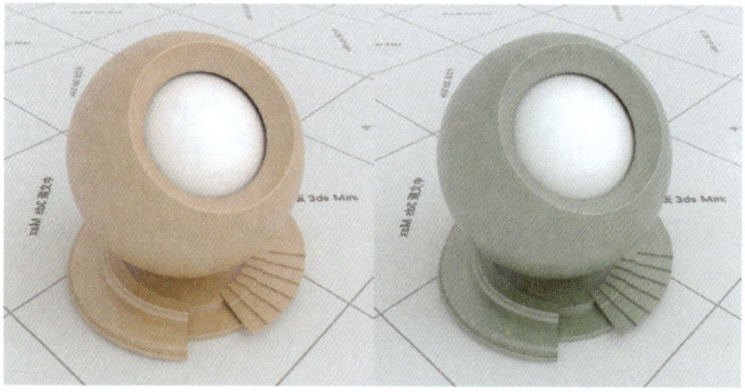

图7-187

☐ 步骤演示

01 打开本书学习资源中的"场景文件>CH07>33.max"文件，如图7-188所示。

02 按M键打开材质球编辑器，然后选择一个空白材质球，接着设置"材质类型"为VRayMtl，具体参数设置如图7-189所示。

设置步骤

① 设置"漫反射"颜色为（红:27，绿:45，蓝:17）。

② 设置"反射"颜色为（红:255，绿:255，蓝:255），"高光光泽"为0.8，"反射光泽"为0.7，"细分"为16。

03 将材质赋予相应的模型，并按F9键渲染，效果如图7-190所示。

图7-188

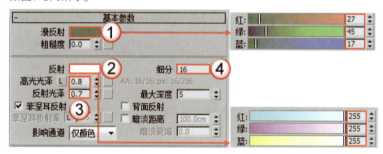

图7-189

图7-190

> **技巧与提示**
>
> 黄色塑料椅的材质制作方法与绿色塑料椅相同，只是在"漫反射"设置上有所区别。

☐ 经验总结

通过这个案例的学习，相信读者已经掌握了塑料类材质的制作方法。

⊙ 技术总结

塑料类的材质反射强，高光范围大，表面不是很光滑。

⊙ 经验分享

制作塑料类材质时，要与陶瓷类材质进行区别。虽然两类材质的反射都很强，但塑料类材质的高光范围要比陶瓷类材质的大，表面不如陶瓷类材质光滑。

塑料类材质的"高光光泽"设置范围在0.6~0.8，"反射光泽"设置范围在0.6~0.9。

课外练习：制作半透明塑料的材质

场景位置	场景文件 >CH07>34.max
实例位置	实例文件 >CH07> 课外练习 68.max
视频名称	课外练习 68.mp4
学习目标	掌握塑料类材质的制作方法

效果展示

本案例是制作半透明塑料材质，效果如图7-191所示。

制作提示

材质效果如图7-192所示。

图7-191

图7-192

中文版 3ds Max 2016 实战基础教程（全彩版）

第 8 章
环境和效果技术

本章将介绍 3ds Max 2016 的环境和效果技术，包括如何添加背景贴图、常见的大气和效果的表现方法。

本章技术重点

» 掌握添加背景贴图的方法
» 熟悉常用的大气工具
» 熟悉常用的效果工具

背景：添加场景背景

场景位置	场景文件 >CH08>01.max
实例位置	实例文件 >CH08> 实战 69 背景：添加场景背景 .max
视频名称	实战 69 背景：添加场景背景 .mp4
学习目标	掌握添加背景贴图的方法

工具剖析

本案例主要使用"环境"工具进行制作。

参数解释

"环境"面板如图8-1所示。

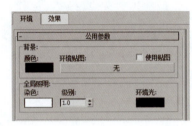

图8-1

重要参数讲解

颜色： 设置场景背景的颜色。

环境贴图： 在通道中添加外部贴图或VRayHDRI贴图作为场景的背景。

使用贴图： 勾选该选项后，启用加载的贴图作为背景；不勾选时，使用"颜色"作为背景。

操作演示

工具： 环境贴图　　**位置：** 环境和效果>环境>公用参数　　**演示视频：** 69-环境贴图

实战介绍

本案例是在"环境贴图"通道中加载一张贴图文件作为外景贴图。

效果介绍

图8-2所示是本案例的效果图。

运用环境

环境贴图可以作为室内空间的外景，也可以作为场景整体的背景。

思路分析

在制作外景之前，需要对场景进行分析。

制作简介

本案例是一个日景场景，需要添加一张日景的外景贴图。

图示导向

图8-3所示是添加的外景贴图。

图8-3

步骤演示

01 打开"场景文件>CH08>01.max"文件，如图8-4所示。

02 按F9键渲染当前场景，效果如图8-5所示。可以观察到窗外没有背景图，背景呈蓝色。

图8-4

图8-5

03 按下大键盘上的8键，打开"环境和效果"面板，然后在"环境贴图"选项组下单击"无"按钮 ▆无▆ ，接着在弹出的"材质/贴图浏览器"对话框中选择"位图"选项，最后在弹出的"选择位图图像文件"对话框中选择

"实例文件>CH08>实战69 添加场景背景>map>背景.jpg文件"，如图8-6所示。

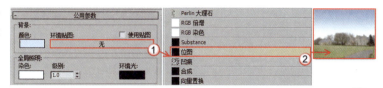

图8-6

技巧与提示

在默认情况下，背景颜色都是黑色，也就是说渲染出来的背景颜色是黑色。本案例中为了演示场景效果设置为蓝色，因此窗外外景为蓝色。

04 按C键切换到摄影机视图，然后按F9键渲染当前场景，效果如图8-7所示。观察发现窗外背景图没有呈现贴图的全部效果，且有拉伸的现象，需要调整。

05 按M键打开材质编辑器，然后将"环境和效果"面板中加载的贴图拖曳到一个空白材质球上，接着在弹出的对话框中选择"实例"选项，如图8-8所示。

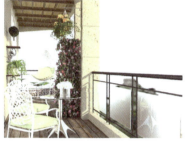

图8-7

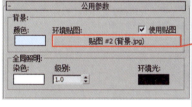

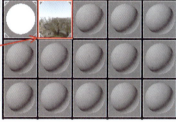

图8-8

06 选中材质球，然后设置"贴图"类型为屏幕，如图8-9所示。

07 按F9键渲染当前场景，效果如图8-10所示。可以观察到窗外背景贴图效果合适，但亮度较暗，需要增加亮度。

08 展开下方的"输出"卷展栏，然后勾选"启用颜色贴图"选项，接着设置输出量为5，如图8-11所示。

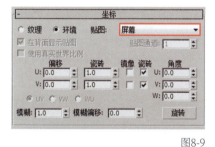

图8-9

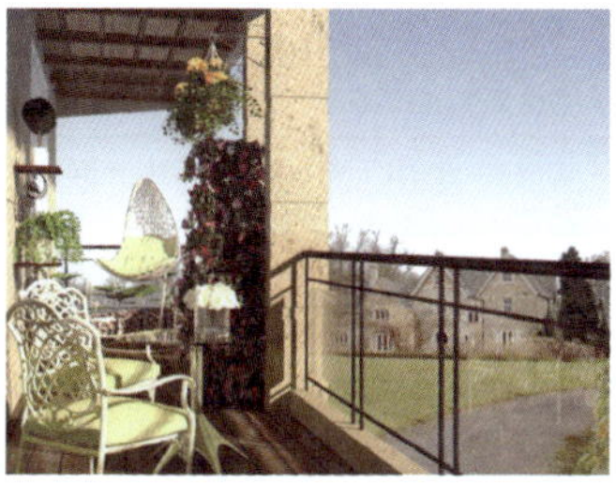

图8-10

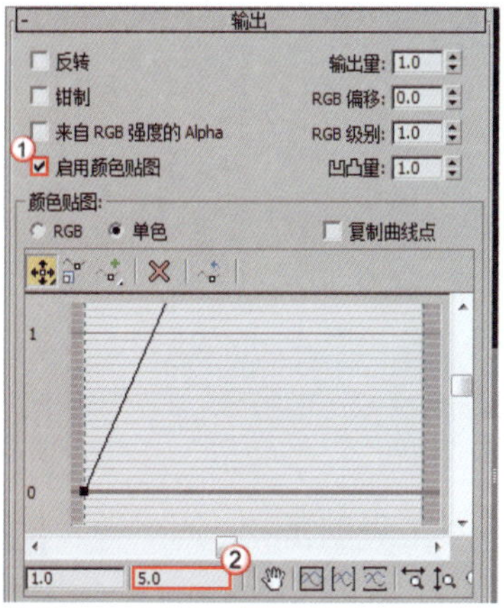

图8-11

技巧与提示

除了上面讲到的方法，还有两种方法可以使用。

第1种：将背景图材质设置为VRay灯光材质。这样可以直接控制贴图的亮度，但该材质在视口中则不能直接显示贴图效果，不方便控制。

第2种：在Photoshop中修改贴图的亮度。这种方法可以一步到位，只是需要多启动一个软件。如果不会使用Photoshop，该方法则无法使用。

09 按F9键渲染当前场景，效果如图8-12所示。

图8-12

经验总结

通过这个案例的学习，相信读者已经掌握了背景贴图的方法。

技术总结

本案例是在"环境贴图"通道中加载一张日景贴图，从而为场景添加外景。

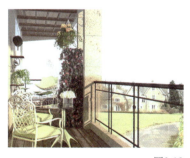

为场景添加外景贴图的时候需要注意以下两点。

第1点： 所添加的外景贴图一定要符合场景视角。如果背景图的地平线明显低于房间的地平线、背景图的透视角度与房间的透视角度有明显差异的话，就需要在场景中调整好背景图的位置。

第2点： 背景图的亮度不符合逻辑。在现实生活中，白天户外亮度会明显高于室内，夜晚户外亮度会低于室内。在调整背景图的亮度时，白天的贴图要处理为曝光过度的效果，夜晚的贴图要处理为曝光不足的效果，如图8-13和图8-14所示。

图8-13　　　　　　　　　　　图8-14

课外练习： 添加夜景背景

场景位置	场景文件 >CH08>02.max
实例位置	实例文件 >CH08> 课外练习 69.max
视频名称	课外练习 69.mp4
学习目标	掌握添加场景背景的方法

▭ 效果展示

本案例用夜景贴图作为场景的外景，案例效果如图8-15所示。

▭ 制作提示

添加的外景贴图，如图8-16所示。

图8-15　　　　　　　　　　　图8-16

实战 70
火效果：制作燃烧的蜡烛

场景位置	场景文件 >CH08>03.max
实例位置	实例文件 >CH08> 实战 70 火效果：制作燃烧的蜡烛 .max
视频名称	实战 70 火效果：制作燃烧的蜡烛 .mp4
学习目标	熟悉火效果工具的使用方法

▭ 工具剖析

本案例使用"火效果"工具进行制作。

⊙ 参数解释

"火效果参数"面板如图8-17所示。

重要参数讲解

拾取Gizmo 拾取 Gizmo：单击该按钮可以拾取场景中要产生火效果的Gizmo对象。

移除Gizmo 移除 Gizmo：单击该按钮可以移除列表中所选的Gizmo。移除Gizmo后，Gizmo仍在场景中，但是不再产生火效果。

内部颜色： 设置火焰中最密集部分的颜色。

外部颜色： 设置火焰中最稀薄部分的颜色。

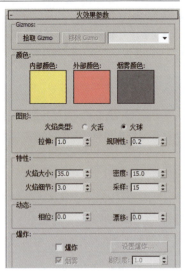

图8-17

烟雾颜色：当勾选"爆炸"选项时，该选项才可用，主要用来设置爆炸的烟雾颜色。

火焰类型：共有"火舌"和"火球"两种类型。"火舌"是沿着中心使用纹理创建带方向的火焰，这种火焰类似于篝火，其方向沿着火焰装置的局部z轴。"火球"是创建圆形的爆炸火焰。

拉伸：将火焰沿着装置的z轴进行缩放，该选项最适合创建"火舌"火焰。

规则性：修改火焰填充装置的方式，范围为0~1。

火焰大小：设置装置中各个火焰的大小。装置越大，需要的火焰也越大，使用15~30范围内的值可以获得最佳的火效果。

火焰细节：控制每个火焰中显示的颜色更改量和边缘的尖锐度，范围为0~10。

密度：设置火焰效果的不透明度和亮度。

采样：设置火焰效果的采样率。值越高，生成的火焰效果越细腻，但是会增加渲染时间。

相位：控制火焰效果的速率。

漂移：设置火焰沿着火焰装置的z轴的渲染方式。

爆炸：勾选该选项后，火焰将产生爆炸效果。

设置爆炸 设置爆炸... ：单击该按钮可以打开"设置爆炸相位曲线"对话框，在该对话框中可以调整爆炸的"开始时间"和"结束时间"。

烟雾：控制爆炸是否产生烟雾。

剧烈度：改变"相位"参数的涡流效果。

⊙ **操作演示**

工具：火效果　　**位置**：环境和效果>环境>大气　　**演示视频**：70-火效果

实战介绍

本案例是用"火效果"工具模拟燃烧的蜡烛。

⊙ 效果介绍

图8-18所示是本案例的效果图。

⊙ 运用环境

"火效果"工具是通过"辅助对象"中的"大气装置"来模拟火焰燃烧的效果。蜡烛、篝火和壁炉的柴火都可以用"火效果"工具进行模拟。

图8-18

思路分析

在制作案例之前，需要对场景进行分析。

⊙ 制作简介

本案例需要用"火效果"工具进行制作。

⊙ 图示导向

图8-19所示是"火效果参数"面板。

步骤演示

01 打开本书学习资源"场景文件>CH08>03.max"文件，这是一个蜡烛烛台，如图8-20所示。

02 按F9键渲染当前效果，如图8-21所示。

03 在"创建"面板中单击"辅助对象"按钮 ，然后设置辅助对象类型为大气装置，接着单击"球体Gizmo"按钮 球体 Gizmo ，如图8-22所示。

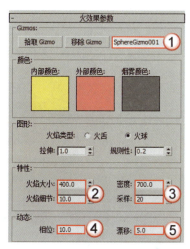

图8-19

图8-20　　　　　　　　　　　　　　　图8-21　　　　　　　　　　　　　　　图8-22

04 在顶视图中创建一个球体Gizmo（放在蜡烛的火焰上），然后在"球体Gizmo参数"卷展栏下设置"半径"为4mm，接着勾选"半球"选项，如图8-23和图8-24所示。

05 使用"选择并均匀缩放"工具■，然后在左视图中将球体Gizmo缩放成图8-25所示的形状，并复制两份。

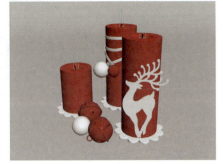

图8-23　　　　　　　　　　　　　　　图8-24　　　　　　　　　　　　　　　图8-25

06 按大键盘上的8键，打开"环境和效果"对话框，在"大气"卷展栏下单击"添加"按钮 ，然后在弹出的"添加大气效果"对话框选择"火效果"选项，如图8-26所示。

图8-26

07 在"效果"列表框中选择"火效果"选项，然后在"火效果参数"卷展栏下单击"拾取Gizmo"按钮 ，接着在视图中拾取球体Gizmo，再设置"火焰大小"为400，"火焰细节"为10，"密度"为700，"采样"为20，"相位"为10，"漂移"为5，具体参数设置如图8-27所示。

08 按F9键渲染当前场景，最终效果如图8-28所示。

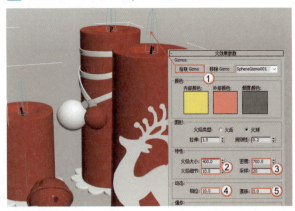

图8-27　　　　　　　　　　　　　　　　　　　　　图8-28

经验总结

通过这个案例的学习，相信读者已经熟悉了"火效果"工具的使用方法。

⊙ 技术总结

"火效果"工具需要配合"大气装置"工具才能显示效果。

⊙ 经验分享

"火效果"工具可以制作出火焰、烟雾和爆炸等效果，因其不产生任何照明效果，若要模拟产生的灯光效果，可以使用灯光来实现。在实际制作中，因参数复杂、效果一般且渲染时间长，"火效果"工具使用的频率不是很高，读者只需了解其参数的意义即可。

课外练习：制作壁炉的篝火	场景位置	场景文件 >CH08>04.max
	实例位置	实例文件 >CH08> 课外练习 70.max
	视频名称	课外练习 70.mp4
	学习目标	熟悉火效果工具的使用方法

效果展示

本案例是用"火效果"工具模拟壁炉的篝火，案例效果如图8-29所示。

制作提示

"火效果参数"设置如图8-30所示。

图8-29

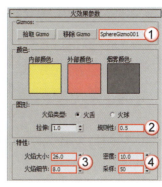

图8-30

实战 71 体积雾：制作水蒸气	场景位置	场景文件 >CH08>05.max
	实例位置	实例文件 >CH08> 实战 71 体积雾：制作水蒸气 .max
	视频名称	实战 71 体积雾：制作水蒸气 .mp4
	学习目标	熟悉体积雾工具的使用方法

工具剖析

本案例使用"体积雾"工具进行制作。

⊙ 参数解释

"体积雾参数"面板，如图8-31所示。

重要参数讲解

拾取Gizmo 拾取 Gizmo ：单击该按钮可以拾取场景中要产生体积雾效果的Gizmo对象。

移除Gizmo 移除 Gizmo ：单击该按钮可以移除列表中所选的Gizmo。移除Gizmo后，Gizmo仍在场景中，但是不再产生体积雾效果。

柔化Gizmo边缘： 羽化体积雾效果的边缘。值越大，边缘越柔滑。

颜色： 设置雾的颜色。

指数： 随距离按指数增大密度。

图8-31

密度： 控制雾的密度，范围为0~20。

步长大小： 确定雾采样的粒度，即雾的"细度"。

最大步数： 限制采样量，以便雾的计算不会永远执行。该选项适合于雾密度较小的场景。

雾化背景： 将体积雾应用于场景的背景。

类型： 有"规则""分形""湍流""反转"4种类型可供选择。

噪波阈值： 限制噪波效果，范围为0~1。

级别： 设置噪波迭代应用的次数，范围为1~6。

大小： 设置烟卷或雾卷的大小。

相位： 控制风的种子。如果"风力强度"大于0，雾体积会根据风向来产生动画。

风力强度： 控制烟雾远离风向（相对于相位）的速度。

风力来源： 定义风来自于哪个方向。

⊙ **操作演示**

工具： 体积雾　　　**位置：** 环境和效果>环境>大气　　　**演示视频：** 71-体积雾

实战介绍

本案例是用"体积雾"工具进行制作。

⊙ **效果介绍**

图8-32所示是本案例的效果图。

⊙ **运用环境**

"体积雾"工具可以模拟水汽等带有边界的雾效果，也可以模拟灰尘。

图8-32

思路分析

在制作案例之前，需要对场景进行分析。

⊙ **制作简介**

工具本案例需要用"体积雾"工具模拟杯子蒸腾的水蒸气。

⊙ **图示导向**

图8-33所示是"体积雾参数"面板。

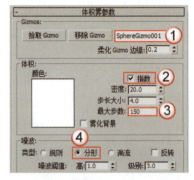

图8-33

步骤演示

01 打开"场景文件>CH08>05.max"文件，如图8-34所示，这是一个茶杯模型。

02 按F9键测试渲染当前场景，效果如图8-35所示。

图8-34

图8-35

03 在"创建"面板 单击"辅助对象"按钮 ，然后设置辅助对象类型为大气装置，单击"球体Gizmo"按钮 球体 Gizmo ，在顶视图中创建一个球体Gizmo，接着在"球体Gizmo参数"卷展栏下设置"半径"为37mm，最后勾选"半球"选项，如图8-36所示，效果如图8-37所示。

中文版 3ds Max 2016 实战基础教程（全彩版）

04 按大键盘上的8键，打开"环境和效果"对话框，然后展开"大气"卷展栏，接着单击"添加"按钮 <u>添加...</u> ，最后在弹出的"添加大气效果"对话框中选择"体积雾"选项，如图8-38所示。

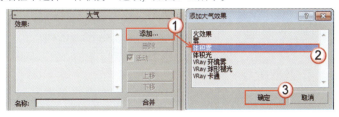

图8-36   图8-37   图8-38

05 在"效果"列表中选择"体积雾"选项，然后在"体积雾参数"卷展栏下单击"拾取Gizmo"按钮 <u>拾取 Gizmo</u> ，接着在视图中拾取球体Gizmo，再勾选"指数"选项，最后设置"最大步数"为150，设置"噪波"类型为分形，具体参数设置如图8-39所示。

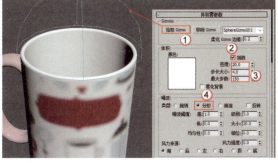

06 按F9键渲染当前场景，最终效果如图8-40所示。

图8-39   图8-40

经验总结

通过这个案例的学习，相信读者已经熟悉了"体积雾"工具的使用方法。

⊙ 技术总结

"体积雾"工具需要配合"大气装置"工具才能表现其效果。

⊙ 经验分享

"体积雾"工具可以允许在一个限定的范围内设置和编辑雾效果，这种雾效果是有体积的，多用来模拟烟云等有体积的气体。该工具在实际制作中因参数复杂、效果一般且渲染时间长，所以很少应用，读者只需了解其参数的意义即可。

实际制作中，采用后期合成的方法制作体积雾不仅效果好，而且操作方便直观。

课外练习：制作	场景位置	场景文件 >CH08>06.max
海雾效果	实例位置	实例文件 >CH08> 课外练习 71.max
	视频名称	课外练习 71.mp4
	学习目标	熟悉体积雾工具的使用方法

效果展示

本案例是用"体积雾"工具模拟海雾，案例效果如图8-41所示。

制作提示

"体积雾参数"设置如图8-42所示。

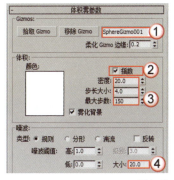

图8-41   图8-42

场景位置	场景文件 >CH08>07.max
实例位置	实例文件 >CH08> 实战 72 体积光：制作体积光效果 .max
视频名称	实战 72 体积光：制作体积光效果 .mp4
学习目标	熟悉体积光工具的制作方法

⊟ 工具剖析

本案例使用"体积光"工具进行制作。

⊙ 参数解释

"体积光参数"面板，如图8-43所示。

重要参数讲解

拾取灯光 拾取灯光 ：拾取要产生体积光的光源。

移除灯光 移除灯光 ：将灯光从列表中移除。

雾颜色：设置体积光产生的雾的颜色。

衰减颜色：体积光随距离而衰减的颜色。

使用衰减颜色：控制是否开启"衰减颜色"功能。

指数：随距离按指数增大密度。

密度：设置雾的密度。

最大亮度%/最小亮度%：设置可以达到的最大和最小的光晕效果。

衰减倍增：设置"衰减颜色"的强度。

图8-43

过滤阴影：通过提高采样率（会增加渲染时间）来获得更高质量的体积光效果，包括"低""中""高"3个级别。

使用灯光采样范围：根据灯光阴影参数中的"采样范围"值来使体积光中投射的阴影变模糊。

采样体积%：控制体积的采样率。

自动：自动控制"采样体积%"的参数。

开始%/结束%：设置灯光效果开始和结束衰减的百分比。

启用噪波：控制是否启用噪波效果。

数量：应用于雾的噪波的百分比。

链接到灯光：将噪波效果链接到灯光对象。

⊙ 操作演示

工具：体积光　　**位置**：环境和效果>环境>大气　　**演示视频**：72- 体积光

⊟ 实战介绍

本案例是用"体积光"工具模拟体积光的光束效果。

⊙ 效果介绍

图8-44所示是案例的效果图。

⊙ 运用环境

体积光效果是用来模拟"丁达尔现象"的一种工具，可以模拟出从缝隙投射出的光束。

图8-44

⊟ 思路分析

在制作案例之前，需要对场景进行分析。

⊙ 制作简介

本案例需要用"体积光"工具模拟光束效果。

⊙ 图示导向

图8-45所示是"体积光参数"面板。

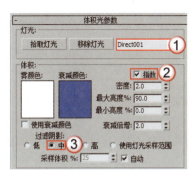

图8-45

步骤演示

01 打开"场景文件>CH08>07.max"文件，如图8-46所示，这是一个休息室空间。

02 设置"灯光类型"为VRay，然后使用"VR-太阳"工具 VR-太阳 在场景中创建一盏灯光，其位置如图8-47所示。

图8-46

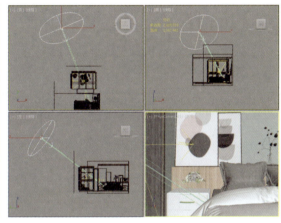

图8-47

03 选择VRay太阳灯光，然后在"VRay太阳参数"卷展栏下设置"强度倍增"为0.03，"大小倍增"为5，"阴影细分"为8，"天空模型"为Preetham et al.，具体参数设置如图8-48所示，接着按F9键测试渲染当前场景，效果如图8-49所示。

04 设置灯光类型为标准，然后使用"目标平行光"工具 目标平行光 在天空中创建一盏灯光，其位置如图8-50所示（与VRay太阳的位置相同）。

图8-48

图8-49

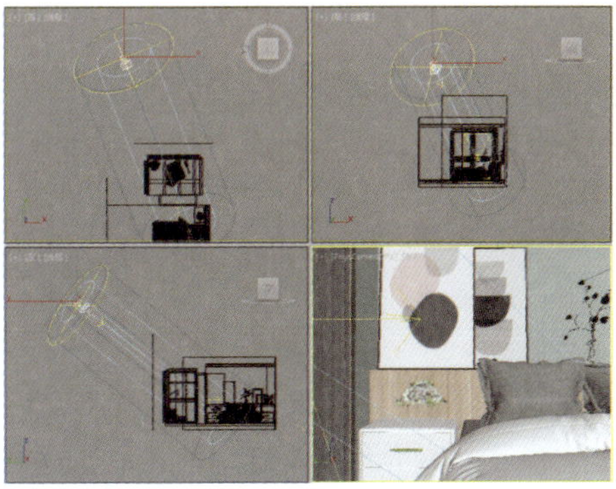

图8-50

05 选择上一步创建的目标平行光，然后进入"修改"面板，具体参数设置如图8-51所示。

设置步骤

① 展开"常规参数"卷展栏，设置阴影类型为阴影贴图。

② 展开"强度/颜色/衰减"卷展栏，设置"倍增"为0.3。

③ 展开"平行光参数"卷展栏，设置"聚光区/光束"为1063mm，"衰减区/区域"为1875mm。

第 8 章 环境和效果技术

205

④ 展开"高级效果"卷展栏，然后在"投影贴图"通道中加载"实例文件>CH08>实战72 体积光：制作体积光效果>map>55.jpg"文件。

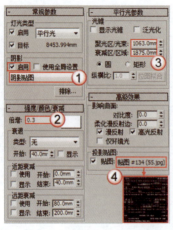

图8-51

图8-52

06 按F9键测试渲染当前场景，效果如图8-52所示。

技巧与提示

虽然在"投影贴图"通道中加载了黑白贴图，但是灯光还没有产生体积光效果。

07 按大键盘上的8键，打开"环境和效果"对话框，然后展开"大气"卷展栏，接着单击"添加"按钮 添加...，最后在弹出的"添加大气效果"对话框中选择"体积光"选项，如图8-53所示。

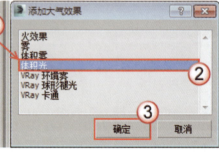

图8-53

08 在"效果"列表中选择"体积光"选项，在"体积光参数"卷展栏下单击"拾取灯光"按钮 拾取灯光，然后在场景中拾取目标平行灯光，勾选"指数"选项，并设置"过滤阴影"为中，具体参数设置如图8-54所示。

09 按F9键渲染当前场景，最终效果如图8-55所示。

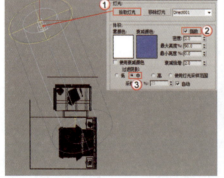

图8-54

图8-55

经验总结

通过这个案例的学习，相信读者已经熟悉了"体积光"工具的使用方法。

⊙ 技术总结

"体积光"工具需要与3ds Max 2016的自带灯光进行关联，才能渲染出光束的效果。

⊙ 经验分享

体积光除了在3ds Max 2016中渲染，还可以在Photoshop中进行添加。在Photoshop中添加体积光更加直观、制作效率更高，如图8-56所示。

图8-56

课外练习：制作书房体积光效果

场景位置	场景文件 >CH08>08.max
实例位置	实例文件 >CH08> 课外练习 72.max
视频名称	课外练习 72.mp4
学习目标	熟悉体积光的制作方法

效果展示

本案例是用"体积光"工具制作出书房的体积光效果，如图8-57所示。

制作提示

"体积光参数"设置如图8-58所示。

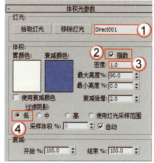

图8-57   图8-58

实战 73

镜头效果：制作光斑效果

场景位置	场景文件 >CH08>09.max
实例位置	实例文件 >CH08> 实战 73 镜头效果：制作光斑效果 .max
视频名称	实战 73 镜头效果：制作光斑效果 .mp4
学习目标	熟悉镜头效果的制作方法

工具剖析

本案例使用"镜头效果"工具进行制作。

⊙ 参数解释

"镜头效果全局"的参数面板如图8-59所示。

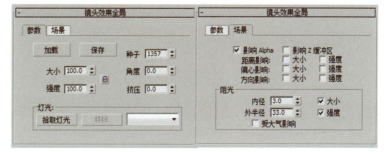

图8-59

重要参数讲解

参数

加载 加载 ：单击该按钮可以打开"加载镜头效果文件"对话框，在该对话框中可选择要加载的lzv文件。

保存 保存 ：单击该按钮可以打开"保存镜头效果文件"对话框，在该对话框中可以保存lzv文件。

大小：设置镜头效果的总体大小。

强度：设置镜头效果的总体亮度和不透明度。值越大，效果越亮越不透明；值越小，效果越暗越透明。

种子：为"镜头效果"中的随机数生成器提供不同的起点，并创建略有不同的镜头效果。

角度：当效果与摄影机的相对位置发生改变时，该选项用来设置镜头效果从默认位置的旋转量。

挤压：在水平方向或垂直方向挤压镜头效果的总体大小。

拾取灯光 拾取灯光 ：单击该按钮可以在场景中拾取灯光。

移除 移除 ：单击该按钮可以移除所选择的灯光。

场景

影响Alpha：如果图像以32位文件格式来渲染，那么该选项用来控制镜头效果是否影响图像的Alpha通道。

影响Z缓冲区：存储对象与摄影机的距离。Z缓冲区用于光学效果。

距离影响：控制摄影机或视口的距离对光晕效果的大小和强度的影响。

偏心影响：产生摄影机或视口偏心的效果，影响其大小和强度。

方向影响：聚光灯相对于摄影机的方向，影响其大小或强度。

内径：设置效果周围的内径，另一个场景对象必须与内径相交才能完全阻挡效果。

外半径：设置效果周围的外径，另一个场景对象必须与外径相交才能开始阻挡效果。

大小：减小所阻挡的效果的大小。

强度：减小所阻挡的效果的强度。

受大气影响：控制是否允许大气效果阻挡镜头效果。

⊙ 操作演示

工具：镜头效果　　位置：环境和效果>效果>效果　　演示视频：73-镜头效果

图8-60

⊟ 实战介绍

本案例是用"镜头效果"工具模拟灯光的光斑效果。

⊙ 效果介绍

图8-60所示是本案例的效果图。

⊙ 运用环境

镜头效果是模拟照相机拍照时镜头所产生的光晕效果。

⊟ 思路分析

在制作案例之前，需要对场景进行分析。

⊙ 制作简介

本案例需要使用"镜头效果"工具制作灯光的光斑效果。

图8-61

⊙ 图示导向

图8-61所示是"镜头效果参数"的列表。

⊟ 步骤演示

01 打开本书学习资源中的"场景文件>CH08>09.max"文件，如图8-62所示。

02 按大键盘上的8键，打开"环境和效果"对话框，然后在"效果"选项卡下单击"添加"按钮 添加... ，接着在弹出的"添加效果"对话框中选择"镜头效果"选项，如图8-63所示。

图8-62

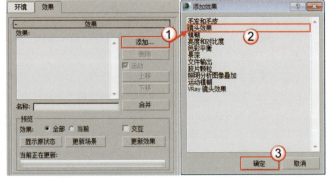

图8-63

03 选择"效果"列表框中的"镜头效果"选项，然后在"镜头效果参数"卷展栏下的左侧列表选择"光晕"选项，接着单击 ▸ 按钮将其加载到右侧的列表中，如图8-64所示。

04 展开"镜头效果全局"卷展栏，然后单击"拾取灯光"按钮 拾取灯光 ，接着在视图中拾取两盏泛光灯，如图8-65所示。

中文版 3ds Max 2016 实战基础教程（全彩版）

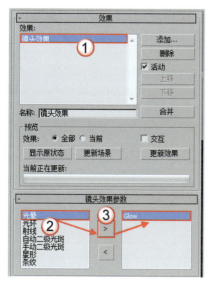

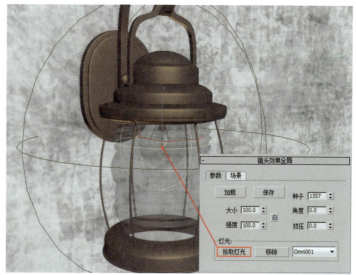

图8-64

图8-65

05 展开"光晕元素"卷展栏,然后在"参数"选项卡下设置"强度"为60,接着在"径向颜色"选项组下设置"边缘颜色"为(红:255,绿:144,蓝:0),具体参数设置如图8-66所示。

06 返回到"镜头效果参数"卷展栏,然后将左侧的"条纹"效果加载到右侧的列表中,接着在"条纹元素"卷展栏下设置"强度"为5,如图8-67所示。

07 返回到"镜头效果参数"卷展栏,然后将左侧的"射线"效果加载到右侧的列表中,接着在"射线元素"卷展栏下设置"强度"为28,如图8-68所示。

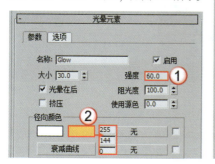

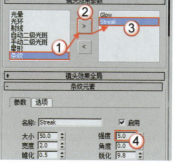

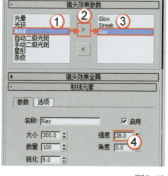

图8-66

图8-67

图8-68

08 返回到"镜头效果参数"卷展栏,然后将左侧的"手动二级光斑"效果加载到右侧的列表中,接着在"手动二级光斑元素"卷展栏下设置"强度"为35,如图8-69所示,最后按F9键渲染当前场景,效果如图8-70所示。

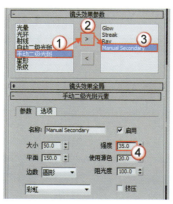

图8-69

图8-70

技巧与提示

镜头效果必须使用软件自带的"默认扫描线渲染器"才会产生光斑效果,如果使用VRay渲染器则不能产生光斑效果。

通过这个案例的学习，相信读者已经熟悉了"镜头效果"工具的使用方法。

⊙ 技术总结

本案例是用"镜头效果"工具模拟出多种效果的镜头光斑。该类案例只能使用软件自带的材质、灯光和渲染器进行制作。

⊙ 经验分享

镜头效果只能通过软件自带的材质、灯光和渲染器呈现效果，若是场景中使用了VRay的相关组件，就不能呈现光斑效果。

镜头效果在实际制作中很少使用，多是通过后期合成进行制作。

课外练习：制作光斑效果		
	场景位置	场景文件 >CH08>10.max
	实例位置	实例文件 >CH08> 课外练习 73.max
	视频名称	课外练习 73.mp4
	学习目标	熟悉镜头效果的制作方法

⊟ 效果展示

本案例是用"镜头效果"工具模拟光斑效果，如图8-71所示。

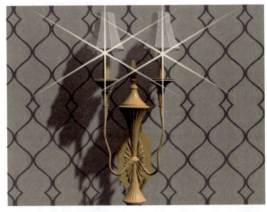

图8-71

⊟ 制作提示

"镜头效果参数"列表，如图8-72所示。

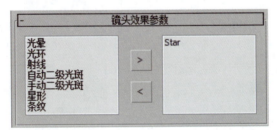

图8-72

第 9 章
渲染技术

本章将介绍 3ds Max 2016 的渲染技术，主要讲解
VRay 渲染器的重要功能、渲染参数的设置方法以及光子文
件的渲染方法。

本章技术重点

» 掌握 VRay 渲染器常用工具

» 掌握渲染参数的设置方法

» 掌握光子文件的渲染方法

场景位置	场景文件 >CH09>01.max
实例位置	实例文件 >CH09> 实战 74 图像采样器（抗锯齿）.max
视频名称	实战 74 图像采样器（抗锯齿）.mp4
学习目标	掌握图像采样器（抗锯齿）的用法

01 打开本书学习资源"场景文件>CH09>01.max"文件，如图9-1所示。

02 按F10键打开"渲染设置"面板，切换到VRay选项卡，并展开"图像采样器（抗锯齿）"卷展栏，设置"类型"为渐进，此时渲染面板自动增加"渐进图像采样器"卷展栏，如图9-2所示。在摄影机视图按F9键进行渲染，效果如图9-3所示。可以观察到该模式在渲染图像时，是以点为基础渲染图像。

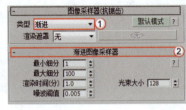

图9-1　　　　　　　　　　　　图9-2　　　　　　　　　　　　图9-3

技巧与提示

　　"渐进"图像采样器的渲染效果最好，但渲染时间较长，一般很少应用。

03 在"图像采样器（抗锯齿）"卷展栏中，设置"类型"为渲染块，此时渲染面板自动增加"渲染块图像采样器"卷展栏，如图9-4所示，在摄影机视图按F9键进行渲染，其效果如图9-5所示。可以观察到该模式在渲染图像时，是以块状为基础逐行渲染图像。

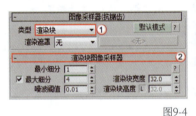

图9-4　　　　　　　　　　　　　　　图9-5

04 在"渲染块图像采样器"卷展栏中，取消勾选 "最大细分"选项，如图9-6所示。此时渲染效果如图9-7所示。可以观察到渲染效果不如勾选"最大细分"时的效果，但渲染速度最快。

图9-6　　　　　　　　　　　　　　　图9-7

05 在"渲染块图像采样器"卷展栏中，设置"最大细分"为25，如图9-8所示，此时渲染效果如图9-9所示。可以观察到，"最大细分"的数值越大，渲染效果越清晰。

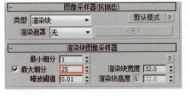

图9-8　　　　　　　　　　　　　　　图9-9

06 在"渲染块图像采样器"卷展栏中，设置"噪波阈值"为0.01，此时渲染效果如图9-10所示。继续设置"噪波阈值"为0.005，此时渲染效果如图9-11所示。可以观察到"噪波阈值"的数值越小，图像噪点也越少，渲染速度越慢。

图9-10   图9-11

07 在"渲染块图像采样器"卷展栏中，设置"渲染块宽度/渲染块高度"为32，此时渲染效果如图9-12所示。继续设置"渲染块宽度/渲染块高度"为16，此时渲染效果如图9-13所示。可以观察到这个数值是控制渲染时的方块大小。

图9-12   图9-13

技巧与提示

在渲染时，渲染块可能会出现2块、4块、8块或是更多，这种情况是根据计算机自身CPU的核和线程来确定的。

启动计算机的"任务管理器"，选中"3dsmax.exe"进程，在鼠标右键菜单中选择"设置相关性"选项，并打开"处理器相关性"对话框，这里就会显示计算机的CPU数量。这里显示几个CPU，渲染时就会出现几个渲染块，如图9-14所示。

图9-14

实战 75	场景位置	场景文件 >CH09>02.max
	实例位置	实例文件 >CH09> 实战 75 图像过滤器 .max
图像过滤器	视频名称	实战 75 图像过滤器 .mp4
	学习目标	掌握常用图像过滤器的特点

01 打开本书学习资源中"场景文件>CH09>02.max"文件，如图9-15所示。

02 按F10键打开"渲染设置"面板，并展开"图像采样器（抗锯齿）"卷展栏，设置"类型"为渲染块，接着在"渲染块图像采样器"卷展栏中取消勾选"最大细分"选项，再在"图像过滤器"卷展栏中勾选"图像过滤器"选项，并设置"过滤器"为区域，如图9-16所示，在摄影机视图按F9键渲染当前场景，其效果如图9-17所示。可以观察到图像中存在明显的噪点，但渲染速度很快。

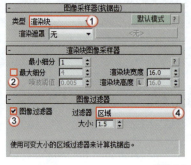

图9-15　　　　　　　　　　图9-16　　　　　　　　　　图9-17

03 在"图像过滤器"卷展栏中设置"过滤器"为清晰四方形，如图9-18所示。进入摄影机视图按F9键渲染当前场景，其效果如图9-19所示。可以观察到图中仍然存在许多噪点，渲染速度较快。

图9-18

图9-19

04 在"图像过滤器"卷展栏中设置"过滤器"为Catmull-Rom，如图9-20所示，进入摄影机视图渲染当前场景，效果如图9-21所示。可以观察到画面被明显锐化，边缘很清晰。

图9-20

图9-21

05 在"图像过滤器"卷展栏中设置"过滤器"为四方形，如图9-22所示，最后进入摄影机视图渲染当前场景，其效果如图9-23所示。可以观察到画面有一些模糊，噪点仍然明显。

图9-22

图9-23

中文版 3ds Max 2016 实战基础教程（全彩版）

06 在"图像过滤器"卷展栏中，设置"过滤器"为柔化，如图9-24所示，最后进入摄影机视图渲染当前场景，其效果如图9-25所示。可以观察到画面明显模糊，噪点减少。

图9-24

图9-25

07 在"图像过滤器"卷展栏中，设置"过滤器"为Mitchell-Netravali，如图9-26所示，最后进入摄影机视图按F9键渲染当前场景，其效果如图9-27所示。可以观察到画面轻微模糊，噪点仍然存在。

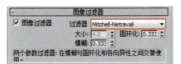

图9-26

图9-27

08 在"图像过滤器"卷展栏中，设置"过滤器"为VRayLanczosFilter，如图9-28所示，最后进入摄影机视图按F9键渲染当前场景，其效果如图9-29所示。可以观察到画面轻微锐化，噪点相对减少。

图9-28

图9-29

09 在"图像过滤器"卷展栏中，设置"过滤器"为VRaySincFilter，如图9-30所示，最后进入摄影机视图按F9键渲染当前场景，其效果如图9-31所示。可以观察到，与VRayLanczosFilter一样画面轻微锐化，噪点相对减少。

图9-30

图9-31

实战 76	场景位置	场景文件 >CH09>03.max
全局确定性蒙特卡洛	实例位置	实例文件 >CH09> 实战 76 全局确定性蒙特卡洛 .max
	视频名称	实战 76 全局确定性蒙特卡洛 .mp4
	学习目标	掌握全局确定性蒙特卡洛的用法

01 打开本书学习资源"场景文件>CH09>03.max"文件，如图9-32所示。

02 按F10键打开"渲染设置"面板，并展开"全局确定性蒙特卡洛"卷展栏，设置"最小采样"为16，如图9-33所示。然后设置"最小采样"为8，如图9-34所示。通过对比可以观察到，"最小采样"值越大渲染效果越好。

图9-32   图9-33   图9-34

03 展开"全局确定性蒙特卡洛"卷展栏，默认"噪波阈值"为0.005，渲染效果如图9-35所示。然后设置"噪波阈值"为0.001，渲染效果如图9-36所示。通过对比，可以观察到，"噪波阈值"数值越小，渲染图片噪点越少，相对渲染时间越长。

图9-35   图9-36

04 展开"全局确定性蒙特卡洛"卷展栏，勾选"使用局部细分"选项，默认"细分倍增"为1，渲染效果如图9-37所示。然后设置"细分倍增"为2，渲染效果如图9-38所示。通过对比可以观察到，"细分倍增"数值越大，渲染图片噪点越少，相对渲染时间越长。

图9-37   图9-38

中文版 3ds Max 2016 实战基础教程（全彩版）

<table>
<tr><td rowspan="4">实战 77

颜色贴图</td><td>场景位置</td><td>场景文件 >CH09>04.max</td></tr>
<tr><td>实例位置</td><td>实例文件 >CH09> 实战 77 颜色贴图 .max</td></tr>
<tr><td>视频名称</td><td>实战 77 颜色贴图 .mp4</td></tr>
<tr><td>学习目标</td><td>掌握不同的曝光方式</td></tr>
</table>

01 打开本书学习资源"场景文件>CH09>04.max"文件，如图9-39所示。

02 展开"颜色贴图"卷展栏，设置"类型"为线性倍增，如图9-40所示，进入摄影机视图渲染当前场景，效果如图9-41所示。

图9-39　　　　　　　　　　　　　图9-40　　　　　　　　　　　　　图9-41

03 在"颜色贴图"卷展栏中，设置"类型"为指数，如图9-42所示，进入摄影机视图渲染当前场景，效果如图9-43所示。

图9-42　　　　　　　　　　　　　图9-43

04 在"颜色贴图"卷展栏中，设置"类型"为HSV指数，如图9-44所示，进入摄影机视图渲染当前场景，效果如图9-45所示。

图9-44　　　　　　　　　　　　　图9-45

05 在"颜色贴图"卷展栏中，设置"类型"为强度指数，如图9-46所示，进入摄影机视图渲染当前场景，效果如图9-47所示。

图9-46　　　　　　　　　　　　　图9-47

06 在"颜色贴图"卷展栏中，设置"类型"为伽马校正，如图9-48所示，进入摄影机视图渲染当前场景，效果如图9-49所示。

07 在"颜色贴图"卷展栏中，设置"类型"为强度伽马，如图9-50所示，进入摄影机视图渲染当前场景，效果如图9-51所示。

08 在"颜色贴图"卷展栏中，设置"类型"为莱因哈德，然后设置"加深值"为0.6，如图9-52所示，进入摄影机视图渲染当前场景，效果如图9-53所示。

图9-48

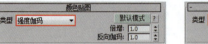

图9-50

图9-52

图9-49

图9-51

图9-53

技巧与提示

线性倍增：这种模式将基于最终色彩亮度来进行线性的倍增，可能会导致靠近光源的点过分明亮。"暗度倍增"是对暗部的亮度进行控制，加大该值可以提高暗部的亮度；"明亮倍增"是对亮部的亮度进行控制，加大该值可以提高亮部的亮度。这种曝光方式适合制作室外效果图。设置"暗度倍增"为2，如图9-54所示。设置"明亮倍增"为2，如图9-55所示。

图9-54

图9-55

指数：这种曝光是采用指数模式，它可以降低靠近光源处表面的曝光效果，同时场景颜色的饱和度也会降低。这种曝光方式适合制作室内效果图。

HSV指数：与"指数"曝光比较相似，不同点在于可以保持场景物体的颜色饱和度，但是这种方式会取消高光的计算。

强度指数：这种方式是对上面两种指数曝光的结合，既抑制了光源附近的曝光效果，又保持了场景物体的颜色饱和度。

伽马校正：采用伽马来修正场景中的灯光衰减和贴图色彩，其效果和"线性倍增"曝光模式类似。"伽马校正"模式包括"倍增"和"反向伽马"两个局部参数。"倍增"主要用来控制图像的整体亮度倍增；"反向伽马"是VRay内部转化的，比如输入2.2就和显示器的伽马2.2相同。

强度伽马：这种曝光模式不仅拥有"伽马校正"的优点，同时还可以修正场景灯光的亮度。

莱因哈德：这种曝光方式可以把"线性倍增"和"指数"曝光混合起来。"加深值"参数用来控制"线性倍增"和"指数"曝光的混合值。0表示"线性倍增"不参与混合；1表示"指数"不参加混合；0.5表示"线性倍增"和"指数"曝光效果各占一半。

中文版 3ds Max 2016 实战基础教程（全彩版）

	实战 78
场景位置	场景文件 >CH09>05.max
实例位置	实例文件 >CH09> 实战 78 渲染引擎 .max
视频名称	实战 78 渲染引擎 .mp4
学习目标	掌握常见的渲染引擎组合

实战 78

渲染引擎

01 打开本书学习资源"场景文件>CH09>05.max"文件，如图9-56所示。

02 按F10键，打开"渲染设置"面板，然后切换到"GI"选项卡，勾选"启用全局照明（GI）"选项，接着设置"首次引擎"为发光图，"二次引擎"为灯光缓存，如图9-57所示，最后进入摄影机视图，按F9键渲染当前场景，如图9-58所示。

图9-56　　　　　　　　　　图9-57　　　　　　　　　　图9-58

技巧与提示

在真实世界中，光线的反弹一次比一次减弱。VRay渲染器中的全局照明有"首次引擎"和"二次引擎"，但并不是说光线只反射两次。"首次引擎"可以理解为直接照明的反弹，光线照射到A物体后反射到B物体，B物体所接收到的光就是"首次引擎"所发出，B物体再将光线反射到C物体，C物体再将光线反射到D物体……C物体以后的物体所得到的光的反射就是"二次引擎"所发出，如图9-59所示。

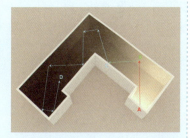

图9-59

第 9 章　渲染技术

03 设置"首次引擎"为BF算法，"二次引擎"为灯光缓存，如图9-60所示，然后进入摄影机视图，按F9键渲染当前场景，如图9-61所示。与上图对比，渲染时间更长，且渲染图片有噪点。

图9-60　　　　　　　　　　图9-61

04 设置"首次引擎"为BF算法，"二次引擎"为BF算法，如图9-62所示，然后进入摄影机视图，按F9键渲染当前场景，如图9-63所示。与上图对比，渲染时间更长，且渲染图片有较多的噪点。

图9-62　　　　　　　　　　图9-63

219

05 设置"首次引擎"为发光图，"二次引擎"为BF算法，如图9-64所示，然后进入摄影机视图，按F9键渲染当前场景，如图9-65所示。与上图对比，渲染时间更短，且渲染图片质量很高。

> **技巧与提示**
>
> 在渲染正式图时，需要综合考虑渲染时间与渲染质量。常用渲染引擎的搭配，室外为"发光图＋BF算法"，室内为"发光图＋灯光缓存"。

图9-64　　　　　　　　　　图9-65

06 当设置"首次引擎"为发光图时，展开下方的"发光图"卷展栏，默认"当前预设"为中，渲染效果如图9-66所示。当设置"当前预设"为非常低时，渲染效果如图9-67所示，渲染时间更少，但质量有所降低。

图9-66　　　　　　　　　　图9-67

07 当设置"细分"为50时，渲染效果如图9-68所示。当设置"细分"为30时，渲染效果如图9-69所示。通过对比可以观察到，细分值越高，渲染效果越好。

图9-68　　　　　　　　　　图9-69

08 当设置"插值采样"为50时，渲染效果如图9-70所示。当设置"插值采样"为20时，渲染效果如图9-71所示。通过对比可以观察到，"插值采样"值越高，渲染效果越模糊。

图9-70　　　　　　　　　　图9-71

09 当设置"二次引擎"为灯光缓存时，展开下方的"灯光缓存"卷展栏，默认"细分"为1000，渲染效果如图9-72所示。当设置"细分"为500时，进行渲染，效果如图9-73所示。通过对比可以发现，细分数值越小，渲染速度越快，但画面较暗，细分点也很粗糙。

图9-72　　　　　　　　　　图9-73

<table>
<tr><td rowspan="4">实战 79
设置测试渲
染参数</td><td>场景位置</td><td>场景文件 >CH09>06.max</td></tr>
<tr><td>实例位置</td><td>实例文件 >CH09> 实战 79 设置测试渲染参数 .max</td></tr>
<tr><td>视频名称</td><td>实战 79 设置测试渲染参数 .mp4</td></tr>
<tr><td>学习目标</td><td>掌握测试渲染参数的设置方法</td></tr>
</table>

01 打开本书学习资源中的"场景文件>CH09>06.max"文件，如图9-74所示。

02 按F10键打开"渲染设置"面板，在"输出大小"选项组中设置"宽度"为1000，"高度"为750，如图9-75所示。

03 在"图像采样器（抗锯齿）"卷展栏中设置"类型"为渲染块，如图9-76所示。

04 在"图像过滤器"卷展栏中设置"过滤器"为区域，如图9-77所示。

图9-74

图9-75

图9-76

图9-77

05 在"渲染块图像采样器"卷展栏中设置"最小细分"为1，"最大细分"为4，"噪波阈值"为0.01，如图9-78所示。

06 在"全局确定性蒙特卡洛"卷展栏中勾选"使用局部细分"选项，然后设置"最小采样"为16，"自适应数量"为0.85，"噪波阈值"为0.005，如图9-79所示。

07 在"颜色贴图"卷展栏中设置"类型"为线性倍增，如图9-80所示。

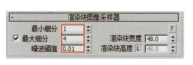

图9-78

图9-79

图9-80

> **技巧与提示**
>
> "颜色贴图"的"类型"会根据不同的场景灵活使用，这里的参数仅为参考。

08 在"全局照明"卷展栏中设置"首次引擎"为发光图，"二次引擎"为灯光缓存，如图9-81所示。

09 在"发光图"卷展栏中设置"当前预设"为非常低，"细分"为50，"插值采样"为20，如图9-82所示。

10 在"灯光缓存"卷展栏中设置"细分"为600，如图9-83所示。

图9-81

图9-82

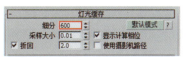

图9-83

> **技巧与提示**
>
> 在测试阶段，"灯光缓存"的"细分"数值可以设置为200~600，数值越小渲染速度越快。

第 6 章 渲染技术

221

11 在"系统"卷展栏中设置"序列"为"上->下"，"动态内存限制（MB）"为0，如图9-84所示。

12 按F9键在摄影机视图中进行渲染，效果如图9-85所示。测试渲染只要能观察出灯光的颜色和阴影位置，材质的纹理、颜色和质感合适即可，不需要关心噪点和图像质量。

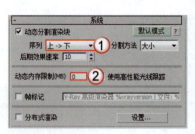

图9-84

图9-85

> **技巧与提示**
>
> "序列"是设置渲染的顺序，一般设置为"上->下"。
>
> "动态内存限制（MB）"是控制软件在渲染时物理内存的最大使用量。当数值设置为0时，表示系统会自动分配最大的物理内存供软件进行渲染。当设置为默认的4000时，表示系统会分配4G的物理内存供软件进行渲染。设置该数值时，不能超过本机物理内存的最大值，否则会造成软件崩溃或死机，需要读者注意。

实战 80 设置最终渲染参数		
场景位置	场景文件 >CH09>07.max
实例位置	实例文件 >CH09> 实战 80 设置最终渲染参数 .max
视频名称	实战 80 设置最终渲染参数 .mp4
学习目标	掌握最终渲染参数的设置方法

01 打开本书学习资源中的"场景文件>CH09>07.max"文件，如图9-86所示。在上一个案例的基础上继续设置最终渲染参数。

02 按F10键打开"渲染设置"面板，在"输出大小"选项组中设置"宽度"为2000，"高度"为1500，如图9-87所示。

03 在"渲染块图像采样器"卷展栏中设置"最小细分"为1，"最大细分"为6，"噪波阈值"为0.001，如图9-88所示。

图9-86

图9-87

图9-88

> **技巧与提示**
>
> "最大细分"的数值并不是固定的。对于简单的场景，可以设置为4~8；对于一些较为复杂、且有很多细小模型的场景，可以设置为20~50。

04 在"发光图"卷展栏中设置"当前预设"为中，"细分"为80，"插值采样"为60，如图9-89所示。

05 在"灯光缓存"卷展栏中设置"细分"为1200，如图9-90所示。

06 按F9键在摄影机视图进行渲染，效果如图9-91所示。

图9-89

图9-90

图9-91

实战 81	场景位置	场景文件 >CH09>08.max
设置光子文件渲染参数	实例位置	实例文件 >CH09> 实战 81 设置光子文件渲染参数 .max
	视频名称	实战 81 设置光子文件渲染参数 .mp4
	学习目标	掌握光子文件的渲染设置方法

01 打开本书学习资源中的"场景文件>CH09>08.max"文件,如图9-92所示。

02 下面设置保存光子图的方法。按F10键打开"渲染设置"面板,然后在"输出大小"选项组中设置"宽度"为600,"高度"为450,如图9-93所示。

图9-92

图9-93

> **技巧与提示**
>
> 光子图的尺寸需要根据渲染图的尺寸决定。理论上光子图的尺寸最小为渲染图的1/10,但为了保证成图的质量,设置在1/4左右即可。

03 在"全局开关"卷展栏中勾选"不渲染最终的图像"选项,如图9-94所示。

04 在"发光图"卷展栏中设置"当前预设"为中,"细分"为80,"插值采样"为60,然后在"模式"中选择"单帧",勾选"自动保存"选项,并单击下方保存按钮 ... ,设置发光图的保存路径,如图9-95所示。

05 在"灯光缓存"卷展栏中设置"细分"为1500,然后在"模式"中选择"单帧"选项,勾选"自动保存"选项,并单击下方保存按钮 ... ,设置灯光缓存的保存路径,如图9-96所示。

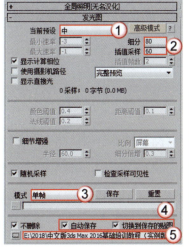

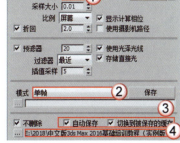

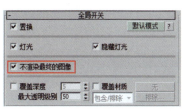

图9-94

图9-95

图9-96

> **技巧与提示**
>
> 其余参数的设置方法与最终渲染参数相似,这里不赘述。

06 在摄影机视图中渲染当前场景后,会在保存光子图文件的文件夹中查找到这两个文件,如图9-97所示。

> **技巧与提示**
>
> 发光图的文件名后缀为.vrmap,灯光缓存的文件名后缀为.vrlmap。

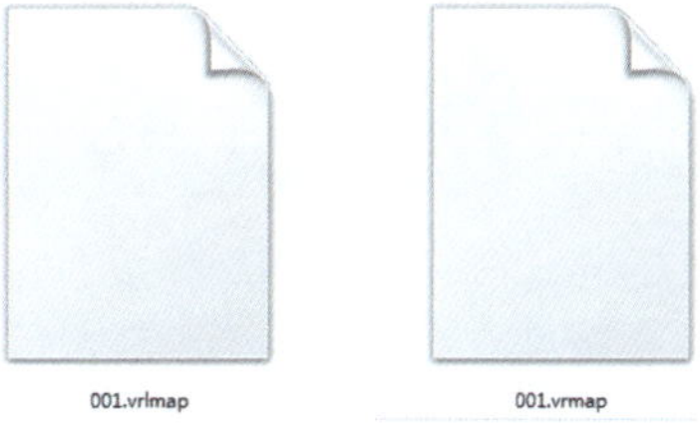

图9-97

07 下面渲染成图。在"公用"选项卡中设置"宽度"为2000，"高度"为1500，如图9-98所示。

08 在"VRay"选项卡中，展开"全局开关"卷展栏，然后取消勾选"不渲染最终的图像"选项，如图9-99所示。

09 在"GI"选项卡中，展开"发光图"卷展栏，然后可以观察到，此时"模式"已经自动切换为"从文件"，并且下方有发光图文件的路径，如图9-100所示。

图9-98

图9-99

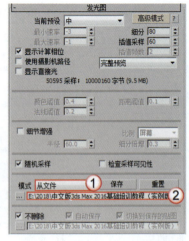
图9-100

技巧与提示

在某些时候"模式"选项仍保持"单帧"选项，就需要手动将其选择为"从文件"选项。

10 展开"灯光缓存"卷展栏，同发光图一样，灯光缓存文件也自动加载，如图9-101所示。

11 按F9键渲染当前场景，最终效果如图9-102所示。

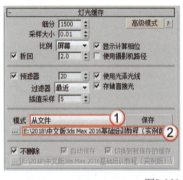
图9-101

图9-102

技巧与提示

当场景中的模型、灯光和材质漫反射修改后，光子图需要重新渲染，否则会出现错误的渲染效果。

第 10 章
粒子系统与空间扭曲

本章将介绍 3ds Max 2016 的粒子系统与空间扭曲，其中重点讲解粒子系统。在内容方面，读者需要重点掌握粒子流源工具、喷射工具和雪工具的用法。关于空间扭曲，只需要熟悉其作用即可。

本章技术重点

» 掌握粒子系统的使用方法
» 熟悉空间扭曲的作用

实战 82

粒子流源：制作粒子动画

场景位置	场景文件 >CH10>01.max
实例位置	实例文件 >CH10> 实战 82 粒子流源：制作粒子动画 .max
视频名称	实战 82 粒子流源：制作粒子动画 .mp4
学习目标	掌握粒子流源工具的使用方法

一　工具剖析

本案例主要使用"粒子流源"工具 粒子流源 进行制作。

⊙ 参数解释

"粒子流源"工具 粒子流源 的参数面板如图10-1所示。

重要参数讲解

粒子视图 粒子视图 ：单击该按钮可以打开"粒子视图"对话框，如图10-2所示。

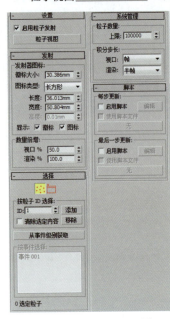

图10-1

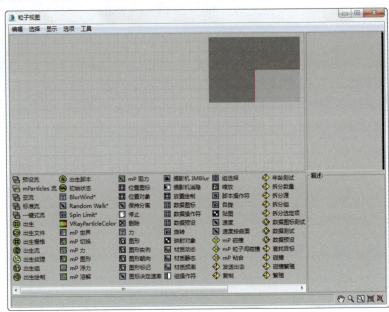

图10-2

徽标大小： 主要用来设置粒子流中心徽标的尺寸，其大小对粒子的发射没有任何影响。

图标类型： 主要用来设置图标在视图中的显示方式，有"长方形""长方体""圆形""球体"4种方式，默认为"长方形"。

长度： 当"图标类型"设置为"长方形"或"长方体"时，显示的是"长度"参数；当"图标类型"设置为"圆形"或"球体"时，显示的是"直径"参数。

宽度： 用来设置"长方形"和"长方体"徽标的宽度。

高度： 用来设置"长方体"徽标的高度。

显示： 主要用来控制是否显示徽标或图标。

视口%： 主要用来设置视图中显示的粒子数量，该参数的值不会影响最终渲染的粒子数量，其取值范围为0~10000。

渲染%： 主要用来设置最终渲染的粒子的数量百分比，该参数的大小会直接影响到最终渲染的粒子数量，其取值范围为0~10000。

粒子： 激活该按钮以后，可以选择粒子。

事件： 激活该按钮以后，可以按事件来选择粒子。

上限： 用来限制粒子的最大数量，默认值为100000，其取值范围为0~10000000。

工具： 粒子流源　　　**位置：** 创建>粒子系统　　　**演示视频：** 82-粒子流源

⊟ 实战介绍

本案例是使用"粒子流源"工具制作动画。

⊙ 效果介绍

图10-3所示是本案例的效果图。

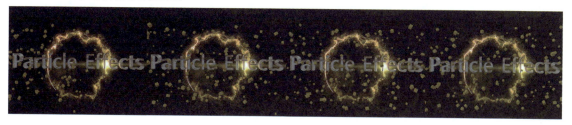

图10-3

⊙ 运用环境

"粒子流源"工具可以模拟一些复杂的特效，形成酷炫的动画效果。

⊟ 思路分析

在制作外景之前，需要对动画效果进行分析。

⊙ 制作简介

本案例是用"粒子流源"工具 粒子流源 模拟纷飞的粒子，从而形成复杂的动画效果。

⊙ 图示导向

图10-4所示是"粒子视图"的面板。

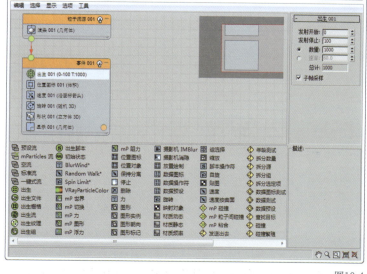

图10-4

⊟ 步骤演示

`01` 打开"场景文件>CH10>01.max"文件，如图10-5所示。

`02` 在"创建"面板中单击"几何体"按钮 ，设置"几何体类型"为粒子系统，然后单击"粒子流源"按钮 粒子流源 ，如图10-6所示，接着在左视图中拖曳鼠标创建一个粒子流源，如图10-7所示。

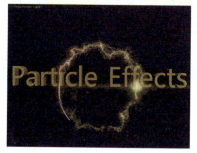

图10-5

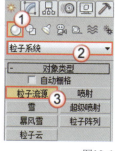

图10-6

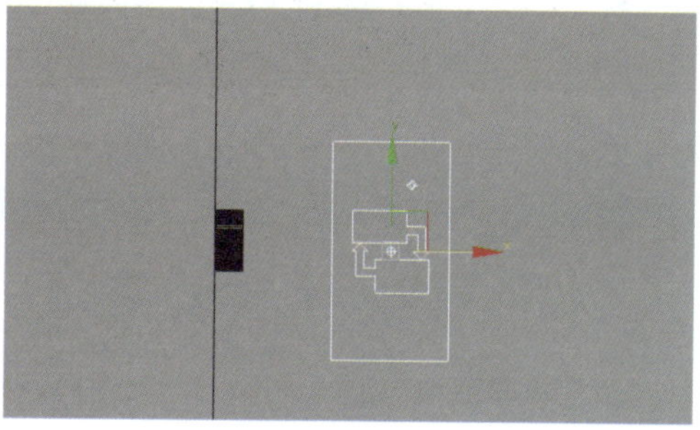

图10-7

03 进入"修改"面板，在"设置"卷展栏下单击"粒子视图"按钮 <u>粒子视图</u>，如图10-8所示。打开"粒子视图"对话框，然后选中"出生001"选项，在右侧设置"发射停止"为100，"数量"为1000，如图10-9所示。

04 选中"速度001"选项，在右侧设置"速度"为300mm，"变化"为50mm，如图10-10所示。

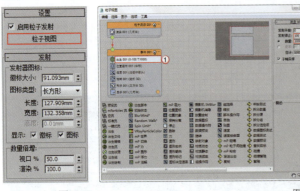

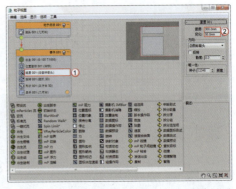

图10-8　　　　　　　　　　　图10-9　　　　　　　　　　　　图10-10

05 单击"形状001"操作符，在"形状001"卷展栏下设置"3D"为立方体，"大小"为2mm，"变化%"为50，如图10-11所示。

06 单击"显示001"操作符，然后在"显示001"卷展栏下设置显示颜色为（红:255，绿:119，蓝:9），如图10-12所示。

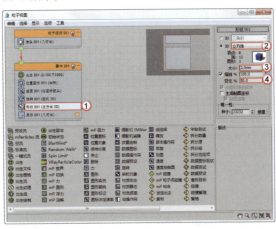

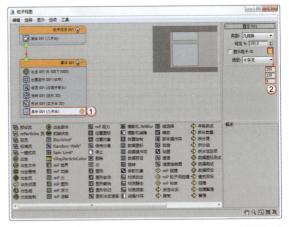

图10-11　　　　　　　　　　　　　　　　　　　　图10-12

07 选择动画效果最明显的一些帧，然后单独渲染出这些单帧动画，最终效果如图10-13所示。

图10-13

⊟ 经验总结

通过这个案例的学习，相信读者已经掌握了"粒子流源"工具的使用方法。

⊙ 技术总结

本案例是用"粒子流源"工具 <u>粒子流源</u> 制作飞舞的粒子。

中文版 3ds Max 2016 实战基础教程（全彩版）

⊙ 经验分享

使用"粒子流源"工具 粒子流源 可以制作出灵活多变的粒子效果。在"粒子视图"面板的下方，有许多粒子属性，这些属性可以为粒子增加不同的效果。下面介绍一些常用的粒子属性。

位置对象： 关联场景中的模型对象作为粒子的发射器。

力： 关联场景中的各种力场，使其对粒子产生作用。

图形实例： 关联场景中的模型对象作为粒子的形态。

材质静态： 关联"材质编辑器"中的材质球，作为粒子的材质。

碰撞： 关联场景中的导向器，使粒子与其发生碰撞等效果。

课外练习：制作花瓣飞舞动画	场景位置　场景文件 >CH10>02.max
	实例位置　实例文件 >CH10> 课外练习 82.max
	视频名称　课外练习 82.mp4
	学习目标　掌握粒子流源工具的使用方法

⊟ 效果展示

本案例用"粒子流源"工具 粒子流源 模拟花瓣飞舞的动画，案例效果如图10-14所示。

⊟ 制作提示

"粒子视图"参数面板如图10-15所示。

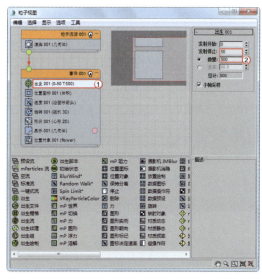

图10-14　　　　　　　　　　　　　　　　　　图10-15

实战 83 喷射：制作下雨动画	场景位置　场景文件 >CH10>03.max
	实例位置　实例文件 >CH10> 实战 83 喷射：制作下雨动画 .max
	视频名称　实战 83 喷射：制作下雨动画 .mp4
	学习目标　掌握喷射工具的使用方法

⊟ 工具剖析

本案例使用"喷射"工具 喷射 进行制作。

⊙ 参数解释

"喷射"工具 喷射 的参数面板如图10-16所示。

重要参数讲解

视口计数： 在指定的帧处，设置视口中显示的最大粒子数量。

渲染计数： 在渲染某一帧时设置可以显示的最大粒子数量（与"计时"选项组下的参数配合使用）。

水滴大小： 设置水滴粒子的大小。

速度： 设置每个粒子离开发射器时的初始速度。

变化： 设置粒子的初始速度和方向。数值越大，喷射越强，范围越广。

水滴/圆点/十字叉： 设置粒子在视图中的显示方式。

四面体： 将粒子渲染为四面体。

面： 将粒子渲染为正方形面。

开始： 设置第1个出现的粒子的帧编号。

寿命： 设置每个粒子的寿命。

出生速率： 设置每一帧产生的新粒子数。

宽度/长度： 设置发射器的长度和宽度。

隐藏： 勾选该选项后，发射器将不会显示在视图中（发射器不会被渲染出来）。

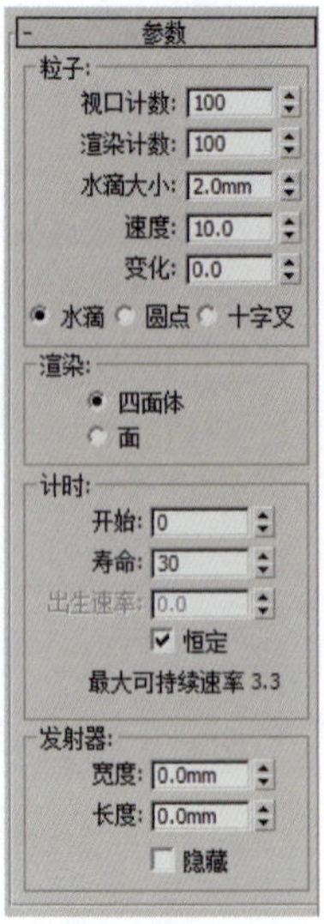

图10-16

⊙ **操作演示**

工具：	喷射	位置：创建>粒子系统	演示视频：83-喷射

实战介绍

本案例是用"喷射"工具 喷射 模拟落下的雨滴。

⊙ 效果介绍

图10-17所示是本案例的效果图。

图10-17

⊙ 运用环境

"喷射"工具常用于模拟下雨效果，也可以模拟喷泉等效果。

思路分析

在制作案例之前，需要对动画效果进行分析。

⊙ 制作简介

本案例需要用"喷射"工具 喷射 模拟下雨效果。

⊙ 图示导向

图10-18所示是"喷射"工具 喷射 的参数。

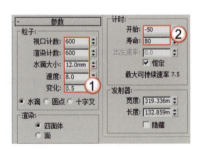

图10-18

步骤演示

01 打开本书学习资源"场景文件>CH10>03.max"，已经在场景的"环境"通道中加载了一张环境贴图。按F9键渲染效果，如图10-19所示。

中文版 3ds Max 2016 实战基础教程（全彩版）

02 在"创建"面板中单击"几何体"按钮 ⬡，设置"几何体类型"为粒子系统，然后单击"喷射"按钮 ▭ 喷射 ▭，如图10-20所示，接着在顶视图中创建一个喷射粒子，如图10-21所示。

03 选中上一步创建的发射器，然后切换到"修改"面板，接着设置"参数"卷展栏的"视口计数"和"渲染计数"都为600，"水滴大小"为12mm，"速度"为8，"变化"为0.5，"开始"为-50，"寿命"为80，如图10-22所示。

图10-19

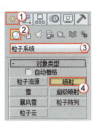
图10-20

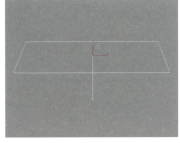
图10-21

图10-22

技巧与提示

　　"渲染计数"选项控制渲染图中粒子出现的数量，由于场景中粒子越多，越消耗内存，因此对于一些粒子需要较多的场景，会减少"视口计数"的数量，从而保证可以预览粒子大致效果，而"渲染计数"数值则设置较大，从而保证渲染出预想的效果。

　　"开始"数值设置为负值，是为了能在第0帧就出现落下的雨滴。

---

04 将视口移动到合适的位置，然后渲染场景，效果如图10-23所示。观察到画面中已经出现雨滴的效果，但雨滴的质感却不是水滴的效果。

05 按M键打开材质编辑器，将提前设置好的雨滴材质赋予粒子，如图10-24所示。

图10-23

图10-24

06 选择动画效果最明显的一些帧，然后单独渲染出这些单帧动画，最终效果如图10-25所示。

图10-25

技巧与提示

　　摄影机开启运动模糊效果后，渲染的雨滴会更加真实。

⊟ 经验总结

通过这个案例的学习，相信读者已经掌握了"喷射"工具 ▭ 喷射 ▭ 的使用方法。

⊙ 技术总结

"喷射"工具 ▭ 喷射 ▭ 的使用方法较为简单，只需要设置简单的参数就可以呈现较好的效果。

雨滴材质会携带空气中的灰尘颗粒，相比于普通的水材质，其透明度更低，呈现灰色半透明状态，参数如图10-26所示。

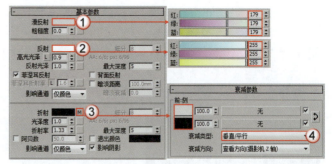

图10-26

课外练习：制作 下雨动画	场景位置	场景文件 >CH10>04.max
	实例位置	实例文件 >CH10> 课外练习 83.max
	视频名称	课外练习 83.mp4
	学习目标	掌握喷射工具的使用方法

☐ 效果展示

本案例是用"喷射"工具 喷射 模拟下雨的动画，案例效果如图10-27所示。

☐ 制作提示

"喷射"工具 喷射 的参数如图10-28所示。

图10-27

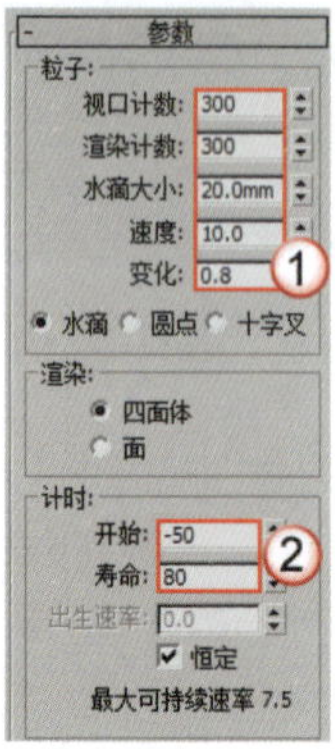

图10-28

实战 84 雪：制作雪花 动画	场景位置	场景文件 >CH10>05.max
	实例位置	实例文件 >CH10> 实战 84 雪：制作雪花动画 .max
	视频名称	实战 84 雪：制作雪花动画 .mp4
	学习目标	掌握雪工具的使用方法

☐ 工具剖析

本案例使用"雪"工具 雪 进行制作。

⊙ 参数解释

"雪"工具 雪 的参数面板，如图10-29所示。

重要参数讲解

雪花大小：设置粒子的大小。

翻滚：设置雪花粒子的随机旋转量。

翻滚速率：设置雪花的旋转速度。

雪花/圆点/十字叉：设置粒子在视图中的显示方式。

六角形：将粒子渲染为六角形。

三角形：将粒子渲染为三角形。

面：将粒子渲染为正方形面。

> **技巧与提示**
>
> "雪"粒子的其他参数与"喷射"粒子完全相同，大家可参考"喷射"粒子的相关参数。

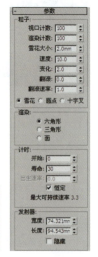

图10-29

⊙ 操作演示

工具： 雪 **位置：** 创建>粒子系统 **演示视频：** 84-雪

实战介绍

本案例是用“雪”工具 雪 进行制作。

⊙ 效果介绍

图10-30所示是本案例的效果。

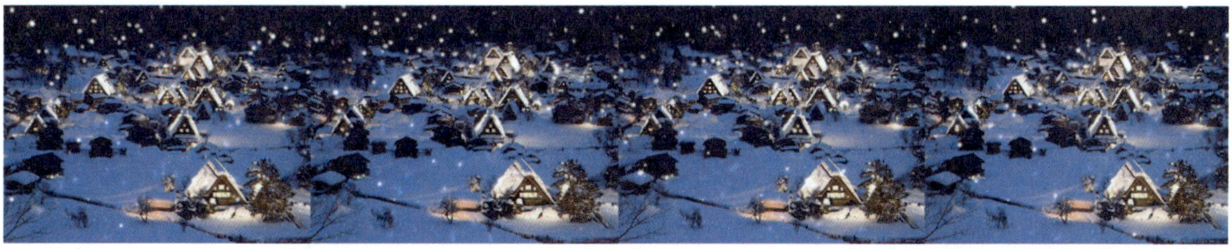

图10-30

⊙ 运用环境

“雪”工具 雪 常用来模拟雪花飘落的动画效果。

思路分析

在制作案例之前，需要对动画进行分析。

⊙ 制作简介

本案例需要用“雪”工具 雪 模拟雪花飘落的动画效果。

⊙ 图示导向

图10-31所示是粒子发射器的参数。

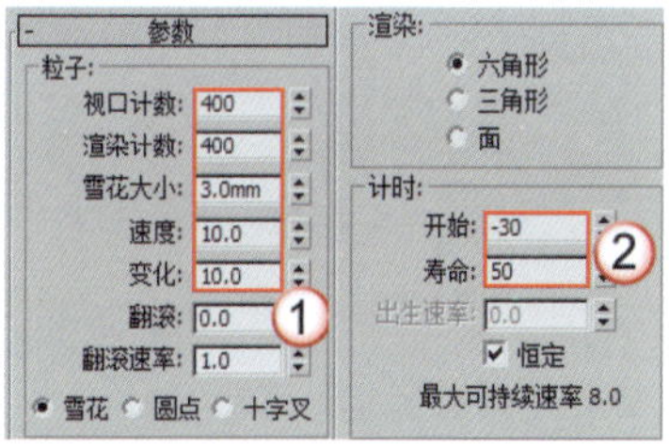

图10-31

步骤演示

01 打开本书学习资源“场景文件>CH10>05.max”，已经在场景的“环境”通道中加载了一张环境贴图，渲染效果如图10-32所示。

02 在“创建”面板中单击“几何体”按钮，设置“几何体类型”为粒子系统，然后单击“雪”按钮 雪 ，如图10-33所示，接着在顶视图中创建一个雪粒子发射器，如图10-34所示。

03 选中上一步创建的发射器，然后切换到“修改”面板，接着设置“参数”卷展栏的“视口计数”为400，“渲染计数”为400，“雪花大小”为3mm，“速度”为10，“变化”为10，“开始”为-30，“寿命”为50，如图10-35所示。

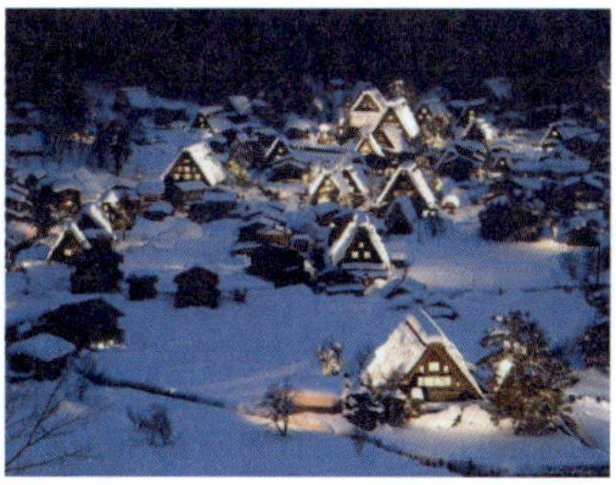

图10-32

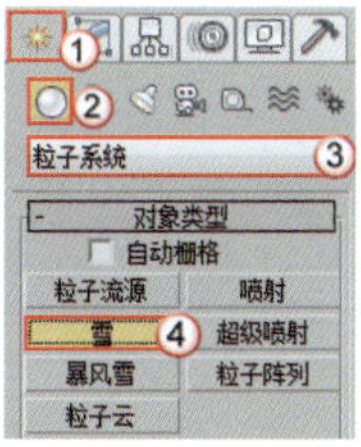

图10-33

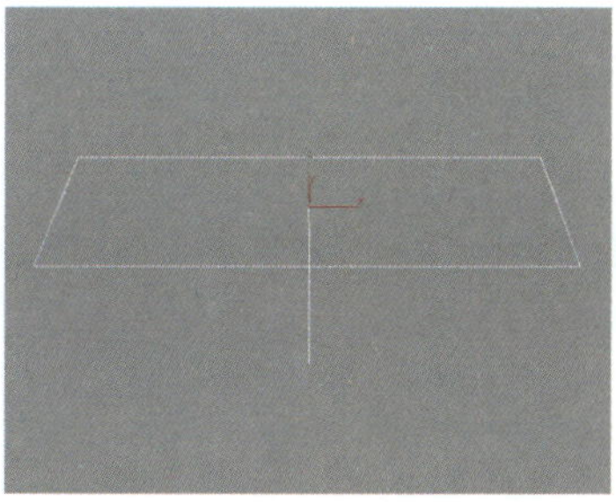

图10-34

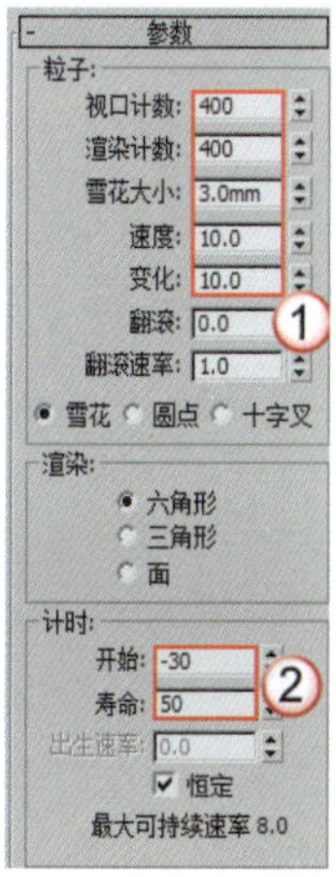

图10-35

04 将视口移动到合适的位置，然后渲染场景，效果如图10-36所示。观察到画面中已经呈现雪花的效果，但材质还不合适。

05 按M键打开材质编辑器，将提前设置好的雪花材质赋予粒子，如图10-37所示。

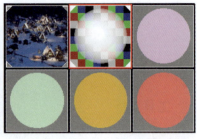

图10-36　　　　　　　　　　　　　　　　图10-37

06 选择动画效果最明显的一些帧，然后单独渲染出这些单帧动画，最终效果如图10-38所示。

图10-38

⊟ 经验总结

通过这个案例的学习，相信读者已经熟悉了"雪"工具 ▨雪▨ 的使用方法。

⊙ 技术总结

"雪"工具 ▨雪▨ 与"喷射"工具 ▨喷射▨ 使用方法类似，是制作雪花动画的常用工具。

⊙ 经验分享

在渲染雪花材质时，可以为其加载模糊效果，这样渲染的雪花会更加真实，但必须使用默认的材质和渲染器，如图10-39所示。

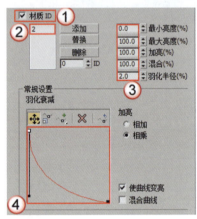

图10-39

<table>
<tr><td>课外练习：制作
下雪动画</td><td>场景位置</td><td>场景文件 >CH10>06.max</td></tr>
<tr><td></td><td>实例位置</td><td>实例文件 >CH10> 课外练习 84.max</td></tr>
<tr><td></td><td>视频名称</td><td>课外练习 84.mp4</td></tr>
<tr><td></td><td>学习目标</td><td>掌握雪工具的使用方法</td></tr>
</table>

⊟ 效果展示

本案例是用"雪"工具 ▨雪▨ 模拟雪花飘落的效果，案例效果如图10-40所示。

⊟ 制作提示

"雪"工具 ▨雪▨ 的参数如图10-41所示。

图10-40　　　　　　　　　　　图10-41

中文版 3ds Max 2016 实战基础教程（全彩版）

实战 85

导向板：制作旋转粒子动画

场景位置	场景文件 >CH10>07.max
实例位置	实例文件 >CH10> 实战 85 导向板：制作旋转粒子动画 .max
视频名称	实战 85 导向板：制作旋转粒子动画 .mp4
学习目标	熟悉导向板工具的使用方法

工具剖析

本案例使用"导向板"工具 导向板 进行制作。

图10-42

⊙ 参数解释

"导向板"工具 导向板 的参数面板，如图10-42所示。

重要参数讲解

反弹： 设置粒子与导向板间的反弹强度。

变化： 设置粒子与导向板间反弹强度的随机变化区间。

摩擦： 设置粒子与导向板间的摩擦强度。

⊙ 操作演示

工具： 导向板 　　**位置：** 空间扭曲>导向板 　　**演示视频：** 85-导向板

实战介绍

本案例是用"导向球"工具 导向球 限定粒子运动的边缘。

⊙ 效果介绍

图10-43所示是案例的效果图。

图10-43

⊙ 运用环境

"导向球"工具 导向球 是"导向板"工具中的一种，可以模拟反弹、停止和随机运动等效果。

思路分析

在制作案例之前，需要对场景进行分析。

⊙ 制作简介

本案例需要用"导向球"工具 导向球 将发射的粒子包裹在导向球内部，形成一个发光的球体。

⊙ 图示导向

图10-44所示是"导向球"工具 导向球 的参数。

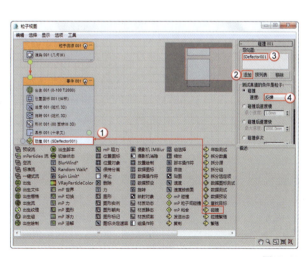

图10-44

235

01 使用"粒子流源"工具 **粒子流源** 在视图中创建一个发射器，如图10-45所示。

技巧与提示

发射器的位置和大小没有限制。

02 默认的粒子发射方向为图标箭头所指方向，打开"粒子视图"面板，选中"速度001（随机3D）"选项，然后设置"速度"为300mm，"变化"为50mm，"方向"为随机3D，如图10-46所示。移动时间滑块，可以观察到粒子以发射器图标为中心向任意方向散射，如图10-47所示。

图10-45

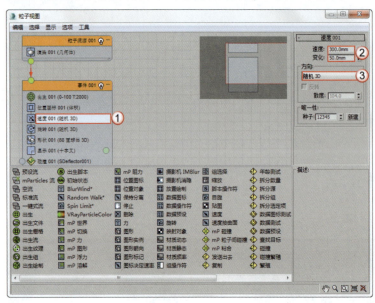

图10-46

图10-47

03 使用"导向球"工具 **导向球** 在图标周围创建一个球体，如图10-48所示。导向球的大小没有硬性规定，读者可创建任意大小。

04 在"粒子视图"面板中选择"碰撞001（SDeflector001）"选项，并添加到"显示001(十字叉)"选项下方，然后单击"添加"按钮 **添加** 选择创建好的导向球，并设置"速度"为反弹，如图10-49所示。

图10-48

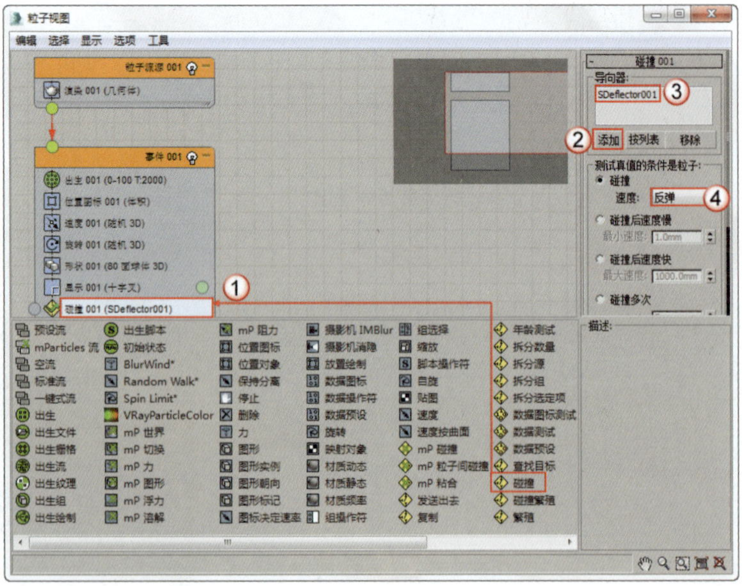

图10-49

中文版 3ds Max 2016 实战基础教程（全彩版）

05 移动时间滑块，可以观察到发射的粒子在导向球内无规律的运动，如图10-50所示。

06 使用"漩涡"工具 旋涡 在中心位置创建一个漩涡力场图标，如图10-51所示。

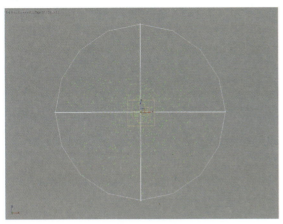
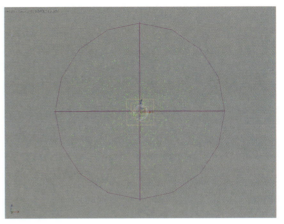

图10-50   图10-51

07 在"粒子视图"面板中添加"力001（Vortex001）"选项，然后单击"添加"按钮 添加 ，并选择上一步中创建的漩涡力场图标，如图10-52所示。

08 继续添加"材质静态001（03-Default）"选项，并关联"材质编辑器"中的材质，如图10-53所示。

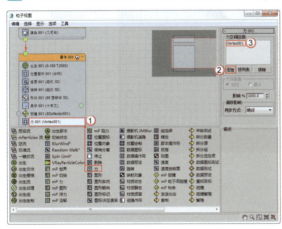
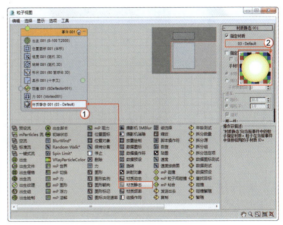

图10-52   图10-53

09 移动时间滑块，选择合适的4帧进行渲染，效果如图10-54所示。

图10-54

⊟ 经验总结

通过这个案例的学习，相信读者已经熟悉了"导向球"工具的使用方法。

⊙ 技术总结

"导向球"工具 导向球 是"导向板"工具中的一种，需要与粒子发射器相关联才能发挥作用。

"导向板"是粒子特效的一种辅助工具，可以限制粒子的运动范围并引导粒子的运动路径。"导向板"工具不仅可以和"粒子流源"工具 粒子流源 进行关联，也可以与"喷射"工具 喷射 等进行关联。与"喷射"工具 喷射 进行关联时，需要使用"选择并链接"工具 将发射器与导向板进行关联。

课外练习：制作 烟花爆炸动画		
场景位置	场景文件 >CH10>08.max	
实例位置	实例文件 >CH10> 课外练习 85.max	
视频名称	课外练习 85.mp4	
学习目标	熟悉导向板工具的使用方法	

一 效果展示

本案例是用"粒子流源"工具 粒子流源 和"导向板"工具 导向板 模拟烟花爆炸效果，效果如图10-55所示。

图10-55

一 制作提示

"粒子视图"的设置参数如图10-56所示。

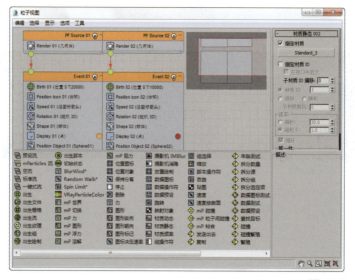

图10-56

第 11 章
动画技术

本章将介绍 3ds Max 2016 的动画技术，包括动力学动画、关键帧动画、约束动画和角色动画。读者需要掌握动力学动画、关键帧动画和约束动画的制作方法。角色动画的制作方法较为复杂，读者只需要熟悉即可。

本章技术重点

» 掌握动力学动画的制作方法

» 掌握关键帧动画的制作方法

» 掌握约束动画的制作方法

» 熟悉角色动画的制作方法

场景位置	场景文件 >CH11>01.max
实例位置	实例文件 >CH11> 实战 86 动力学刚体：制作小球弹跳动画 .max
视频名称	实战 86 动力学刚体：制作小球弹跳动画 .mp4
学习目标	掌握动力学刚体动画的制作方法

工具剖析

本案例主要使用"动力学刚体"工具进行制作。

⊙ 参数解释

"刚体属性"面板如图11-1所示。

重要参数讲解

刚体类型： 设置选定刚体的模拟类型，包含"动力学""运动学""静态"3种类型。

直到帧： 如果勾选该选项，MassFX会在指定帧处将选定的运动学刚体转换为动态刚体。该选项只有在将"刚体类型"设置为运动学时才可用。

烘焙 ▊▊▊ 烘焙 ▊▊▊：将选定刚体的模拟运动转换为标准动画关键帧，以便进行渲染（仅应用于动态刚体）。

使用高速碰撞： 如果勾选该选项以及"世界"面板中的"使用高速碰撞"选项，则这里的"使用高速碰撞"设置将应用于选定刚体。

图11-1

在睡眠模式下启动： 如果勾选该选项，刚体将使用全局睡眠设置以睡眠模式开始模拟。

与刚体碰撞： 勾选该选项后，刚体将与场景中的其他刚体发生碰撞。

网格： 选择要更改其材质参数的刚体的物理网格。

预设值： 从列表中选择一个预设，以指定所有的物理材质属性。

密度： 设置刚体的密度，度量单位为g/cm^3（克每立方厘米）。

质量： 此刚体的重量，度量单位为kg（千克）。

静摩擦力： 设置两个刚体开始互相滑动的难度系数。

动摩擦力： 设置两个刚体保持互相滑动的难度系数。

反弹力： 设置对象撞击到其他刚体时反弹的轻松程度和高度。

修改图形： 该列表用于显示添加到刚体的每个物理图形。

添加 ▊添加▊：将新的物理图形添加到刚体。

重命名 ▊重命名▊：更改物理图形的名称。

删除 ▊删除▊：删除选定的物理图形。

复制图形 ▊复制图形▊：将物理图形复制到剪贴板以便随后粘贴。

粘贴图形 ▊粘贴图形▊：将之前复制的物理图形粘贴到当前刚体中。

镜像图形 ▊镜像图形▊：围绕指定轴翻转图形几何体。

镜像图形设置 ▊…▊：打开一个对话框，用于设置沿哪个轴对图形进行镜像，以及是使用局部轴还是世界轴。

重新生成选定对象 ▊重新生成选定对象▊：使列表中高亮显示的图形自适应图形网格的当前状态。使用此选项可使物理图形重新适应编辑后的图形网格。

图形类型： 为图形列表中高亮显示的图形选定应用的物理图形类型，包含6种类型，分别是"球体""框""胶囊""凸面""凹面""自定义"。

转换为自定义图形 ▊转换为自定义图形▊：单击该按钮时，将基于高亮显示的物理图形在场景中创建一个新的可编辑网格对象，并将"图形类型"设置为自定义。

⊙ 操作演示

工具： 动力学刚体　　**位置：** MassFX工具栏　　**演示视频：** 86-动力学刚体

□ 实战介绍

本案例是制作小球弹跳的动力学动画。

⊙ 效果介绍

图11-2所示是本案例的效果图。

图11-2

⊙ 运用环境

动力学刚体动画是模拟刚体间的碰撞效果的动画。

□ 思路分析

在制作动画之前，需要对动画效果进行分析。

⊙ 制作简介

本案例是先将小球设置为"动力学刚体"模型，再模拟小球与地面碰撞的弹跳效果。

⊙ 图示导向

图11-3所示是动力学刚体设置方法。

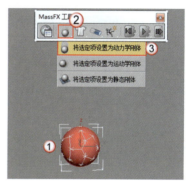

图11-3

□ 步骤演示

`01` 打开本书学习资源"场景文件>CH11>01.max"，如图11-4所示。场景中建立好了摄影机、地面和小球。

`02` 在"工具栏"上单击鼠标右键，在弹出的菜单中选择"MassFX工具栏"选项，如图11-5所示，调出的"MassFX工具栏"如图11-6所示。

技巧与提示

鼠标右键要在"工具栏"的空白位置单击才会弹出菜单。

图11-4　　　　　　图11-5　　　　　　　　　　图11-6

`03` 选中场景中的小球，在"MassFX工具栏"中选择"将选定项设置为动力学刚体"选项，如图11-7所示。

`04` 选中场景中的地面，在"MassFX工具栏"中选择"将选定项设置为静态刚体"选项，如图11-8所示。

`05` 单击"空间扭曲"按钮▧选择"力"选项，然后单击"重力"按钮 **重力** ，在场景中拖曳鼠标，创建重力控制器，如图11-9所示。

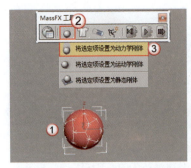

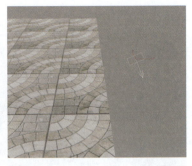

图11-7　　　　　　　　　　　　图11-8　　　　　　　　　　　　图11-9

技巧与提示

案例中将重力方向与地面形成一定夹角，这样小球就不会垂直下落。

06 打开"MassFX工具"面板，然后选择"强制对象的重力"选项，接着单击下方"拾取重力"按钮，并选择场景中的重力控制器，如图11-10所示。

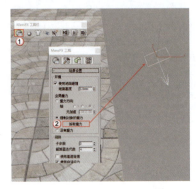

07 单击"开始模拟"按钮 ，此时小球会按照重力的方向斜向下落在平面上，如图11-11所示。

图11-10　　　　　　　　　　　　图11-11

08 观察并确认小球下落动画无误后，打开"MassFX工具"面板，切换到"模拟工具"选项卡，单击"烘焙所有"按钮 烘焙所有 ，如图11-12所示。系统将自动烘焙小球的运动轨迹到下方时间轴上，如图11-13所示。

图11-12　　　　　　　　　　　　图11-13

09 移动时间滑块，选择动画效果明显的一些帧，然后渲染这些单帧动画，最终效果如图11-14所示。

图11-14

经验总结

通过这个案例的学习，相信读者已经掌握了"动力学刚体"动画的制作方法。

中文版 3ds Max 2016 实战基础教程（全彩版）

⊙ 技术总结

本案例是先将小球设置为动力学刚体，再与地面产生碰撞，从而形成弹跳的动画效果。

⊙ 经验分享

在模拟动力学动画时，经常会出现模拟效果不理想的情况。这时就需要读者将原有加载的动力学修改器删除，重新赋予对象动力学的属性后再进行模拟。在模拟动画时，还要注意场景单位，若是场景单位不合适，也会出现错误的动画效果。

课外练习：制作多米诺骨牌动画	场景位置	场景文件 >CH11>02.max
	实例位置	实例文件 >CH11> 课外练习 86.max
	视频名称	课外练习 86.mp4
	学习目标	掌握动力学刚体动画的制作方法

效果展示

本案例为多米诺骨牌模型赋予动力学刚体属性，从而模拟出动画效果，如图11-15所示。

制作提示

动力学刚体设置方法，如图11-16所示。

图11-15

图11-16

实战 87 **运动学刚体：制作玩具车碰撞动画**	场景位置	场景文件 >CH11>03.max
	实例位置	实例文件 >CH11> 实战 87 运动学刚体：制作玩具车碰撞动画 .max
	视频名称	实战 87 运动学刚体：制作玩具车碰撞动画 .mp4
	学习目标	掌握运动学刚体动画的制作方法

工具剖析

本案例使用"运动学刚体"工具进行制作。

⊙ 参数解释

"运动学刚体"工具与"动力学刚体"工具的参数面板相同，这里不赘述。

⊙ 操作演示

工具：运动学刚体　　**位置：**MassFX工具栏　　**演示视频：**87-运动学刚体

实战介绍

本案例是制作玩具车的碰撞动画。

⊙ 效果介绍

图11-17所示是本案例的效果图。

图11-17

⊙ 运用环境

运动学刚体动画常用于制作碰撞类的动画效果。

一 思路分析

在制作案例之前，需要对动画效果进行分析。

⊙ 制作简介

本案例是先将玩具车和积木都设置为运动学刚体，再模拟出玩具车与积木的碰撞效果。

⊙ 图示导向

图11-18所示是运动学刚体设置方法。

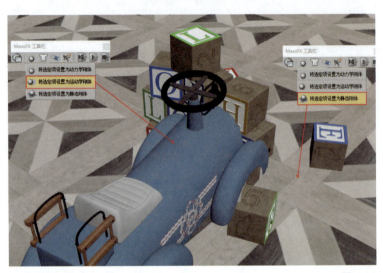

图11-18

一 步骤演示

01 打开本书学习资源中"场景文件>CH11>03.max"文件，如图11-19所示。场景中有一个玩具车和一堆积木，需要用玩具车碰撞积木。

02 选中玩具车模型，然后单击"自动关键点"按钮 自动关键点，接着拖动时间滑块到第10帧，将玩具车移动到积木后方，如图11-20所示。

图11-19

图11-20

> **技巧与提示**
>
> "自动关键点"动画会在后面的案例中详细讲解。

03 拖动时间滑块，观察小车与积木碰撞的时间是在第6帧，如图11-21所示。

04 选中玩具车模型和积木模型，"将选定项设置为运动学刚体"；接着选中地面模型，在"MassFX工具栏"中选择"将选定项设置为静态刚体"，如图11-22所示。

图11-21

图11-22

05 将积木逐一在"修改"面板中设置"刚体属性"卷展栏的"直到帧"为6，如图11-23所示。

06 单击"开始模拟"按钮▶模拟碰撞动画，效果如图11-24所示。

07 确 认 动 画 无 误 后，打开"MassFX工具"面板，切换到"模拟"选项卡，单击"烘焙所有"按钮 ▊ 烘焙所有 ▊ 烘焙整个动画的关键帧，如图11-25所示。

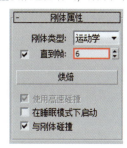

图11-23　　　　　　　　图11-24　　　　　　　　图11-25

08 选择动画效果明显的一些帧进行渲染，最终效果如图11-26所示。

图11-26

经验总结

通过这个案例的学习，相信读者已经掌握了"运动学刚体"动画的制作方法。

⊙ 技术总结

本案例是先将玩具车和积木都设置为运动学刚体，再使其产生碰撞的动画效果。

⊙ 经验分享

运动学刚体必须设置"直到帧"的数值。该数值是当运动的物体与静止的物体产生碰撞时的帧数，从这一帧之后，物体之间使用动力学刚体的运算方式。

课外练习： 制作 保龄球动画

场景位置	场景文件 >CH11>04.max
实例位置	实例文件 >CH11> 课外练习 87.max
视频名称	课外练习 87.mp4
学习目标	掌握运动学刚体动画的制作方法

效果展示

本案例是通过设置运动学刚体模拟保龄球动画，案例效果如图11-27所示。

制作提示

运动学刚体设置方法，如图11-28所示。

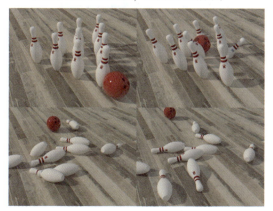

图11-27　　　　　　　　　　　　　　　　图11-28

场景位置	场景文件 >CH11>05.max
实例位置	实例文件 >CH11> 实战 88 mCloth：制作台布 .max
视频名称	实战 88 mCloth：制作台布 .mp4
学习目标	掌握 mCloth 工具的使用方法

工具剖析

本案例使用"mCloth"工具进行制作。

⊙ 参数解释

"mCloth"工具的参数面板，如图11-29所示。

重要参数讲解

布料行为：系统提供"动态"和"运动学"两种类型。

烘焙 烘焙 ：单击该按钮，烘焙布料计算的动画效果。

捕捉初始状态 捕捉初始状态 ：单击该按钮，会将对象现有状态设置为初始状态。

重置初始状态 重置初始状态 ：单击该按钮，会将对象还原到初始状态。

重力比：设置布料对象承受的重力比例。

密度：设置布料对象的密度。

延展性：设置布料对象的拉伸程度。

弯曲度：设置布料对象的弯曲程度。

阻尼：设置布料对象的阻力。

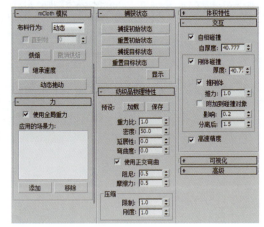

图11-29

摩擦力：设置布料对象与作用对象之间的摩擦程度。

自相碰撞：默认勾选该选项，表示布料对象会模拟自身碰撞效果。

⊙ 操作演示

工具：mCloth　　**位置：**MassFX工具栏　　**演示视频：**88- mCloth

实战介绍

本案例是用"mCloth"工具制作台布模型。

⊙ 效果介绍

图11-30所示是本案例的效果。

⊙ 运用环境

"mCloth"工具和"Cloth"修改器一样，都是制作布料类模型的工具。

图11-30

思路分析

在制作案例之前，需要对动画进行分析。

⊙ 制作简介

本案例需要用"mCloth"工具模拟台布的效果。

⊙ 图示导向

图11-31所示是动力学参数。

图11-31

步骤演示

① 打开本书学习资源"场景文件>CH11>05.max",如图11-32所示。

② 使用"平面"工具 平面 在桌子上方创建一个平面模型,然后切换到"修改"面板,设置"参数"卷展栏的"长度"为2100mm,"宽度"为245.786mm,"长度分段"为100,"宽度分段"为15,如图11-33所示。

图11-32

图11-33

③ 选中创建的平面,在"MassFX"工具栏中选择"将选定项设置为mCloth对象",如图11-34所示。

④ 选中桌子模型,在"MassFX"工具栏中选择"将选定项设置为静态刚体对象",如图11-35所示。

图11-34

图11-35

⑤ 单击"开始模拟"按钮▶模拟动画效果,如图11-36所示。

⑥ 观察布料效果合适后,单击"烘焙"按钮 烘焙 烘焙动画关键帧,并选择合适的一帧按F9键进行渲染,最终效果如图11-37所示。

图11-36

图11-37

通过这个案例的学习，相信读者已经熟悉了"mCloth"工具的使用方法。

⊙ 技术总结

本案例使用"mCloth"工具模拟布料自然形态。

⊙ 经验分享

使用"mCloth"工具时需要注意一点：与布料相互作用的物体必须是一个整体模型，不能是独立的多个模型或是成组模型，否则布料不能与物体生成正确的碰撞效果。只有将多个单独模型或成组模型塌陷为一个整体模型后，布料才能生成正确的碰撞效果。

"mCloth"工具与之前讲过的"Cloth"修改器一样，都是制作布料效果的工具。"mCloth"工具制作方法更为简单，且性能稳定，读者可以根据个人习惯选择适合的工具。

课外练习：制作 毯子模型	场景位置	场景文件 >CH11>06.max
	实例位置	实例文件 >CH11> 课外练习 88.max
	视频名称	课外练习 88.mp4
	学习目标	掌握 mCloth 工具的使用方法

〓 效果展示

本案例是用"mCloth"工具模拟毯子，案例效果如图11-38所示。

〓 制作提示

设置方法如图11-39所示。

图11-38

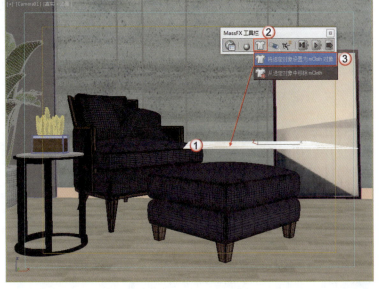

图11-39

实战 89 关键帧动画：制作 钟表动画	场景位置	场景文件 >CH11>07.max
	实例位置	实例文件 >CH11> 实战 89 关键帧动画：制作钟表动画 .max
	视频名称	实战 89 关键帧动画：制作钟表动画 .mp4
	学习目标	掌握关键帧动画的制作方法

〓 工具剖析

本案例使用动画工具进行制作。

⊙ 参数解释

动画工具的面板，如图11-40所示。

图11-40

重要参数讲解

自动关键点 自动关键点：单击该按钮或按N键可以自动记录关键帧。在该状态下，物体的模型、材质、灯光和渲染都将被记录为不同属性的动画。启用"自动关键点"功能后，时间尺会变成红色，拖曳时间线滑块可以控制动画的播放范围和关键帧等，如图11-41所示。

图11-41

设置关键点 设置关键点：单击该按钮后，可以手动设置关键点。

选定对象 选定对象 ：使用"设置关键点"动画模式时，在这里可以快速访问命名选择集和轨迹集。

设置关键点 ：如果对当前的效果比较满意，可以单击该按钮（快捷键为K键）设置关键点。

关键点过滤器 关键点过滤器... ：单击该按钮可以打开"设置关键点过滤器"对话框，在该对话框中可以选择要设置关键点的轨迹，如图11-42所示。

转至开头 ：如果当前时间线滑块没有处于第0帧位置，那么单击该按钮可以跳转到第0帧。

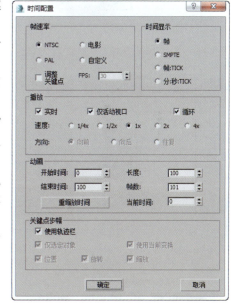

上一帧 ：将当前时间线滑块向前移动一帧。

图11-42

播放动画 /**播放选定对象** ：单击"播放动画"按钮 可以播放整个场景中的所有动画；单击"播放选定对象"按钮 可以播放选定对象的动画，而未选定的对象将静止不动。

下一帧 ：将当前时间线滑块向后移动一帧。

转至结尾 ：如果当前时间线滑块没有处于结束帧位置，那么单击该按钮可以跳转到最后一帧。

关键点模式切换 ：单击该按钮可以切换到关键点设置模式。

时间跳转输入框 ：在这里可以输入数字来跳转时间线滑块，比如输入60，按Enter键就可以将时间线滑块跳转到第60帧。

时间配置 ：单击该按钮可以打开"时间配置"对话框，如图11-43所示。

帧速率：共有"NTSC"（30帧/秒）、"PAL"（25帧/秒）、"电影"（24帧/秒）和"自定义"4种方式可供选择，但一般情况都采用"PAL"（25帧/秒）方式。

FPS（每秒帧数）：采用每秒帧数来设置动画的帧速率。视频使用30FPS的帧速率、电影使用24 FPS的帧速率、Web和媒体动画则可以使用更低的帧速率。

开始时间/结束时间：设置在时间线滑块中显示的活动时间段。

长度：设置显示活动时间段的帧数。

帧数：设置要渲染的帧数。

图11-43

技巧与提示

"曲线编辑器"是制作动画时经常使用到的一个编辑器。使用"曲线编辑器"可以快速地调节曲线来控制物体的运动状态。单击主工具栏中的"曲线编辑器（打开）"按钮 ，打开"轨迹视图-曲线编辑器"对话框，如图11-44所示。

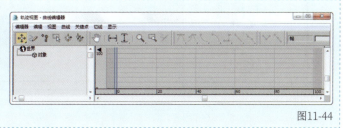

图11-44

为物体设置动画属性以后，在"轨迹视图-曲线编辑器"对话框中就会有与之相对应的曲线，如图11-45所示。

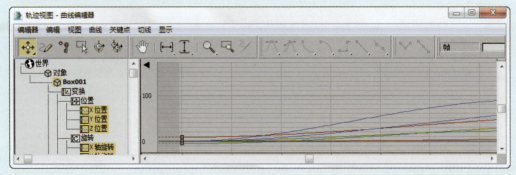

图11-45

在"轨迹视图-曲线编辑器"对话框中，x轴默认使用红色曲线来表示、y轴默认使用绿色曲线来表示，z轴默认使用蓝色曲线来表示，这3条曲线与坐标轴的3条轴线的颜色相同。图11-46所示的x轴曲线为水平直线，这代表物体在x轴上未发生移动。

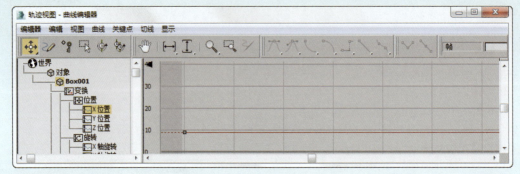

图11-46

图11-47中的y轴曲线为抛物线形状，代表物体在y轴方向上处于加速运动状态。

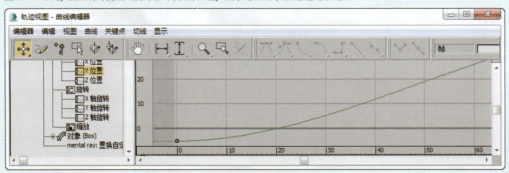

图11-47

图11-48中的z轴曲线为抛物线形状，代表物体在z轴方向上处于加速运动状态。

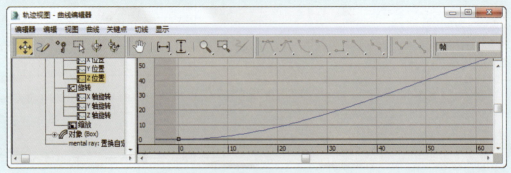

图11-48

⊙ 操作演示

工具：动画工具　　**位置：**操作界面　　**演示视频：**89-动画工具

实战介绍

本案例是用动画工具制作钟表旋转动画。

⊙ 效果介绍

图11-49所示是案例的效果图。

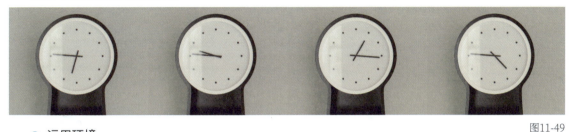

图11-49

⊙ 运用环境

动画工具是制作动画的基础，绝大多数的动画都需要使用动画工具进行制作。

思路分析

在制作案例之前，需要对动画效果进行分析。

⊙ 制作简介

本案例需要为钟表的指针制作旋转动画。

⊙ 图示导向

图11-50所示是动画制作的关键步骤。

图11-50

步骤演示

01 打开本书学习资源中的"场景文件>CH11>07.max"文件，如图11-51所示。

02 首先制作时针动画。选中时针模型，单击"自动关键点"按钮 自动关键点，接着将时间线滑块拖到第100帧，最后使用"选择并旋转"工具 沿y轴将时针旋转-300°，如图11-52所示。

03 下面制作分针动画。选中分针模型，单击"自动关键点"按钮 自动关键点，接着将时间线滑块拖到第100帧，最后使用"选择并旋转"工具 沿y轴将分针旋转-3600°，如图11-53所示。

图11-51　　　　　　　　　　　图11-52　　　　　　　　　　　图11-53

技巧与提示

时针和分针的旋转的角度之间有比例关系，分针旋转360°，时针旋转30°。

251

04 单击"播放动画"按钮▶会发现时针与分针不是匀速运动。单击"曲线编辑器"按钮▦打开"轨迹视图-曲线编辑器"面板，然后选中时针和分针的"Y轴旋转"选项，将曲线都设置为直线，如图11-54所示。

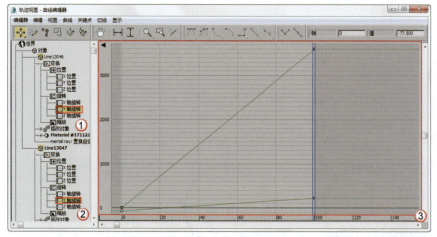

图11-54

05 移动时间滑块，任意选择几帧按F9键进行渲染，如图11-55所示。

图11-55

经验总结

通过这个案例的学习，相信读者已经掌握了动画工具的使用方法。

⊙ 技术总结

本案例主要使用"自动关键点"工具 自动关键点 和"曲线编辑器"工具▦进行制作。

⊙ 经验分享

制作关键帧动画需要符合物理规律，动画制作虽然可以适度夸张，但不能出现有悖于现实的情况。例如，汽车移动的方向和车轮旋转的方向相反的情况是不能出现的。

关键帧动画最大的优势是可以在特定的时间设定模型的变化，至于两个关键帧之间的变化，系统会自动计算出来。若系统计算的效果与预想结果有差异，则可以通过在中间添加关键帧的办法进行调整。

课外练习：制作汽车动画	

场景位置	场景文件 >CH11>08.max
实例位置	实例文件 >CH11> 课外练习 89.max
视频名称	课外练习 89.mp4
学习目标	掌握关键帧动画的制作方法

效果展示

本案例是用"自动关键点"工具 自动关键点 制作汽车动画，效果如图11-56所示。

制作提示

动画效果如图11-57所示。

图11-56　　　　　　　图11-57

中文版 3ds Max 2016 实战基础教程（全彩版）

路径约束：制作行星轨迹动画

场景位置	场景文件 >CH11>09.max
实例位置	实例文件 >CH11> 实战 90 路径约束：制作行星轨迹动画 .max
视频名称	实战 90 路径约束：制作行星轨迹动画 .mp4
学习目标	掌握路径约束动画的制作方法

工具剖析

本案例使用"路径约束"工具进行制作。

⊙ 参数解释

"路径约束"工具的面板如图11-58所示。

重要参数讲解

添加路径 添加路径 ：添加一个新的样条线路径使之对约束对象产生影响。

删除路径 删除路径 ：从目标列表中移除一个路径。

目标/权重： 该列表用于显示样条线路径及其权重值。

权重： 为每个目标指定并设置动画。

%沿路径： 设置对象沿路径的位置百分比。

> **技巧与提示**
>
> "%沿路径"的值基于样条线路径的U值。一个NURBS曲线可能没有均匀的空间U值，因此如果"%沿路径"的值设置为50，可能不会直观地转换为NURBS曲线长度的50%。

跟随： 在对象跟随轮廓运动同时将对象指定给轨迹。

倾斜： 当对象通过样条线的曲线时允许对象倾斜（滚动）。

倾斜量： 调整这个量使倾斜从一边或另一边开始。

平滑度： 控制对象在经过路径中的转弯时翻转角度改变的快慢程度。

允许翻转： 启用该选项后，可以避免在对象沿着垂直方向的路径行进时有翻转的情况。

恒定速度： 启用该选项后，可以沿着路径提供一个恒定的速度。

循环： 在一般情况下，当约束对象到达路径末端时，它不会越过末端点。而"循环"选项可以改变这一行为，当约束对象到达路径末端时会循环回起始点。

相对： 启用该选项后，可以保持约束对象的原始位置。

轴： 定义对象的轴与路径轨迹对齐。

图11-58

⊙ 操作演示

工具： 路径约束　　**位置：** 动画>约束　　**演示视频：** 90-路径约束

实战介绍

本案例是用"路径约束"工具制作行星轨迹动画。

⊙ 效果介绍

图11-59所示是案例的效果图。

图11-59

⊙ 运用环境

路径约束可以将物体强制约束到规定的样条线路径上，使其按照样条线路径进行运动。

⊟ 思路分析

在制作案例之前，需要对动画效果进行分析。

⊙ 制作简介

本案例需要将3个球体分别约束到3条样条线上。

⊙ 图示导向

图11-60所示是路径约束的参数。

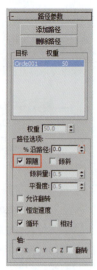

图11-60

⊟ 步骤演示

`01` 打开本书学习资源中的"场景文件>CH11>09.max"文件，如图11-61所示。

`02` 选中最小的蓝色球体，执行"动画>约束>路径约束"命令，此时移动鼠标会发现从蓝色球体上延伸出一条虚线，如图11-62所示。

`03` 将带有虚线的鼠标指针移动到内侧的样条线，并单击鼠标，可以观察到小球移动到样条线的上方，如图11-63所示。

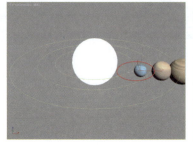

图11-61   图11-62   图11-63

`04` 在"运动"面板 ◎ 中勾选"跟随"选项，如图11-64所示。

`05` 按照同样的方法，将另外两个球体分别与样条线进行关联，如图11-65所示。

`06` 移动时间滑块会发现，小球的位移完全一致。选中中间的小球模型，并单击"自动关键点"按钮 自动关键点 ，将时间滑块移动到100帧，然后在"运动"面板中设置"%沿路径"为120，如图11-66所示。

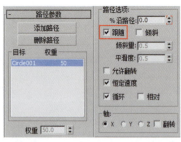

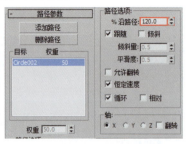

图11-64   图11-65   图11-66

`07` 按照相同的方法设置外侧的小球参数，然后任意选择几帧按F9键进行渲染，如图11-67所示。

图11-67

经验总结

通过这个案例的学习，相信读者已经掌握了用"路径约束"工具制作动画的方法。

⊙ 技术总结

本案例使用"路径约束"工具将球体与样条线进行链接，让球体沿着样条线的路径进行移动。

⊙ 经验分享

"%沿路径"参数设置物体在运动路径中所处位置的百分比。当设置该数值为0时，物体处于轨迹的起点位置，如图11-68所示；当设置该数值为50时，物体处于轨迹的中点位置，如图11-69所示。

图11-68　　　　　　　　　　　　　　　　　　　图11-69

课外练习：制作气球动画		
	场景位置	场景文件 >CH11>10.max
	实例位置	实例文件 >CH11> 课外练习 90.max
	视频名称	课外练习 90.mp4
	学习目标	掌握路径约束动画的制作方法

效果展示

本案例是用"路径约束"工具制作飞舞的气球，效果如图11-70所示。

制作提示

动画效果如图11-71所示。

图11-70　　　　　　　　　　图11-71

实战 91 注视约束：制作人物眼神动画		
	场景位置	场景文件 >CH11>11.max
	实例位置	实例文件 >CH11> 实战 91 注视约束：制作人物眼神动画 .max
	视频名称	实战 91 注视约束：制作人物眼神动画 .mp4
	学习目标	掌握注视约束动画的制作方法

工具剖析

本案例使用"注视约束"工具进行制作。

⊙ 参数解释

"注视约束"工具的面板，如图11-72所示。

重要参数讲解

添加注视目标 添加注视目标：用于添加影响约束对象的新目标。

删除注视目标 删除注视目标：用于移除影响约束对象的目标对象。

权重： 用于为每个目标指定权重值并设置动画。

保持初始偏移： 将约束对象的原始方向保持为相对于约束方向上的一个偏移。

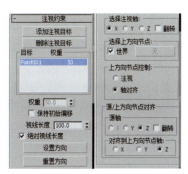

图11-72

视线长度： 定义从约束对象轴到目标对象轴所绘制的视线长度。

绝对视线长度： 启用该选项后，3ds Max 2016仅使用"视线长度"设置主视线的长度。

设置方向　　设置方向　　：允许对约束对象的偏移方向进行手动定义。

重置方向　　重置方向　　：将约束对象的方向设置回默认值。

选择注视轴： 用于定义注视目标的轴。

选择上方向节点： 选择注视的上部节点，默认设置为"世界"。

源/上方向节点控制： 允许在注视的上部节点控制器和轴对齐之间快速翻转。

源轴： 选择与上部节点轴对齐的约束对象的轴。

对齐到上方向节点轴： 选择与选中的源轴对齐的上部节点轴。

⊙ **操作演示**

工具： 注视约束　　　**位置：** 动画>约束　　　**演示视频：** 91-注视约束

☐ 实战介绍

本案例是用"注视约束"工具制作人物眼神动画。

⊙ 效果介绍

图11-73所示是案例的效果图。

图11-73

⊙ 运用环境

"注视约束"常用于制作角色模型的眼神动画，通过移动目标点，控制眼珠的旋转。

☐ 思路分析

在制作案例之前，需要对动画效果进行分析。

⊙ 制作简介

本案例需要为眼珠模型添加"注视约束"命令。

⊙ 图示导向

图11-74所示是注视约束的参数。

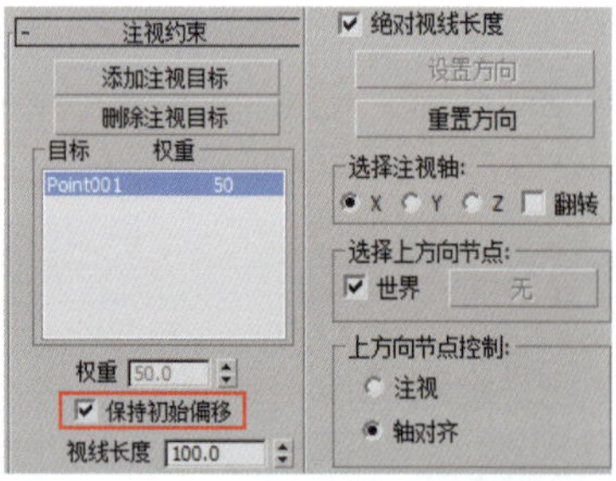

图11-74

☐ 步骤演示

01 打开本书学习资源中的"场景文件>CH11>11.max"文件，如图11-75所示。

02 在"创建"面板中单击"辅助对象"按钮　，然后使用"点"工具　　点　　在两只眼睛正前方创建一个点Point001，如图11-76所示。

图11-75 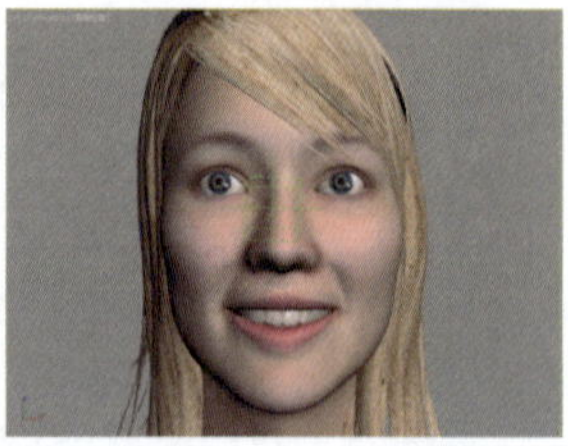　　　　　　　图11-76

- - - - - **技巧与提示** - - - - -

这里创建点辅助对象的目的是为了通过移动点的位置来控制眼球的注视角度，从而让眼球产生旋转效果。

03 选择点辅助对象，展开"参数"卷展栏，然后在"显示"选项组下勾选"长方体"选项，接着设置"大小"为1000mm，如图11-77所示。

04 选择两只眼球，然后执行"动画>约束>注视约束"命令，接着将眼球的约束虚线拖曳到点Point001上，如图11-78所示。

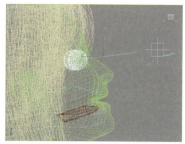

图11-77   图11-78

05 为点Point001设置一个简单的位移动画，如图11-79所示。

图11-79

□ 经验总结

通过这个案例的学习，相信读者已经掌握了注视约束动画的制作方法。

⊙ 技术总结

本案例使用"注视约束"工具将眼球与目标点进行链接，让眼球沿目标点的位移进行旋转。

⊙ 经验分享

在制作眼神动画时，需要注意以下两点。

第1点： 勾选"保持初始偏移"选项，从而避免眼珠位置的偏移。

第2点： 眼珠模型必须是独立的个体模型，且坐标轴中心在眼珠模型的中心点。如果坐标轴中心偏离眼珠中心点很远，建立约束后眼珠模型会自动偏离原来位置。

课外练习：制作小蜜蜂眼神动画

场景位置	场景文件 >CH11>12.max
实例位置	实例文件 >CH11> 课外练习 91.max
视频名称	课外练习 91.mp4
学习目标	掌握注视约束动画的制作方法

□ 效果展示

本案例是用"注视约束"工具制作小蜜蜂的眼神动画，效果如图11-80所示。

□ 制作提示

动画参数设置如图11-81所示。

图11-80   图11-81

变形器：制作水滴动画

场景位置	场景文件 >CH11>13.max
实例位置	实例文件 >CH11> 实战 92 变形器：制作水滴动画 .max
视频名称	实战 92 变形器：制作水滴动画 .mp4
学习目标	掌握变形器动画的制作方法

☐ 工具剖析

本案例使用"变形器"修改器进行制作。

⊙ 参数解释

"变形器"修改器的面板如图11-82所示。

重要参数讲解

标记下拉列表：在该列表中可以选择以前保存的标记。

保存标记 保存标记：在"标记下拉列表"中输入标记名称后，单击该按钮可以保存标记。

删除标记 删除标记：从下拉列表中选择要删除的标记名，然后单击该按钮可以将其删除。

通道列表："变形器"修改器最多可以提供100个变形通道，每个通道具有一个百分比值。为通道指定变形目标后，该目标的名称将显示在通道列表中。

列出范围：显示通道列表中的可见通道范围。

加载多个目标 加载多个目标...：单击该按钮可以打开"加载多个目标"对话框，如图11-83所示。在该对话框中可以选择对象，并将多个变形目标加载到空通道中。

图11-82

图11-83

重新加载所有变形目标 重新加载所有变形目标：单击该按钮可以重新加载所有变形目标。

活动通道值清零 活动通道值清零：如果已启用"自动关键点"功能，那么单击该按钮可以为所有活动变形通道创建值为0的关键点。

自动重新加载目标：勾选该选项后，可以允许"变形器"修改器自动更新动画目标。

⊙ 操作演示

工具：变形器　**位置**：修改器列表　**演示视频**：92-变形器修改器

☐ 实战介绍

本案例是用"变形器"修改器制作水滴动画。

⊙ 效果介绍

图11-84所示是案例的效果图。

图11-84

⊙ **运用环境**

"变形器"修改器常用于制作变形动画，系统会根据变形对象的最终效果自动生成过渡动画。

思路分析

在制作案例之前，需要对动画效果进行分析。

⊙ **制作简介**

本案例需要为水滴模型添加"变形器"修改器。

⊙ **图示导向**

图11-85所示是"变形器"修改器的参数。

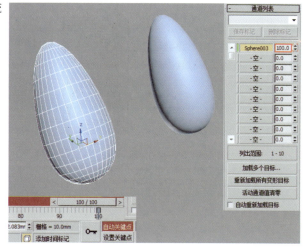

图11-85

步骤演示

01 打开本书学习资源中"场景文件>CH11>13.max"文件，如图11-86所示。

02 使用"球体"工具 球体 在场景中创建一个球体，设置"半径"为6.2mm，并放置于出水口处，如图11-87所示。

03 选择水龙头上的球体，然后按快捷键Alt+Q进入孤立选择模式，并复制一个新的球体，如图11-88所示。

图11-86

图11-87

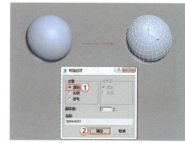

图11-88

04 给复制的新球体加载一个"FFD 4×4×4"修改器，然后在"控制点"物体层级下将球体调整成如图11-89所示的效果。

05 为原有正常的球体加载一个"变形器"修改器，然后在"通道列表"卷展栏下的第1个"空"按钮 -空- 上单击鼠标右键，并在弹出的菜单中选择"从场景中拾取"选项，最后在场景中拾取已经调整好形状的球体模型，如图11-90所示。

06 单击"自动关键点"按钮 自动关键点，然后将时间线滑块拖到第100帧，接着在"通道列表"卷展栏下设置变形值为100，如图11-91所示。

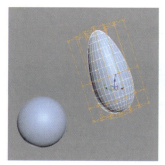

图11-89

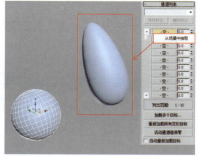

图11-90

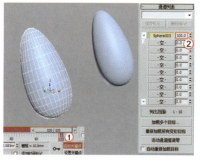

图11-91

07 拖动时间滑块，可以观察到原有的小球自动拉伸。单击鼠标右键，然后选择"全部取消隐藏"选项，如图11-92所示，此时隐藏的水盆模型完全显示，接着隐藏复制出的小球，场景效果如图11-93所示。

08 将时间滑块移动到100帧，然后单击"自动关键点"按钮 自动关键点，接着将水滴模型向下移动，效果如图11-94所示。

图11-92　　　　　　图11-93　　　　　　图11-94

> **技巧与提示**
>
> 水滴模型穿过水龙头，就需要为其添加向下的位移动画。

09 选择动画效果明显的一些帧，然后按F9键渲染出这些单帧动画，最终效果如图11-95所示。

图11-95

经验总结

通过这个案例的学习，相信读者已经掌握了"变形器"修改器的使用方法。

⊙ 技术总结

本案例使用"变形器"修改器制作水滴的变形动画。

⊙ 经验分享

"变形器"修改器常用于制作各种变形动画，注意在复制模型时，一定不能选择"实例"选项，否则原有的模型也会跟随复制的模型改变造型。

课外练习：制作彩虹变形动画

场景位置	场景文件 >CH11>14.max
实例位置	实例文件 >CH11> 课外练习 92.max
视频名称	课外练习 92.mp4
学习目标	掌握变形器动画的制作方法

效果展示

本案例是用"变形器"修改器制作彩虹的变形动画，效果如图11-96所示。

图11-96

制作提示

动画参数如图11-97所示。

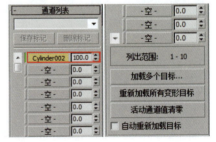

图11-97

中文版 3ds Max 2016 实战基础教程（全彩版）

骨骼：制作卡通模型骨骼

场景位置	场景文件 >CH11>15.max
实例位置	实例文件 >CH11> 实战 93 骨骼：制作卡通模型骨骼 .max
视频名称	实战 93 骨骼：制作卡通模型骨骼 .mp4
学习目标	熟悉骨骼的创建方法

图11-98

工具剖析

本案例使用"骨骼"工具 <u>骨骼</u> 创建卡通模型的骨骼。

⊙ 参数解释

"骨骼"工具 <u>骨骼</u> 的面板如图11-98所示。

重要参数讲解

宽度/高度：设置骨骼的宽度和高度，默认情况下宽度与高度数值一致。

锥化：设置骨骼末端的锥化程度，保持默认数值即可。

技巧与提示

骨骼的参数面板中只能设置骨骼的大小，并不能实现移除、连接、指定根骨和修改颜色等操作，这些功能只能在"骨骼工具"面板中进行操作。

执行"动画>骨骼工具"命令可以打开"骨骼工具"面板，如图11-99所示。

骨骼编辑模式：单击该按钮后可以移动骨骼的关节，从而拉长或缩短骨骼，让骨骼与模型的关节能更好对应。

创建骨骼：单击该按钮后可以在原有骨骼的基础上继续创建骨骼。

移除骨骼：单击该按钮后可以将连续骨骼中的一部分移除，剩下的部分仍为一组。

连接骨骼：单击该按钮后可以将两个单独的骨骼进行连接，形成一组骨骼。

删除骨骼：单击该按钮后会将选中的骨骼和子层级骨骼全部删除。

重指定根：单击该按钮后会将选定的骨骼作为这组骨骼的父层级骨骼，其余骨骼都为它的子层级。

选定骨骼颜色：默认骨骼模型的颜色为浅蓝色，单击该色块可以修改骨骼的颜色，用以区分不同部位。

了解了骨骼工具后还需要掌握骨骼的父子关系。

骨骼的父子关系是控制骨骼很重要的要素。所谓骨骼的父子关系，即父层级骨骼会控制子层级骨骼的位移、旋转，但子层级骨骼不能控制父层级，只能自身移动、旋转，如图11-100所示。以手臂为例，肩关节的骨骼会控制肘部、手腕、手指关节整体的位移和旋转，但手指关节自行弯曲和移动却不会带动肩关节的位移和旋转，读者可自行活动肩部进行感受。

人体模型是以胯部为最高层级的关节，胯部向上延伸出胸部、肩部和头部关节，肩部再分出两个手臂，胯部向下延伸出膝盖和脚踝等关节。

只有在创建骨骼时掌握了正确的父子关系，后续的IK创建才不会出错。骨骼的父子关系比较复杂，需要读者多多加以揣摩，才能完全理解。

图11-99

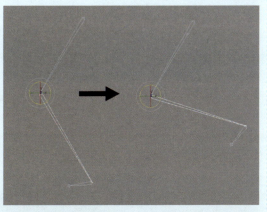

图11-100

⊙ 操作演示

工具： <u>骨骼</u>   **位置：**系统>标准   **演示视频：**93-骨骼

实战介绍

本案例是用"骨骼"工具 <u>骨骼</u> 创建卡通模型的骨骼。

⊙ **效果介绍**

图11-101所示是案例的效果图。

⊙ **运用环境**

要为角色模型制作动画效果，骨骼是必不可少的元素。通过对骨骼进行动画制作，可以带动角色模型产生动作效果。

图11-101

思路分析

在制作案例之前，需要对动画效果进行分析。

⊙ **制作简介**

本案例需要为玩具雪人添加骨骼模型。

⊙ **图示导向**

图11-102所示是骨骼的走向。

图11-102

步骤演示

01 打开本书学习资源"场景文件>CH11>15.max"，如图11-103所示，场景中是一个雪人模型。

图11-103

> **技巧与提示**
>
> 如果是创建人物的骨骼模型，最好是做成T字模，如图11-104所示。这是一种制作标准，方便动画师进行骨骼创建。
>
>
>
> 图11-104

02 在"创建"面板中单击"系统"按钮 ，设置系统类型为标准，然后单击"骨骼"按钮 <u>骨骼</u> ，接着在模型头部拖曳鼠标即可创建一段骨骼，如图11-105所示。

03 保持"骨骼"按钮 <u>骨骼</u> 呈激活状态，然后继续创建身体部位其他骨骼，如图11-106所示。需要注意骨骼之间的父子关系。

图11-105

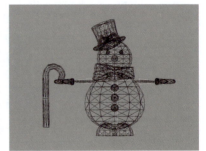

图11-106

04 创建的骨骼有时候不能完全对应模型各个关节的位置，此时需要进行调整。执行"动画>骨骼工具"命令，如图11-107所示，然后打开"骨骼工具"面板，如图11-108所示。

05 单击"骨骼编辑模式"按钮 骨骼编辑模式 ，然后选中模型中的骨骼进行调整，最终效果如图11-109所示。

图11-107　　　　　　　　图11-108　　　　　　　　　　　　　　　　　图11-109

> **技巧与提示**
>
> 骨骼在默认情况下是不会被渲染的。

经验总结

通过这个案例的学习，相信读者已经熟悉了骨骼的创建方法。

⊙ 技术总结

本案例使用"骨骼"工具 骨骼 为雪人模型创建身体骨骼。

⊙ 经验分享

父子层级关系是创建骨骼的重点和难点，读者要在创建骨骼之前先理清骨骼的父子层级关系，然后再进行创建，如图11-110所示。

人物的骨骼模型较为复杂，读者可以直接使用系统自带的"Biped"工具 Biped 创建，然后与模型进行绑定，如图11-111所示。

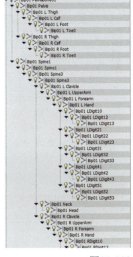

图11-110　　　　　　　　　　　　　　　　　图11-111

课外练习：制作玩具蛇骨骼

场景位置	场景文件 >CH11>16.max
实例位置	实例文件 >CH11> 课外练习 93.max
视频名称	课外练习 93.mp4
学习目标	熟悉骨骼的创建方法

⊟ 效果展示

本案例是用"骨骼"工具 创建玩具蛇的骨骼，效果如图11-112所示。

⊟ 制作提示

骨骼效果如图11-113所示。

图11-112

图11-113

实战 94
蒙皮：制作卡通模型蒙皮

场景位置	场景文件 >CH11>17.max
实例位置	实例文件 >CH11> 实战 94 蒙皮：制作卡通模型蒙皮 .max
视频名称	实战 94 蒙皮：制作卡通模型蒙皮 .mp4
学习目标	熟悉蒙皮的创建方法

⊟ 工具剖析

本案例使用"蒙皮"修改器创建蒙皮。

⊙ 参数解释

"蒙皮"修改器的面板，如图11-114所示。

重要参数讲解

编辑封套 编辑封套 ：通过胶囊状控制器控制骨骼与模型的对应区域。

权重表 权重表 ：以表格的形式显示所有骨骼的权重，如图11-115所示。

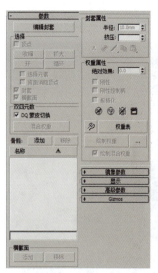

图11-114

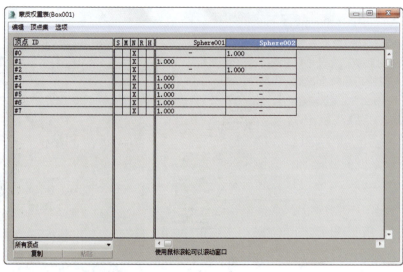

图11-115

绘制权重 绘制权重 ：用笔刷绘制权重的范围和强度，红色部分权重大，蓝色部分权重小。

工具：蒙皮修改器　　**位置：**修改器列表　　**演示视频：**94-蒙皮修改器

⊟ 实战介绍

本案例是用"蒙皮"修改器将骨骼和模型进行连接并调整权重。

⊙ 效果介绍

图11-116所示是案例的效果图。

⊙ 运用环境

蒙皮是将创建的骨骼与原有的模型进行连接的工具。只有加载"蒙皮"修改器后，移动的骨骼才能带动相关的模型区域同时移动。

图11-116

⊟ 思路分析

在制作案例之前，需要对效果进行分析。

⊙ 制作简介

本案例需要为添加了骨骼的玩具雪人加载"蒙皮"修改器并调整权重。

⊙ 图示导向

图11-117所示是玩具雪人的姿态。

图11-117

⊟ 步骤演示

`01` 打开本书学习资源"场景文件>CH11>17.max"，如图11-118所示，这是添加了骨骼的模型。

`02` 选中模型，在"修改器列表"中加载一个"蒙皮"修改器，如图11-119所示。

`03` 单击"骨骼"后方的"添加"按钮 添加 ，然后在弹出的对话框中选中所有的骨骼模型，并单击"选择"按钮 选择 ，如图11-120所示。

`04` 此时骨骼模型将加载在下方的框中，如图11-121所示，这样模型与骨骼就全部绑定在一起了。

　　图11-118　　　　　　图11-119　　　　　　　　图11-120　　　　图11-121

`05` 移动手臂的骨骼模型，会观察到身体有错误的部分，比如过度拉伸和模型重叠，如图11-122所示。

> **技巧与提示**
>
> 移动或旋转骨骼模型都可以观察连接部位的模型变化，有拉伸的位置就需要调整权重。

`06` 单击"编辑封套"按钮 编辑封套 ，会看到选中的骨骼上出现一个红色的胶囊形状控制器，如图11-123所示。

`07` 逐个调整胶囊的位置，使之控制的红色部分只属于自身骨骼覆盖的部分，如图11-124所示。

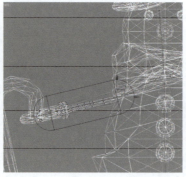

| 图11-122 | 图11-123 | 图11-124 |

技巧与提示

该步骤过于复杂，文字不易描述，请读者观看教学视频。

经验总结

通过这个案例的学习，相信读者已经熟悉了蒙皮的创建方法。

⊙ 技术总结

本案例使用"蒙皮"修改器将雪人模型的骨骼与模型相连接，并调整权重。

⊙ 经验分享

调整权重是加载蒙皮的难点。在调整权重时，要一边移动关节的位置，一边观察关节周围的模型是否有重叠，从而调整权重的大小。理论看似简单，但操作起来很复杂，读者需要多加练习。

课外练习：制作玩具蛇蒙皮

场景位置	场景文件 >CH11>18.max
实例位置	实例文件 >CH11> 课外练习 94.max
视频名称	课外练习 94.mp4
学习目标	熟悉蒙皮的创建方法

效果展示

本案例是用"蒙皮"修改器调整玩具蛇的蒙皮权重，效果如图11-125所示。

制作提示

蒙皮效果如图11-126所示。

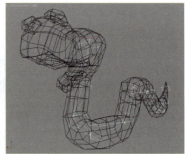

| 图11-125 | 图11-126 |

实战 95 制作小人走路动画

场景位置	场景文件 >CH11>19.max
实例位置	实例文件 >CH11> 实战 95 制作小人走路动画 .max
视频名称	实战 95 制作小人走路动画 .mp4
学习目标	熟悉人物走路动画的创建方法

实战介绍

本案例是制作小人模型走路动画。

⊙ 效果介绍

图11-127所示是案例的效果图。

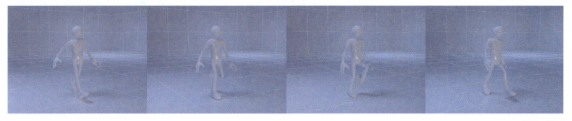

图11-127

⊙ 运用环境

走路动画是角色动画的基础。掌握这种动画的制作方法后，可以更好地掌握其他角色动画的制作方法。

思路分析

在制作案例之前，需要对动画进行分析。

⊙ 制作简介

本案例需要为绑定了骨骼的小人模型制作走路动画。

⊙ 图示导向

图11-128所示是小人走路的关键帧。

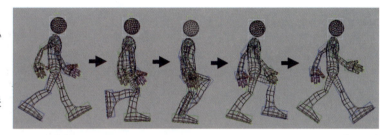

图11-128

步骤演示

01 打开本书学习资源中的"场景文件>CH11>19.max"文件，如图11-129所示。

02 单击"自动关键点"按钮 自动关键点，在第0帧摆出图11-130所示的造型。

03 在第3帧摆出图11-131所示的造型。

04 在第6帧摆出图11-132所示的造型，注意手部和脚部的旋转角度，让动作看起来更加柔软流畅。

图11-129

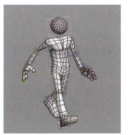
图11-130

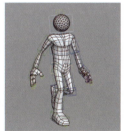
图11-131

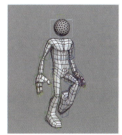
图11-132

技巧与提示

在侧视图中调整腿部和胳膊的位置，在前视图中调整肩部和胯部的弯曲角度。

05 在第9帧摆出图11-133所示的造型，小人的肩部会朝迈出腿的一侧微微倾斜。

06 在第12帧摆出图11-134所示的造型，这个造型与第0帧的造型完全相反，这样小人就迈出了一步。

技巧与提示

第2步的关键帧与之前步骤的关键帧全部相反，这里不赘述。

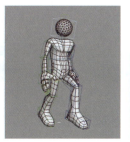
图11-133

图11-134

第 11 章 动画技术

267

07 随意选择其中几帧进行渲染，效果如图11-135所示。

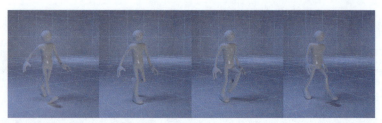

图11-135

经验总结

通过这个案例的学习，相信读者已经熟悉了走路动画的制作方法。

⊙ 技术总结

本案例用一个小人模型讲解走路动画的的制作方法，用5个关键帧进行串联，完成迈出一步的动画效果。

⊙ 经验分享

走路动画只需要按照帧数间隔制作关键帧即可，中间的过渡效果系统会自动计算生成。在制作走路动画时，可以先制作腿部的关键帧，再制作手部的关键帧，最后制作身体的关键帧。这样不仅逻辑清晰，还不会造成关键帧的动作错误。

图11-136所示是小人走路的关键帧。

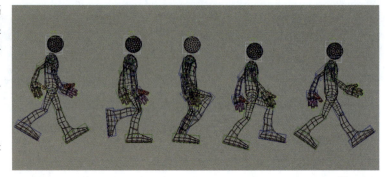

图11-136

课外练习：制作小人跑步动画

场景位置	场景文件 >CH11>20.max
实例位置	实例文件 >CH11> 课外练习 95.max
视频名称	课外练习 95.mp4
学习目标	熟悉跑步动画的创建方法

效果展示

本案例是制作小人模型的跑步动画，如图11-137所示。

图11-137

制作提示

跑步关键帧如图11-138所示。

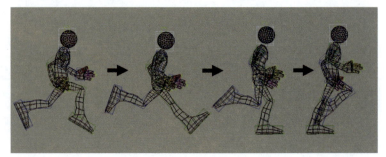

图11-138

第 12 章
商业综合实战

本章将通过 4 个实战案例讲解常见商业效果图的制作方法，并通过 4 个课外练习加以巩固。

本章技术重点

» 掌握家装效果图的制作思路及方法
» 掌握工装效果图的制作思路及方法
» 掌握建筑效果图的制作思路及方法

北欧风格客厅空间表现

场景位置	场景文件 >CH12>01.max
实例位置	实例文件 >CH12> 实战 96 北欧风格客厅空间表现 .max
视频名称	实战 96 北欧风格客厅空间表现 .mp4
学习目标	掌握家装效果图的制作思路及方法

⊟ 案例分析

本案例是制作北欧风格的客厅空间的日光表现。从结构上看，客厅空间是一个半封闭空间，太阳光是场景的主光源，天光则是辅助光源，如图12-1所示的是场景的灯光布置效果。

在材质方面，地毯、窗帘、纱帘、沙发、乳胶漆、木地板和木质等材质是案例的重点，如图12-2所示是案例材质的效果。

图12-1

地毯　　窗帘　　纱帘　　沙发　　乳胶漆　　木地板　　木质

图12-2

⊟ 创建摄影机

01 打开本书学习资源"场景文件>CH12>01.max"，如图12-3所示。

02 在"创建"面板单击"摄影机"按钮 🎥，然后单击"物理"按钮 物理 在沙发前方创建一台摄影机，位置如图12-4所示。

图12-3

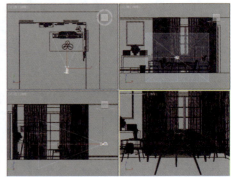

图12-4

03 选中创建的摄影机，切换到"修改"面板，设置"物理摄影机"卷展栏中的"焦距"为36毫米，"光圈"为8，"曝光"卷展栏中的"曝光增益"选择"手动"并设置为800ISO，如图12-5所示。

04 按C键切换到摄影机视图，如图12-6所示。

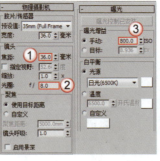

图12-5

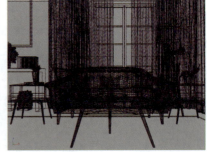

图12-6

⊟ 设置测试渲染参数

01 按F10键打开"渲染设置"面板，在"输出大小"选项组中设置"宽度"为1000，"高度"为750，如图12-7所示。

02 在"图像采样器（抗锯齿）"卷展栏中设置"类型"为渲染块，如图12-8所示。

图12-7

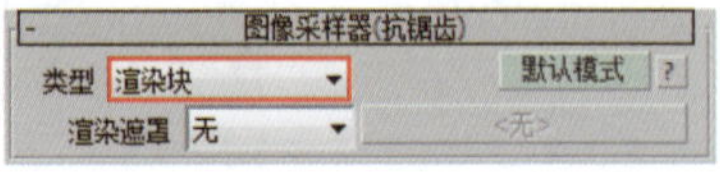

图12-8

03 在"图像过滤器"卷展栏中设置"过滤器"为区域，如图12-9所示。

04 在"渲染块图像采样器"卷展栏中设置"最小细分"为1，"最大细分"为4，"噪波阈值"为0.01，如图12-10所示。

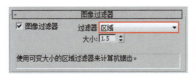

图12-9　　　　　　　　　　　　　　　　　图12-10

05 在"全局确定性蒙特卡洛"卷展栏中勾选"使用局部细分"选项，然后设置"最小采样"为16，"自适应数量"为0.85，"噪波阈值"为0.005，如图12-11所示。

06 在"颜色贴图"卷展栏中设置"类型"为线性倍增，如图12-12所示。

07 在"全局照明"卷展栏中设置"首次引擎"为发光图，"二次引擎"为灯光缓存，如图12-13所示。

图12-11　　　　　　　　　　图12-12　　　　　　　　　　图12-13

08 在"发光图"卷展栏中设置"当前预设"为非常低，"细分"为50，"插值采样"为20，如图12-14所示。

09 在"灯光缓存"卷展栏中设置"细分"为600，如图12-15所示。

10 在"系统"卷展栏中设置"序列"为上->下，"动态内存限制（MB）"为0，如图12-16所示。

图12-14　　　　　　　　　　图12-15　　　　　　　　　　图12-16

□ 创建灯光

01 在"创建"面板单击"灯光"按钮 ，然后选择"VRay"选项，单击"VR-太阳"按钮 [VR-太阳] 在场景中创建一盏太阳光，位置如图12-17所示。

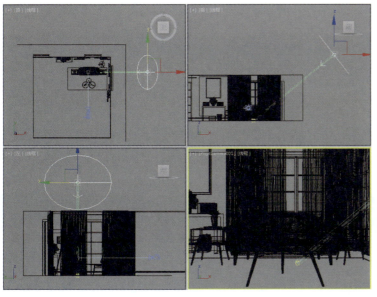

图12-17

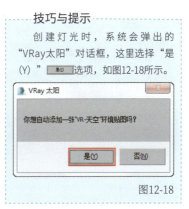

技巧与提示

创建灯光时，系统会弹出的"VRay太阳"对话框，这里选择"是（Y）" [是(Y)] 选项，如图12-18所示。

图12-18

02 选中创建的"VRay太阳"灯光，在"修改"面板中设置"VRay太阳参数"卷展栏中的"强度倍增"为0.03，"大小倍增"为5，"阴影细分"为8，如图12-19所示。

03 按C键切换到摄影机视图，然后按F9键进行渲染，效果如图12-20所示。此时阳光的强度合适，但屋内其他地方光线较暗，需要增加环境光补充亮度。

04 使用"VR-灯光"工具 VR-灯光 在窗外创建一盏灯光，并以"实例"方式复制到其他窗外，如图12-21所示。

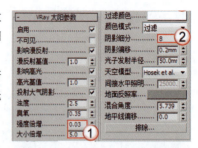

图12-19

图12-20

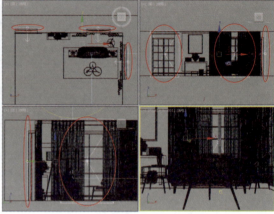

图12-21

技巧与提示

> 为了更好地观察场景的灯光效果，笔者为场景添加了一个白色的覆盖材质。具体制作方法请观看教学视频。

05 选中上一步创建的灯光，在"修改"面板中设置各卷展栏的具体参数，如图12-22所示。

设置步骤

① 在"常规"卷展栏中设置"类型"为平面，"1/2长"为1000.201mm，"1/2宽"为1549.761mm，"倍增"为3，"颜色"为（红:159，绿:204，蓝:255）。

② 在"选项"卷展栏中勾选"不可见"选项，取消勾选"影响高光"和"影响反射"选项。

06 按C键切换到摄影机视图，然后按F9键进行渲染，效果如图12-23所示。

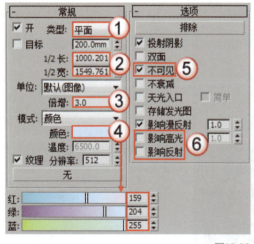

图12-22

图12-23

▫ 制作材质

本案例需要制作乳胶漆材质、木地板材质、地毯材质、木质材质和窗帘材质等。

⊙ 乳胶漆材质

按M键打开材质编辑器，然后选择一个空白材质球，接着设置"材质类型"为VRayMtl，具体参数设置如图12-24所示。制作好的材质球效果如图12-25所示。

设置步骤

① 设置"漫反射"颜色为（红:35，绿:49，蓝:65）。

② 设置"反射"颜色为（红:13，绿:13，蓝:13），"高光光泽"为0.4，"细分"为10。

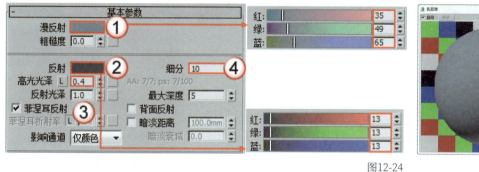

图12-24　　　　　　　　　图12-25

⊙ 木地板材质

01 按M键打开材质编辑器，然后选择一个空白材质球，接着设置"材质类型"为VRayMtl，具体参数设置如图12-26所示。制作好的材质球效果如图12-27所示。

设置步骤

① 在"漫反射"通道中加载学习资源中的"实例文件>CH12>实战96　北欧风格客厅空间表现>map>209374.jpg"文件。

② 设置"反射"颜色为（红:106，绿:106，蓝:106），"高光光泽"为0.7，"反射光泽"为0.85，"细分"为16。

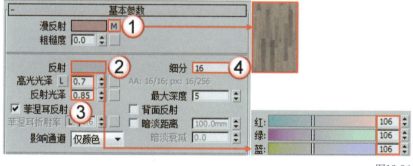

图12-26　　　　　　　　　图12-27

02 将材质赋予地板模型，并加载"UVW贴图"修改器，设置"贴图"类型为平面，"长度"为3210.81mm，"宽度"为1355.02mm，如图12-28所示。

⊙ 地毯材质

01 按M键打开材质编辑器，然后选择一个空白材质球，接着设置"材质类型"为VRayMtl，具体参数设置如图12-29所示。制作好的材质球效果如图12-30所示。

设置步骤

① 在"漫反射"通道中加载"衰减"贴图，然后在"前"通道和"侧"通道中加载学习资源中的"实例文件>CH12>实战96　北欧风格客厅空间表现>map>20160629142052_326.jpg"文件，并设置"侧"通道量为95，"衰减类型"为垂直/平行。

② 设置"反射"颜色为（红:65，绿:65，蓝:65），"高光光泽"为0.4，"反射光泽"为0.7，"细分"为16。

③ 在"凹凸"通道中加载学习资源中的"实例文件>CH12>实战96　北欧风格客厅空间表现>map>214202bp.jpg"文件，设置通道量为100。

图12-28

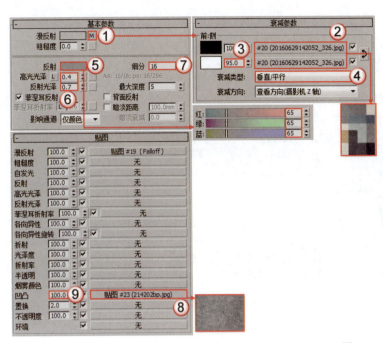

图12-29

图12-30

02 选中地毯模型，并加载"UVW贴图"修改器，设置"贴图"类型为平面，"长度"为562.231mm，"宽度"为309.911mm，如图12-31所示。

03 继续为地毯模型加载"UVW贴图"修改器，设置"贴图"类型为平面，"长度"为199.254mm，"宽度"为250.184mm，"贴图通道"为2，如图12-32所示。

图12-31

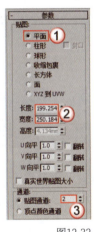

图12-32

技巧与提示

这一步是为了单独调整"凹凸"通道中加载的贴图的坐标。读者要将"凹凸"通道中加载的"贴图通道"也设置为2，如图12-33所示。具体制作方法请观看教学视频。

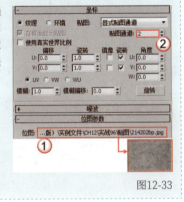

图12-33

⊙ 木质材质

按M键打开材质编辑器，然后选择一个空白材质球，接着设置"材质类型"为VRayMtl，具体参数设置如图12-34所示。制作好的材质球效果如图12-35所示。

设置步骤

① 在"漫反射"通道中加载学习资源中的"实例文件>CH12>实战96 北欧风格客厅空间表现>map> 208735.jpg"文件。

② 设置"反射"颜色为（红:176，绿:176，蓝:176），"高光光泽"为0.7，"反射光泽"为0.88，"细分"为12。

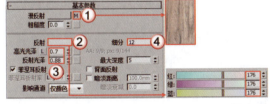

图12-34

图12-35

274

⊙ 窗帘材质

01 按M键打开材质编辑器，然后选择一个空白材质球，接着设置"材质类型"为VRayMtl，具体参数设置如图12-36所示。制作好的材质球效果如图12-37所示。

设置步骤

① 在"漫反射"通道中加载学习资源中的"实例文件>CH12>实战96 北欧风格客厅空间表现>20160704165344_918.jpg"文件。

② 设置"反射"颜色为（红:91，绿:91，蓝:91)，"高光光泽"为0.55，"反射光泽"为0.6，"细分"为10。

③ 在"凹凸"通道加载学习资源中的"实例文件>CH12>实战96 北欧风格客厅空间表现>map>20160704165344_918.jpg"文件，并设置通道量为10。

02 将材质赋予窗帘模型，然后为其加载"UVW贴图"修改器，设置"贴图"类型为平面，"长度"为500mm，"宽度"为500mm，如图12-38所示。

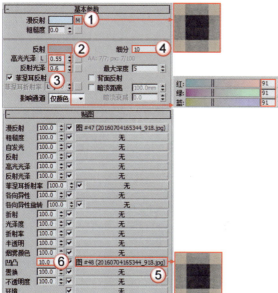

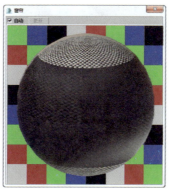

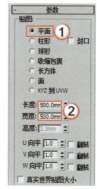

图12-36　　　　　　　　图12-37　　　　　　　　图12-38

⊙ 纱帘材质

按M键打开材质编辑器，然后选择一个空白材质球，接着设置"材质类型"为VRayMtl，具体参数设置如图12-39所示。制作好的材质球效果如图12-40所示。

设置步骤

① 在"漫反射"通道中加载"衰减"贴图，设置"前"通道颜色为（红:185，绿:185，蓝:185)，"衰减类型"为垂直/平行。

② 在"折射"通道中加载"衰减"贴图，设置"前"通道颜色为（红:168，绿:168，蓝:168)，"衰减类型"为垂直/平行，"光泽度"为0.85，"细分"为10。

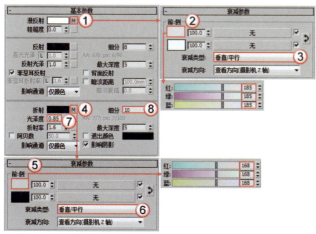

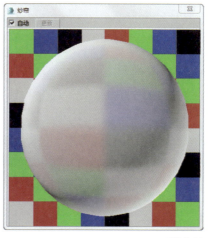

图12-39　　　　　　　　　　　　　图12-40

⊙ 沙发材质

01 按M键打开材质编辑器，然后选择一个空白材质球，接着设置"材质类型"为VRayMtl，具体参数设置如图12-41所示。制作好的材质球效果如图12-42所示。

设置步骤

① 在"漫反射"通道中加载"衰减"贴图，设置"前"通道颜色为（红:201，绿:132，蓝:13），"侧"通道颜色为（红:249，绿:231，蓝:184），"衰减类型"为垂直/平行。

② 设置"反射"颜色为（红:133，绿:133，蓝:133），"高光光泽"为0.4，"反射光泽"为0.6，"细分"为16。

③ 在"凹凸"通道中加载学习资源中的"实例文件>CH12>实战96 北欧风格客厅空间表现>map>14208759501343021897.jpg"文件，并设置通道量为60。

02 将材质赋予窗帘模型，然后为其加载"UVW贴图"修改器，设置"贴图"类型为长方体，"长度"为100mm，"宽度"为100mm，"高度"为100mm，如图12-43所示。

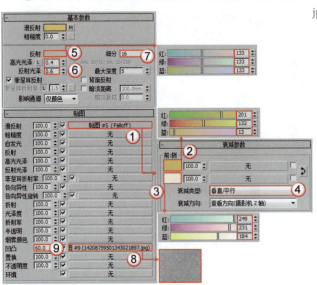

图12-41　　　　　　图12-42　　　　　　图12-43

> **技巧与提示**
>
> 其余未讲解的材质设置都较为简单，具体参数请查看实例文件。

设置最终渲染参数

01 按F10键打开"渲染设置"面板，在"输出大小"选项组中设置"宽度"为3000，"高度"为2250，如图12-44所示。

02 在"渲染块图像采样器"卷展栏中设置"最小细分"为1，"最大细分"为6，"噪波阈值"为0.001，如图12-45所示。

03 在"图像过滤器"卷展栏中设置"过滤器"为Mitchell-Netravali，如图12-46所示。

图12-44　　　　　　图12-45　　　　　　图12-46

04 在"全局确定性蒙特卡洛"卷展栏中设置"噪波阈值"为0.001，如图12-47所示。

05 在"发光图"卷展栏中设置"当前预设"为中，"细分"为80，"插值采样"为60，如图12-48所示。

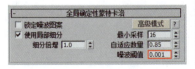
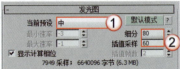

图12-47　　　　　　图12-48

06 在"灯光缓存"卷展栏中设置"细分"为1200,如图12-49所示。

07 按C键切换到摄影机视图,然后按F9键进行渲染,效果如图12-50所示。

> **技巧与提示**
>
> 读者也可以按照第9章中光子文件的设置方法,先渲染光子文件,再渲染最终效果图。

图12-49

图12-50

课外练习: 北欧客厅日景表现

场景位置	场景文件 >CH12>02.max
实例位置	实例文件 >CH12> 课外练习 96.max
视频名称	课外练习 96.mp4
学习目标	掌握家装效果图的制作思路及方法

⊟ 效果展示

本案例是制作北欧风格的客厅空间日光表现,案例效果如图12-51所示。

⊟ 制作提示

案例的灯光布置,如图12-52所示。案例材质效果,如图12-53所示

图12-51

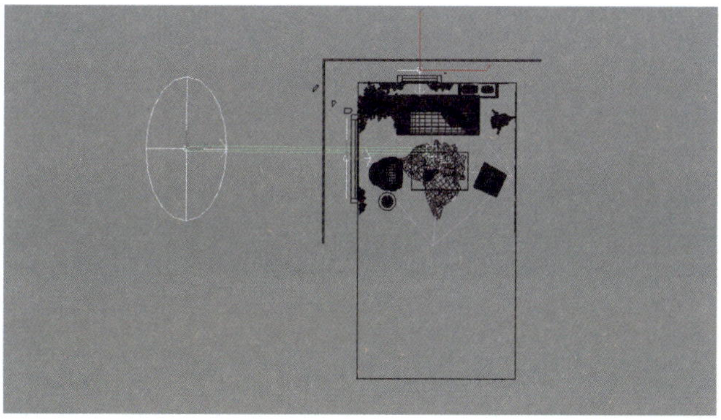

图12-52

沙发布　　　座椅　　　深色木纹　　　不锈钢　　　窗帘

图12-53

实战 97
现代风格卧室空间表现

场景位置	场景文件 >CH12>03.max
实例位置	实例文件 >CH12> 实战 97 现代风格卧室空间表现 .max
视频名称	实战 97 现代风格卧室空间表现 .mp4
学习目标	掌握家装效果图的制作思路及方法

一 案例分析

本案例是制作现代风格的卧室空间的夜景表现。从结构上看，卧室空间是一个半封闭空间，室内人造光源是场景的主光源，自然光则是辅助光源，如图12-54所示是场景的灯光布置效果。

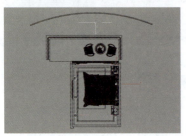

在材质方面，墙纸、木地板、烤漆、皮纹、地毯和床罩等材质是案例的重点，如图12-55所示是案例材质的效果。

墙纸　　木地板　　烤漆　　皮纹　　地毯　　床罩

图12-54　　　　　　　　　　　　　　　　　　　　　　图12-55

一 创建摄影机

01 打开本书学习资源中"场景文件>CH12>03.max"文件，如图12-56所示。

02 在"创建"面板单击"摄影机"按钮，然后单击"目标"按钮 ■ 目标 在床前方创建一台摄影机，位置如图12-57所示。

03 选中创建的摄影机，切换到"修改"面板，设置"参数"卷展栏中"镜头"为24mm，如图12-58所示。

图12-56

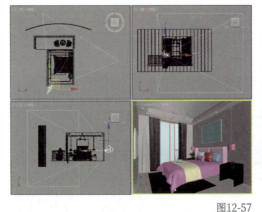

04 按C键切换到摄影机视图，如图12-59所示。

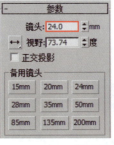

图12-57　　　　　　　　图12-58　　　　　　　　　　　　图12-59

一 设置测试渲染参数

01 按F10键打开"渲染设置"面板，在"输出大小"选项组中设置"宽度"为1000，"高度"为750，如图12-60所示。

02 在"图像采样器（抗锯齿）"卷展栏中设置"类型"为渲染块，如图12-61所示。

03 在"图像过滤器"卷展栏中设置"过滤器"为区域，如图12-62所示。

图12-60　　　　　　　　　　　　　　图12-61　　　　　　　　　　　　图12-62

04 在"渲染块图像采样器"卷展栏中设置"最小细分"为1，"最大细分"为4，"噪波阈值"为0.01，如图12-63所示。

05 在"全局确定性蒙特卡洛"卷展栏中勾选"使用局部细分"选项，然后设置"最小采样"为16，"自适应数量"为0.85，"噪波阈值"为0.005，如图12-64所示。

06 在"颜色贴图"卷展栏中设置"类型"为莱因哈德，如图12-65所示。

图12-63

图12-64

图12-65

技巧与提示

默认的"莱因哈德"的效果等同"线性倍增"的效果。

07 在"全局照明"卷展栏中设置"首次引擎"为发光图，"二次引擎"为灯光缓存，如图12-66所示。

08 在"发光图"卷展栏中设置"当前预设"为非常低，"细分"为50，"插值采样"为20，如图12-67所示。

图12-66

09 在"灯光缓存"卷展栏中设置"细分"为600，如图12-68所示。

10 在"系统"卷展栏中设置"序列"为上->下，"动态内存限制（MB）"为0，如图12-69所示。

图12-67

图12-68

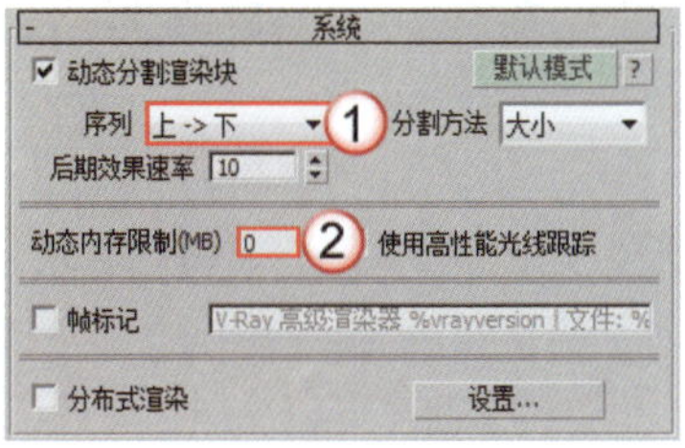

图12-69

创建灯光

01 在"创建"面板单击"灯光"按钮 ，然后选择"VRay"选项，单击"VR-灯光"按钮 VR-灯光 在台灯灯罩内创建一盏灯光，并以"实例"形式复制到另一盏台灯灯罩内，位置如图12-70所示。

02 选中创建的灯光，在"修改"面板中设置各卷展栏的具体参数，如图12-71所示。

设置步骤

① 在"常规"卷展栏中设置"类型"为球体，"半径"为29.705mm，"倍增"为600，"温度"为3000。

② 在"选项"卷展栏中勾选"不可见"选项。

03 按C键切换到摄影机视图，然后按F9键进行渲染，效果如图12-72所示。此时台灯的亮度合适，继续为房间增加辅助光源，丰富场景灯光。

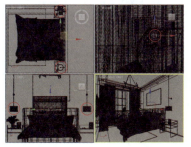
图12-70

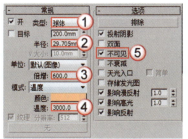
图12-71

图12-72

04 使用"目标灯光"工具 目标灯光 在射灯模型下方创建一盏灯光，并以"实例"方式复制到其他射灯模型下，如图12-73所示。

05 选中上一步创建的灯光，在"修改"面板中设置各卷展栏的具体参数，如图12-74所示。

设置步骤

① 在"常规参数"卷展栏中勾选"阴影"下的启用选项，然后设置阴影类型为VR-阴影，接着设置"灯光分布（类型）"为光度学Web。

② 在"分布（光度学Web）"卷展栏中加载学习资源中的"实例文件>CH12>实战97　现代风格卧室空间表现>map>28.ies"文件。

③ 在"强度/颜色/衰减"卷展栏中设置"开尔文"为4500，然后设置"强度"为2000。

06 按C键切换到摄影机视图，然后按F9键进行渲染，效果如图12-75所示。

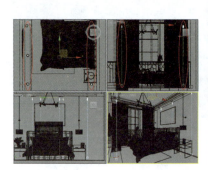

图12-73

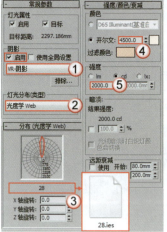

图12-74

图12-75

07 使用"VR-灯光"工具 VR-灯光 在窗外创建一盏灯光，位置如图12-76所示。

08 选中上一步创建的灯光，在"修改"面板中设置各卷展栏的具体参数，如图12-77所示。

设置步骤

① 在"常规"卷展栏中设置"类型"为平面，"1/2长"为860.031mm，"1/2宽"为1056.678mm，"倍增"为3，"颜色"为（红:10，绿:65，蓝:205）。

② 在"选项"卷展栏中勾选"不可见"选项。

③ 在"采样"卷展栏中设置"细分"为16。

09 按C键切换到摄影机视图，然后按F9键进行渲染，效果如图12-78所示。

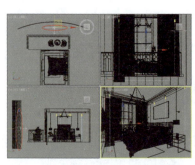

图12-76

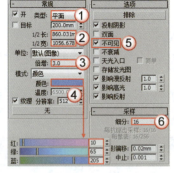

图12-77

图12-78

技巧与提示

蓝色的灯光容易产生噪点，需要适当增大"细分"参数数值。

制作材质

本案例需要制作墙纸材质、木地板材质、烤漆材质、地毯材质、床罩材质和皮纹材质等。

中文版 3ds Max 2016 实战基础教程（全彩版）

⊙ 墙纸材质

01 按M键打开材质编辑器，然后选择一个空白材质球，接着设置"材质类型"为VRayMtl，在"漫反射"通道中加载学习资源中的"实例文件>CH12>实战97 现代风格卧室空间表现> dddd王.jpg"文件，如图12-79所示。制作好的材质球效果如图12-80所示。

02 将材质赋予墙面模型，然后加载"UVW贴图"修改器，设置"贴图"类型为平面，"长度"为550mm，"宽度"为550mm，如图12-81所示。

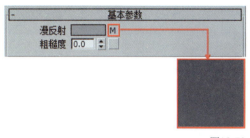

图12-79　　　　　　　　图12-80　　　　　　　　图12-81

技巧与提示

普通墙纸类似乳胶漆，反射较弱，因此不设置反射数值。

⊙ 木地板材质

01 按M键打开材质编辑器，然后选择一个空白材质球，接着设置"材质类型"为VRayMtl，具体参数设置如图12-82所示。制作好的材质球效果如图12-83所示。

设置步骤

① 在"漫反射"通道中加载学习资源中的"实例文件>CH12>实战97 现代风格卧室空间表现>map>地板(1).jpg"文件。

② 设置"反射"颜色为（红:156，绿:156，蓝:156），"高光光泽"为0.65，"反射光泽"为0.85，"细分"为12。

02 将材质赋予地板模型，并加载"UVW贴图"修改器，设置"贴图"类型为平面，"长度"为1466.52mm，"宽度"为491.07mm，如图12-84所示。

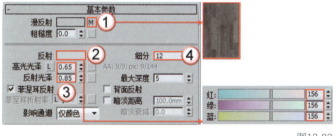

图12-82　　　　　　　　图12-83　　　　　　　　图12-84

⊙ 烤漆材质

按M键打开材质编辑器，然后选择一个空白材质球，接着设置"材质类型"为VRayMtl，具体参数设置如图12-85所示。制作好的材质球效果如图12-86所示。

设置步骤

① 设置"漫反射"颜色为（红:0，绿:0，蓝:0）。

② 设置"反射"颜色为（红:80，绿:78，蓝:74），"高光光泽"为0.8，"菲涅耳折射率"为10，"细分"为16。

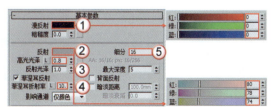

图12-85　　　　　　　　图12-86

⊙ 地毯材质

01 按M键打开材质编辑器，然后选择一个空白材质球，接着设置"材质类型"为VRayMtl，在"漫反射"和"凹凸"通道中加载学习资源中的"实例文件>CH12>实战97　现代风格卧室空间表现>map>20151013115544_990.jpg"文件，并设置"凹凸"通道量为10，如图12-87所示。制作好的材质球效果如图12-88所示。

02 将材质赋予地毯模型，并加载"UVW贴图"修改器，设置"贴图"类型为平面，"长度"为1500mm，"宽度"为1500mm，如图12-89所示。

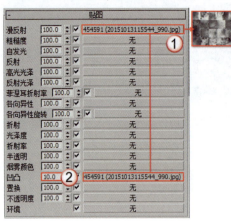
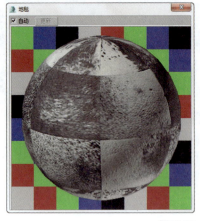

图12-87　　　　　　　　　　　　　　图12-88　　　　　　　　　图12-89

⊙ 床罩材质

01 按M键打开材质编辑器，然后选择一个空白材质球，接着设置"材质类型"为VRayMtl，具体参数设置如图12-90所示。制作好的材质球效果如图12-91所示。

设置步骤

① 在"漫反射"通道中加载学习资源中的"实例文件>CH12>实战97　现代风格卧室空间表现>map>vm_v4_047_fabric_diffuse.jpg"文件。

② 设置"反射"颜色为（红:92，绿:92，蓝:92），"高光光泽"为0.4，"反射光泽"为0.6，"细分"为10。

③ 在"凹凸"通道中加载学习资源中的"实例文件>CH12>实战97　现代风格卧室空间表现>map>color_b.jpg"文件，并设置通道强度为45。

02 将材质赋予床罩模型，并加载"ＵＶＷ贴图"修改器，设置"贴图"类型为长方体，"长度"为５００ｍｍ，"宽度"为５００ｍｍ，"高度"为５００ｍｍ，如图12-92所示。

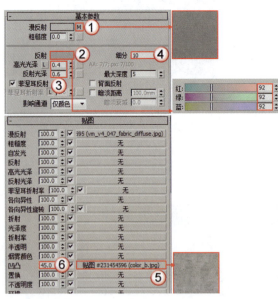

图12-90　　　　　　　　　　　　　　图12-91　　　　　　　　　图12-92

⊙ **皮纹材质**

☑ 按M键打开材质编辑器，然后选择一个空白材质球，接着设置"材质类型"为VRayMtl，具体参数设置如图12-93所示。制作好的材质球效果如图12-94所示。

设置步骤

① 在"漫反射"通道中加载学习资源中的"实例文件>CH12>实战97 现代风格卧室空间表现>map>0016.jpg"文件。

② 设置"反射"颜色为（红:205，绿:205，蓝:205），"高光光泽"为0.65，"反射光泽"为0.8，"菲涅耳折射率"为2，"细分"为16。

③ 在"双向反射分布函数"卷展栏中设置"类型"为沃德。

④ 在"凹凸"通道中加载"VR-法线贴图"，然后在"法线贴图"通道中加载学习资源中的"实例文件>CH12>实战97 现代风格卧室空间表现>map>0013.jpg"文件，并设置"凹凸"通道强度为10。

☑ 将材质赋予床头软包模型，并加载"UVW贴图"修改器，设置"贴图"类型为长方体，"长度"为500mm，"宽度"为500mm，"高度"为500mm，如图12-95所示。

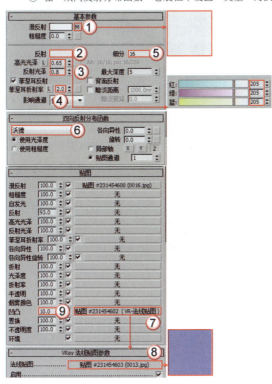

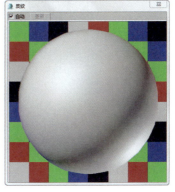

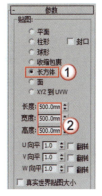

图12-93　　　　　　　　　　图12-94　　　　　　图12-95

技巧与提示

"VR-法线贴图"是专门用于加载蓝色的法线贴图的工具。法线贴图会通过颜色表示原有贴图的凹凸纹理，比传统的黑白贴图更加真实。

⬡ **设置最终渲染参数**

☑ 按F10键打开"渲染设置"面板，在"输出大小"选项组中设置"宽度"为3000，"高度"为2250，如图12-96所示。

☑ 在"渲染块图像采样器"卷展栏中设置"最小细分"为1，"最大细分"为6，"噪波阈值"为0.001，如图12-97所示。

☑ 在"图像过滤器"卷展栏中设置"过滤器"为Mitchell-Netravali，如图12-98所示。

图12-96　　　　　　　　　　图12-97　　　　　　　　　　图12-98

04 在"全局确定性蒙特卡洛"卷展栏中设置"噪波阈值"为0.001，如图12-99所示。

图12-99

05 在"发光图"卷展栏中设置"当前预设"为中，"细分"为80，"插值采样"为60，如图12-100所示。

图12-100

06 在"灯光缓存"卷展栏中设置"细分"为1200，如图12-101所示。

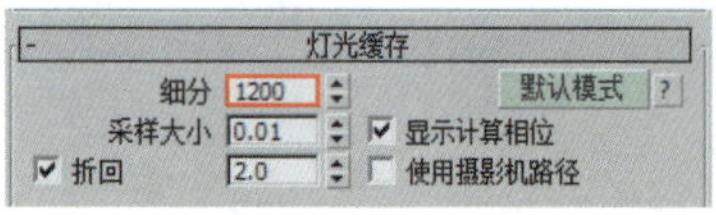

图12-101

07 按C键切换到摄影机视图，然后按F9键进行渲染，效果如图12-102所示。

图12-102

课外练习：新中式卧室夜景表现

场景位置	场景文件 >CH12>04.max
实例位置	实例文件 >CH12> 课外练习 97.max
视频名称	课外练习 97.mp4
学习目标	掌握家装效果图的制作思路及方法

一 效果展示

本案例是制作新中式风格的卧室空间夜晚表现，案例效果如图12-103所示。

一 制作提示

案例的灯光布置，如图12-104所示。案例材质效果，如图12-105所示。

图12-103

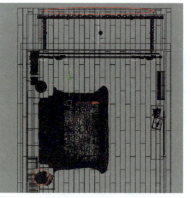

图12-104

木地板　乳胶漆　木纹　白漆　黑铁　大理石　窗帘　纱帘

图12-105

实战 98	场景位置	场景文件 >CH12>05.max
现代风格办公	实例位置	实例文件 >CH12> 实战 98 现代风格办公空间表现 .max
空间表现	视频名称	实战 98 现代风格办公空间表现 .mp4
	学习目标	掌握工装效果图的制作思路及方法

案例分析

本案例是制作现代风格会议室的日景表现。从结构上看，会议室是一个半封闭空间，室外自然光源是场景的主光源，室内人造光源是辅助光源，如图12-106所示是场景的灯光布置效果。

在材质方面，白色烤漆、皮革、地砖、地毯、木质、黑镜、窗框和不锈钢等材质是案例的重点，如图12-107所示是案例材质的效果。

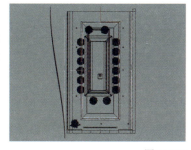

图12-106

白色烤漆　　皮革　　　地砖　　　地毯　　　木质　　　黑镜　　　窗框　　　不锈钢

图12-107

创建摄影机

01 打开本书学习资源"场景文件>CH12>05.max"，如图12-108所示。

02 在"创建"面板单击"摄影机"按钮，然后单击"物理"按钮 物理 在会议桌前方创建一台摄影机，位置如图12-109所示。

03 选中创建的摄影机，切换到"修改"面板，设置"物理摄影机"的"焦距"为30毫米，"光圈"为8，"曝光"卷展栏的"曝光增益"选择"手动"并设置为800ISO，如图12-110所示。

04 按C键切换到摄影机视图，如图12-111所示。

图12-108

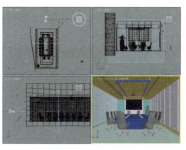

图12-109

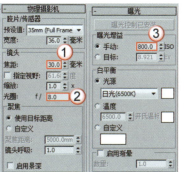

图12-110

图12-111

设置测试渲染参数

01 按F10键打开"渲染设置"面板，在"输出大小"选项组中设置"宽度"为1000，"高度"为750，如图12-112所示。

02 在"图像采样器（抗锯齿）"卷展栏中设置"类型"为渲染块，如图12-113所示。

图12-112

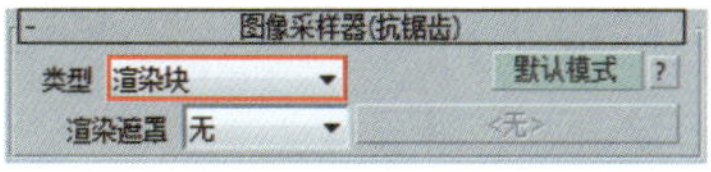

图12-113

第 12 章 商业综合实战

285

03 在"图像过滤器"卷展栏中设置"过滤器"为区域，如图12-114所示。

04 在"渲染块图像采样器"卷展栏中设置"最小细分"为1，"最大细分"为4，"噪波阈值"为0.01，如图12-115所示。

05 在"全局确定性蒙特卡洛"卷展栏中勾选"使用局部细分"选项，然后设置"最小采样"为16，"自适应数量"为0.85，"噪波阈值"为0.005，如图12-116所示。

图12-114　　　　　　　　　　　图12-115　　　　　　　　　　　图12-116

06 在"颜色贴图"卷展栏中设置"类型"为莱因哈德，如图12-117所示。

07 在"全局照明"卷展栏中设置"首次引擎"为发光图，"二次引擎"为灯光缓存，如图12-118所示。

08 在"发光图"卷展栏中设置"当前预设"为非常低，"细分"为50，"插值采样"为20，如图12-119所示。

图12-117　　　　　　　　　　　图12-118　　　　　　　　　　　图12-119

09 在"灯光缓存"卷展栏中设置"细分"为600，如图12-120所示。

10 在"系统"卷展栏中设置"序列"为上->下，"动态内存限制（MB）"为0，如图12-121所示。

图12-120　　　　　　　　　　　图12-121

一　创建灯光

01 在"创建"面板单击"灯光"按钮，然后选择"VRay"选项，单击"VR-灯光"按钮 VR-灯光 在窗外创建一盏灯光，位置如图12-122所示。

02 选中上一步创建的灯光，在"修改"面板中设置各卷展栏的具体参数，如图12-123所示。

设置步骤

① 在"常规"卷展栏中设置"类型"为平面，"1/2长"为4387.232mm，"1/2宽"为1434.687mm，"倍增"为3，"颜色"为（红:188，绿:215，蓝:255）。

② 在"选项"卷展栏中勾选"不可见"选项，并取消勾选"影响高光"和"影响反射"选项。

③ 在"采样"卷展栏中设置"细分"为16。

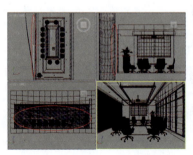

图12-122

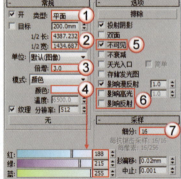

图12-123

中文版 3ds Max 2016 实战基础教程（全彩版）

03 按C键切换到摄影机视图，然后按F9键进行渲染，效果如图12-124所示。主光源创建完毕，下面创建辅助光源。

04 使用"VR-灯光"工具 VR-灯光 在吊顶的灯槽内创建一盏灯光，然后以"实例"的形式复制3盏到其余灯槽，位置如图12-125所示。

05 选中上一步创建的灯光，在"修改"面板中设置各卷展栏的具体参数，如图12-126所示。

设置步骤

① 在"常规"卷展栏中设置"类型"为平面，"1/2长"为1723.863mm，"1/2宽"为77.852mm，"倍增"为2，"颜色"为（红:247，绿:148，蓝:42）。

② 在"选项"卷展栏中勾选"不可见"选项，并取消勾选"影响高光"和"影响反射"选项。

③ 在"采样"卷展栏中设置"细分"为10。

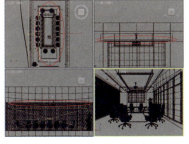

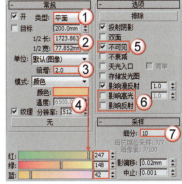

图12-124　　　　　　　　　　图12-125　　　　　　　　　　图12-126

技巧与提示

使用"选择并均匀缩放"工具 可以直接缩放灯光的长度。

06 按C键切换到摄影机视图，然后按F9键进行渲染，效果如图12-127所示。

07 使用"VR-灯光"工具 VR-灯光 在背景墙边的灯槽内创建一盏灯光，位置如图12-128所示。

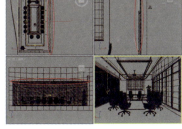

图12-127　　　　　　　　　　图12-128

08 选中上一步创建的灯光，在"修改"面板中设置各卷展栏的具体参数，如图12-129所示。

设置步骤

① 在"常规"卷展栏中设置"类型"为平面，"1/2长"为201.472mm，"1/2宽"为4367.272mm，"倍增"为6，"颜色"为（红:247，绿:148，蓝:42）。

② 在"选项"卷展栏中勾选"不可见"选项，并取消勾选"影响高光"和"影响反射"选项。

③ 在"采样"卷展栏中设置"细分"为10。

09 按C键切换到摄影机视图，然后按F9键进行渲染，效果如图12-130所示。

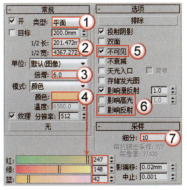

图12-129　　　　　　　　　　图12-130

一　制作材质

本案例需要制作白色烤漆材质、皮革材质和地砖材质等。

⊙ 白色烤漆材质

按M键打开材质编辑器，然后选择一个空白材质球，接着设置"材质类型"为VRayMtl，具体参数设置如图12-131所示。制作好的材质球效果如图12-132所示。

设置步骤

① 设置"漫反射"颜色为（红:240，绿:240，蓝:240）。

② 设置"反射"颜色为（红:216，绿:216，蓝:216），"高光光泽"为0.9，"反射光泽"为0.95，"细分"为16。

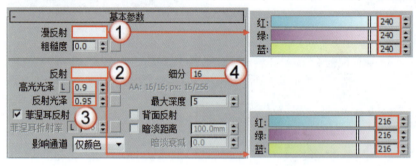

图12-131　　　　　　　　　　　　　　　　图12-132

⊙ 皮革材质

01 按M键打开材质编辑器，然后选择一个空白材质球，接着设置"材质类型"为VRayMtl，具体参数设置如图12-133所示。制作好的材质球效果如图12-134所示。

设置步骤

① 在"漫反射"通道中加载学习资源中的"实例文件>CH12>实战98 现代风格办公空间表现>map>03.jpg"文件。

② 设置"反射"颜色为（红:255，绿:255，蓝:255），"高光光泽"为0.85，"反射光泽"为0.7，"细分"为16。

③ 在"双向反射分布函数"卷展栏中设置"类型"为沃德。

④ 在"凹凸"通道中加载学习资源中的"实例文件>CH12>实战98 现代风格办公空间表现>map>AM110_007_bump.jpg"文件，并设置通道量为15。

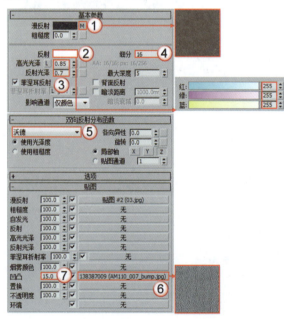

02 将材质赋予椅子模型，并加载"UVW贴图"修改器，设置"贴图"类型为长方体，"长度"为500mm，"宽度"为500mm，"高度"为500mm，如图12-135所示。

图12-133　　　　　　　　　　　图12-134　　　　　　　图12-135

中文版 3ds Max 2016 实战基础教程（全彩版）

⊙ 地砖材质

01 按M键打开材质编辑器，然后选择一个空白材质球，接着设置"材质类型"为VRayMtl，具体参数设置如图12-136所示。制作好的材质球效果如图12-137所示。

设置步骤

① 在"漫反射"通道中加载学习资源中的"实例文件>CH12>实战98 现代风格办公空间表现>map>33b0d.jpg"文件。

② 设置"反射"颜色为（红:211，绿:211，蓝:211），"高光光泽"为0.85，"细分"为16。

02 将材质赋予地面模型，并加载"UVW贴图"修改器，设置"贴图"类型为平面，"长度"为1500mm，"宽度"为1500mm，如图12-138所示。

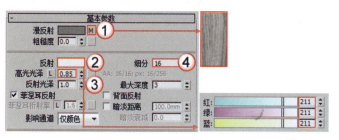

图12-136　　　　　　　　图12-137　　　　　　　　图12-138

⊙ 地毯材质

01 按M键打开材质编辑器，然后选择一个空白材质球，接着设置"材质类型"为VRayMtl，在"漫反射"和"凹凸"通道中加载学习资源中的"实例文件>CH12>实战98 现代风格办公空间表现>map>IMG_1469.jpg"文件，并设置"凹凸"通道量为12，如图12-139所示。制作好的材质球效果如图12-140所示。

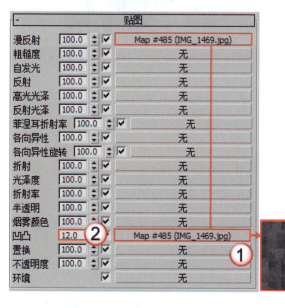

02 将材质赋予地面模型，并加载"UVW贴图"修改器，设置"贴图"类型为平面，"长度"为2500mm，"宽度"为2500mm，如图12-141所示。

图12-139　　　　　　　　图12-140　　　　　　　　图12-141

⊙ 木质材质

01 按M键打开材质编辑器，然后选择一个空白材质球，接着设置"材质类型"为VRayMtl，具体参数设置如图12-142所示。制作好的材质球效果如图12-143所示。

设置步骤

① 在"漫反射"通道中加载学习资源中的"实例文件>CH12>实战98 现代风格办公空间表现>map>木饰面.jpg"文件。

② 设置"反射"颜色为（红:151，绿:151，蓝:151），"高光光泽"为0.72，"反射光泽"为0.9，"细分"为16。

02 将材质赋予地面模型，并加载"UVW贴图"修改器，设置"贴图"类型为长方体，"长度"为1000mm，"宽度"为1000mm，"高度"为1000mm，如图12-144所示。

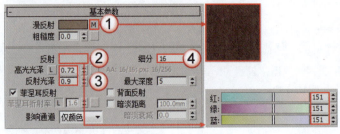

图12-142　　　　　图12-143　　　　　图12-144

⊙ 黑镜材质

按M键打开材质编辑器，然后选择一个空白材质球，接着设置"材质类型"为VRayMtl，具体参数设置如图12-145所示。制作好的材质球效果如图12-146所示。

设置步骤

① 设置"漫反射"颜色为（红:0，绿:0，蓝:0）。

② 设置"反射"颜色为（红:255，绿:255，蓝:255），"菲涅耳折射率"为3，"细分"为10。

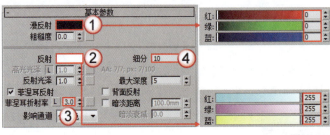

图12-145　　　　　图12-146

⊙ 窗框材质

按M键打开材质编辑器，然后选择一个空白材质球，接着设置"材质类型"为VRayMtl，具体参数设置如图12-147所示。制作好的材质球效果如图12-148所示。

设置步骤

① 设置"漫反射"颜色为（红:50，绿:50，蓝:50）。

② 设置"反射"颜色为（红:138，绿:138，蓝:138），"高光光泽"为0.75，"反射光泽"为0.7，"菲涅耳折射率"为6，"细分"为16。

③ 在"双向反射分布函数"卷展栏中设置"类型"为微面GTR（GGX）。

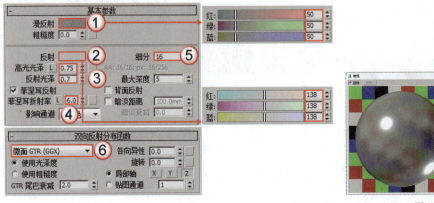

图12-147　　　　　图12-148

⊙ **不锈钢材质**

按M键打开材质编辑器，然后选择一个空白材质球，接着设置"材质类型"为VRayMtl，具体参数设置如图12-149所示。制作好的材质球效果如图12-150所示。

设置步骤

① 设置"漫反射"颜色为（红：90，绿：90，蓝：90）。

② 设置"反射"颜色为（红：180，绿：180，蓝：180），"高光光泽"为0.6，"反射光泽"为0.85，"菲涅耳折射率"为10，"细分"为16。

③ 在"双向反射分布函数"卷展栏中设置"类型"为微面GTR（GGX）。

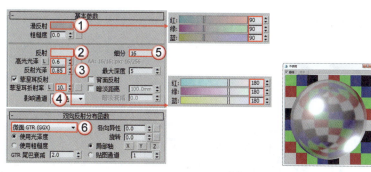

图12-149　　　　图12-150

一　设置最终渲染参数

01 按F10键打开"渲染设置"面板，在"输出大小"选项组中设置"宽度"为3000，"高度"为2250，如图12-151所示。

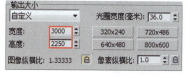

图12-151

02 在"渲染块图像采样器"卷展栏中设置"最小细分"为1，"最大细分"为6，"噪波阈值"为0.001，如图12-152所示。

03 在"图像过滤器"卷展栏中设置"过滤器"为Mitchell-Netravali，如图12-153所示。

04 在"全局确定性蒙特卡洛"卷展栏中设置"噪波阈值"为0.001，如图12-154所示。

图12-152

图12-153

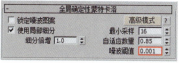

图12-154

05 在"发光图"卷展栏中设置"当前预设"为中，"细分"为80，"插值采样"为60，如图12-155所示。

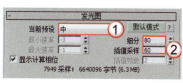

图12-155

06 在"灯光缓存"卷展栏中设置"细分"为1200，如图12-156所示。

图12-156

07 按C键切换到摄影机视图，然后按F9键进行渲染，效果如图12-157所示。

图12-157

场景位置	场景文件 >CH12>06.max
实例位置	实例文件 >CH12> 课外练习 98.max
视频名称	课外练习 98.mp4
学习目标	掌握工装效果图的制作思路及方法

效果展示

本案例是制作工业风格的办公空间日景表现，案例效果如图12-158所示。

制作提示

案例的灯光布置，如图12-159所示。案例材质效果，如图12-160所示。

图12-158

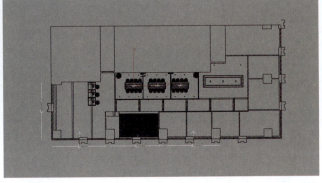

图12-159

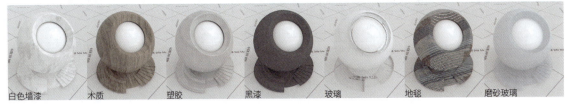

白色墙漆　木质　塑胶　黑漆　玻璃　地毯　磨砂玻璃

图12-160

实战 99
现代风格别墅空间表现

场景位置	场景文件 >CH12>07.max
实例位置	实例文件 >CH12> 实战 99 现代风格别墅空间表现 .max
视频名称	实战 99 现代风格别墅空间表现 .mp4
学习目标	掌握建筑效果图的制作思路及方法

案例分析

本案例是制作现代风格的别墅日景表现。从结构上看，别墅是一个开放空间，室外自然光源是场景的主光源，如图12-161所示是场景的灯光布置效果。

在材质方面，木质材质、木地板、玻璃、亚光不锈钢、窗框和高光不锈钢等材质是案例的重点，如图12-162所示是案例材质的效果。

图12-161

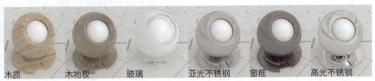

木质　木地板　玻璃　亚光不锈钢　窗框　高光不锈钢

图12-162

一 创建摄影机

01 打开本书学习资源"场景文件>CH12>07.max",如图12-163所示。

02 在"创建"面板单击"摄影机"按钮，然后单击"物理"按钮 物理 在别墅前方创建一台摄影机，位置如图12-164所示。

图12-163

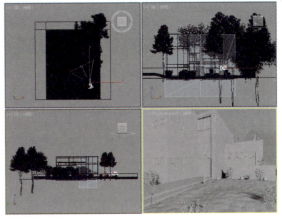

图12-164

03 选中创建的摄影机，切换到"修改"面板，设置"物理摄影机"的"宽度"为45毫米，"焦距"为30毫米，"光圈"为8，"曝光"卷展栏的"曝光增益"中选择"手动"并设置为800ISO，如图12-165所示。

04 按C键切换到摄影机视图，如图12-166所示。

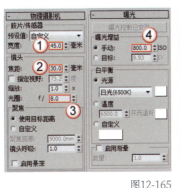

图12-165

图12-166

> **技巧与提示**
>
> 在创建摄影机时，难免会造成摄影机倾斜。在"透视控制"卷展栏中勾选"自动垂直倾斜校正"选项，可以将略微倾斜的镜头校正为垂直，如图12-167所示。
>
>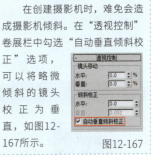
>
> 图12-167

一 设置测试渲染参数

01 按F10键打开"渲染设置"面板，在"输出大小"选项组中设置"宽度"为1000，"高度"为750，如图12-168所示。

02 在"图像采样器（抗锯齿）"卷展栏中设置"类型"为渲染块，如图12-169所示。

03 在"图像过滤器"卷展栏中设置"过滤器"为区域，如图12-170所示。

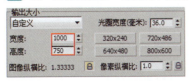

图12-168

图12-169

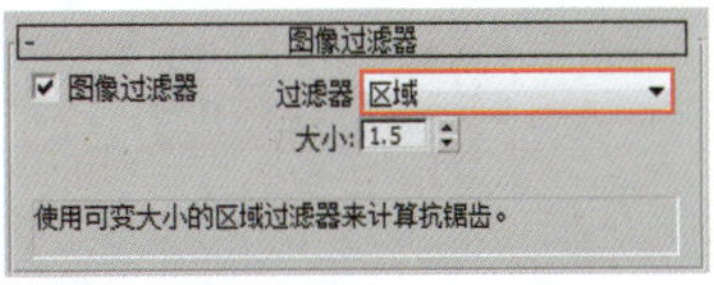

图12-170

04 在"渲染块图像采样器"卷展栏中设置"最小细分"为1，"最大细分"为4，"噪波阈值"为0.01，如图12-171所示。

图12-171

05 在"全局确定性蒙特卡洛"卷展栏中勾选"使用局部细分"选项，然后设置"最小采样"为16，"自适应数量"为0.85，"噪波阈值"为0.005，如图12-172所示。

06 在"颜色贴图"卷展栏中设置"类型"为莱因哈德，如图12-173所示。

07 在"全局照明"卷展栏中设置"首次引擎"为发光图，"二次引擎"为BF算法，如图12-174所示。

图12-172

图12-173

图12-174

技巧与提示
建筑类的场景一般设置"二次引擎"为BF算法。

08 在"发光图"卷展栏中设置"当前预设"为非常低，"细分"为50，"插值采样"为20，如图12-175所示。

09 在"BF算法计算全局照明（GI）"卷展栏中设置"细分"为8，"反弹"为3，如图12-176所示。

10 在"系统"卷展栏中设置"序列"为上->下，"动态内存限制（MB）"为0，如图12-177所示。

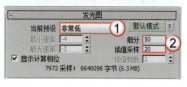
图12-175

图12-176

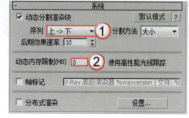
图12-177

创建灯光

01 在"创建"面板单击"灯光"按钮，然后选择"VRay"选项，单击"VR-太阳"按钮 VR-太阳 在场景中创建一盏太阳光，位置如图12-178所示。

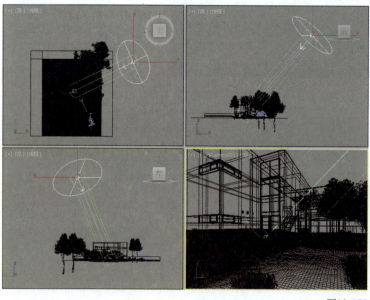
图12-178

技巧与提示

创建灯光时，系统会弹出的"VRay太阳"对话框，这里选择"是"选项，如图12-179所示。

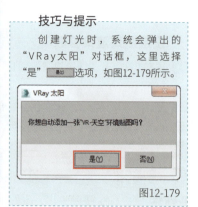
图12-179

02 选中创建的"VRay太阳"灯光，在"修改"面板中设置"VRay太阳参数"卷展栏的"强度倍增"为0.03，"大小倍增"为5，"阴影细分"为8，如图12-180所示。

03 按C键切换到摄影机视图，然后按F9键进行渲染，效果如图12-181所示。此时阳光的强度合适，但屋内其他地方光线较暗，需要增加环境光补充亮度。

图12-180   图12-181

制作材质

本案例需要制作木质材质、木地板材质和玻璃材质等。

⊙ 木质材质

01 按M键打开材质编辑器，然后选择一个空白材质球，接着设置"材质类型"为VRayMtl，具体参数设置如图12-182所示。制作好的材质球效果如图12-183所示。

设置步骤

① 在"漫反射"通道中加载学习资源中的"实例文件>CH12>实战99 现代风格别墅空间表现>map>archexteriors13_009_wooden_planks.jpg"文件。

② 设置"反射"颜色为（红:195，绿:195，蓝:195），"反射光泽"为0.68，"细分"为20。

③ 在"凹凸"通道中加载学习资源中的"实例文件>CH12>实战99 现代风格别墅空间表现>map>archexteriors13_009_wooden_planks_bump.jpg"文件，并设置通道量为15。

02 将材质赋予别墅的墙面模型，并加载"UVW贴图"修改器，设置"贴图"类型为长方体，"长度"为4000mm，"宽度"为4000mm，"高度"为3600mm，如图12-184所示。

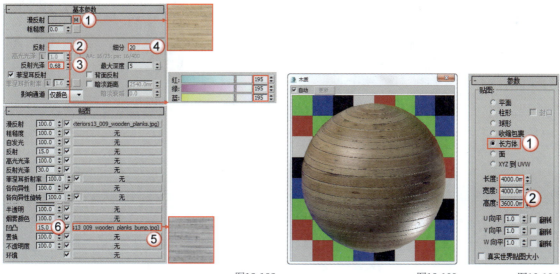

图12-182   图12-183   图12-184

⊙ 木地板材质

01 按M键打开材质编辑器，然后选择一个空白材质球，接着设置"材质类型"为VRayMtl，具体参数设置如图12-185所示。制作好的材质球效果如图12-186所示。

设置步骤

① 在"漫反射"通道中加载学习资源中的"实例文件>CH12>实战99 现代风格别墅空间表现>map>planks03.jpg"文件。

② 设置"反射"颜色为（红:221，绿:221，蓝:221），"反射光泽"为0.6。

02 将材质赋予别墅的外部地面模型，并加载"UVW贴图"修改器，设置"贴图"类型为长方体，"长度"为5135.17mm，"宽度"为1674.86mm，"高度"为146.213mm，如图12-187所示。

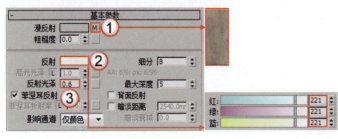  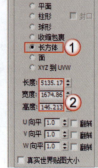

图12-185　　　　　　图12-186　　　　　　图12-187

⊙ 玻璃材质

按M键打开材质编辑器，然后选择一个空白材质球，接着设置"材质类型"为VRayMtl，具体参数设置如图12-188所示。制作好的材质球效果如图12-189所示。

设置步骤

① 设置"漫反射"颜色为（红:0，绿:0，蓝:0）。

② 设置"反射"颜色为（红:188，绿:188，蓝:188），"细分"为10。

③ 设置"折射"颜色为（红:255，绿:255，蓝:255），"折射率"为1.56，"细分"为10。

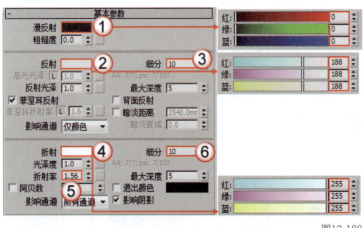 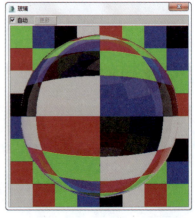

图12-188　　　　　　　　　　图12-189

⊙ 亚光不锈钢材质

按M键打开材质编辑器，然后选择一个空白材质球，接着设置"材质类型"为VRayMtl，具体参数设置如图12-190所示。制作好的材质球效果如图12-191所示。

设置步骤

① 设置"漫反射"颜色为（红:25，绿:25，蓝:25）。

② 设置"反射"颜色为（红:180，绿:180，蓝:180），"高光光泽"为0.85，"反射光泽"为0.8，"菲涅耳折射率"为15，"细分"为10。

③ 在"双向反射分布函数"卷展栏中设置"类型"为微面GTR（GGX），"各向异性"为0.5，"旋转"为90。

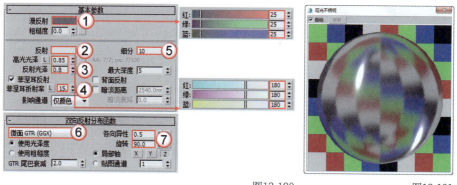

图12-190 图12-191

⊙ **窗框材质**

按M键打开材质编辑器，然后选择一个空白材质球，接着设置"材质类型"为VRayMtl，具体参数设置如图12-192所示。制作好的材质球效果如图12-193所示。

设置步骤

① 设置"漫反射"颜色为（红:8，绿:8，蓝:8）。

② 设置"反射"颜色为（红:186，绿:186，蓝:186），"反射光泽"为0.7，"菲涅耳折射率"为3。

③ 在"双向反射分布函数"卷展栏中设置"类型"为微面GTR（GGX）。

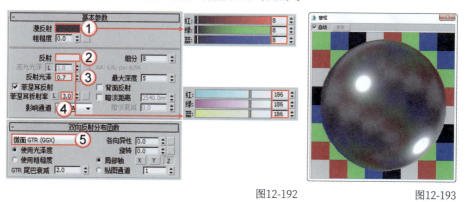

图12-192 图12-193

⊙ **高光不锈钢材质**

按M键打开材质编辑器，然后选择一个空白材质球，接着设置"材质类型"为VRayMtl，具体参数设置如图12-194所示。制作好的材质球效果如图12-195所示。

设置步骤

① 设置"漫反射"颜色为（红:1，绿:1，蓝:1）。

② 设置"反射"颜色为（红:255，绿:255，蓝:255），"高光光泽"为0.9，"菲涅耳折射率"为15。

③ 在"双向反射分布函数"卷展栏中设置"类型"为微面GTR（GGX）。

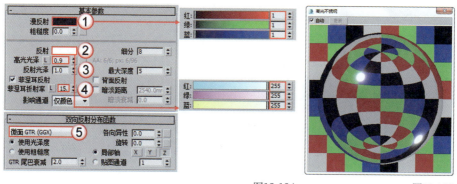

图12-194 图12-195

☐ 设置最终渲染参数

01 按F10键打开"渲染设置"面板，在"输出大小"选项组中设置"宽度"为3000，"高度"为2250，如图12-196所示。

02 在"渲染块图像采样器"卷展栏中设置"最小细分"为1，"最大细分"为6，"噪波阈值"为0.001，如图12-197所示。

03 在"图像过滤器"卷展栏中设置"过滤器"为Mitchell-Netravali，如图12-198所示。

图12-196

图12-197

图12-198

04 在"全局确定性蒙特卡洛"卷展栏中设置"噪波阈值"为0.001，如图12-199所示。

05 在"发光图"卷展栏中设置"当前预设"为中，"细分"为80，"插值采样"为60，如图12-200所示。

06 在"BF算法计算全局照明（GI）"卷展栏中设置"细分"为16，"反弹"为8，如图12-201所示。

图12-199

图12-200

图12-201

07 按C键切换到摄影机视图，然后按F9键进行渲染，效果如图12-202所示。

图12-202

中文版 3ds Max 2016 实战基础教程（全彩版）

課外練習：工業别墅日景表現

場景位置	場景文件 >CH12>08.max
實例位置	實例文件 >CH12> 課外練習 99.max
視頻名稱	課外練習 99.mp4
學習目標	掌握建築效果圖的製作思路及方法

⊟ 效果展示

本案例是製作工業風格的別墅建築日景表現，效果如圖12-203所示。

⊟ 製作提示

案例的燈光佈置，如圖12-204所示。案例材質效果，如圖12-205所示。

图12-203

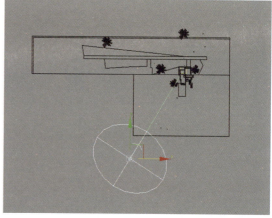

图12-204

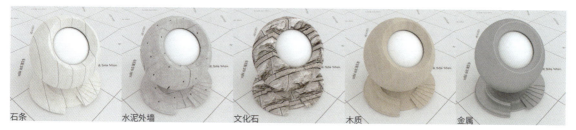

石条　　　　水泥外墙　　　　文化石　　　　木质　　　　金属

图12-205

附录A　常用快捷键一览表

一、主界面快捷键

续表

操作	快捷键	操作	快捷键
显示降级适配（开关）	O	偏移捕捉	Alt+Ctrl+Space（Space键即空格键）
适应透视图格点	Shift+Ctrl+A	打开一个max文件	Ctrl+O
排列	Alt+A	平移视图	Ctrl+P
角度捕捉（开关）	A	交互式平移视图	I
动画模式（开关）	N	放置高光	Ctrl+H
改变到后视图	K	播放/停止动画	/
背景锁定（开关）	Alt+Ctrl+B	快速渲染	Shift+Q
前一时间单位	.或<	回到上一场景操作	Ctrl+A
下一时间单位	,或>	回到上一视图操作	Shift+A
改变到顶视图	T	撤消场景操作	Ctrl+Z
改变到底视图	B	撤消视图操作	Shift+Z
改变到摄影机视图	C	刷新所有视图	1
改变到前视图	F	用前一次的参数进行渲染	Shift+E或F9
改变到用户视图（等距视图）	U	渲染配置	Shift+R或F10
改变到右视图	R	在XY/YZ/ZX锁定中循环改变	F8
改变到透视图	P	约束到X轴	F5
循环改变选择方式	Ctrl+F	约束到Y轴	F6
默认灯光（开关）	Ctrl+L	约束到Z轴	F7
删除物体	Delete	旋转视图模式	Ctrl+R或V
当前视图暂时失效	D	保存文件	Ctrl+S
是否显示几何体内框（开关）	Ctrl+E	透明显示所选物体（开关）	Alt+X
显示第一个工具条	Alt+1	选择父物体	PageUp
专家模式，全屏（开关）	Ctrl+X	选择子物体	PageDown
暂存场景	Alt+Ctrl+H	根据名称选择物体	H
取回场景	Alt+Ctrl+F	选择锁定（开关）	Space（Space键即空格键）
冻结所选物体	6	减淡所选物体的面（开关）	F2
跳到最后一帧	End	显示所有视图网格（开关）	Shift+G
跳到第一帧	Home	显示/隐藏命令面板	3
显示/隐藏摄影机	Shift+C	显示/隐藏浮动工具条	4
显示/隐藏几何体	Shift+O	显示最后一次渲染的图像	Ctrl+I
显示/隐藏网格	G	显示/隐藏主要工具栏	Alt+6
显示/隐藏帮助物体	Shift+H	显示/隐藏安全框	Shift+F
显示/隐藏光源	Shift+L	显示/隐藏所选物体的支架	J
显示/隐藏粒子系统	Shift+P	百分比捕捉（开关）	Shift+Ctrl+P
显示/隐藏空间扭曲物体	Shift+W	打开/关闭捕捉	S
锁定用户界面（开关）	Alt+0	循环通过捕捉点	Alt+Space（Space键即空格键）
匹配到摄影机视图	Ctrl+C	间隔放置物体	Shift+I
材质编辑器	M	改变到光线视图	Shift+4
最大化当前视图（开关）	W	循环改变子物体层级	Ins
脚本编辑器	F11	子物体选择（开关）	Ctrl+B
新建场景	Ctrl+N	贴图材质修正	Ctrl+T
法线对齐	Alt+N	加大动态坐标	+
向下轻推网格	小键盘-	减小动态坐标	−
向上轻推网格	小键盘+	激活动态坐标（开关）	X
NURBS表面显示方式	Alt+L或Ctrl+4	精确输入转变量	F12
NURBS调整方格1	Ctrl+1	全部解冻	7
NURBS调整方格2	Ctrl+2	根据名字显示隐藏的物体	5
NURBS调整方格3	Ctrl+3	刷新背景图像	Alt+Shift+Ctrl+B
		显示几何体外框（开关）	F4

操作	快捷键
视图背景	Alt+B
用方框快显几何体（开关）	Shift+B
打开虚拟现实	数字键盘1
虚拟视图向下移动	数字键盘2
虚拟视图向左移动	数字键盘4
虚拟视图向右移动	数字键盘6
虚拟视图向中移动	数字键盘8
虚拟视图放大	数字键盘7
虚拟视图缩小	数字键盘9
实色显示场景中的几何体（开关）	F3
全部视图显示所有物体	Shift+Ctrl+Z
视窗缩放到选择物体范围	E
缩放范围	Alt+Ctrl+Z
视窗放大两倍	Shift++（数字键盘）
放大镜工具	Z
视窗缩小两倍	Shift+-（数字键盘）
根据框选进行放大	Ctrl+W
视窗交互式放大	[
视窗交互式缩小	]

二、轨迹视图快捷键

操作	快捷键
加入关键帧	A
前一时间单位	<
下一时间单位	>
编辑关键帧模式	E
编辑区域模式	F3
编辑时间模式	F2
展开对象切换	O
展开轨迹切换	T
函数曲线模式	F5或F
锁定所选物体	Space（Space键即空格键）
向上移动高亮显示	↓
向下移动高亮显示	↑
向左轻移关键帧	←
向右轻移关键帧	→
位置区域模式	F4
回到上一场景操作	Ctrl+A
向下收拢	Ctrl+↓
向上收拢	Ctrl+↑

三、渲染器设置快捷键

操作	快捷键
用前一次的配置进行渲染	F9
渲染配置	F10

四、示意视图快捷键

操作	快捷键
下一时间单位	>
前一时间单位	<
回到上一场景操作	Ctrl+A

五、Active Shade快捷键

操作	快捷键
绘制区域	D
渲染	R
锁定工具栏	Space（Space键即空格键）

六、视频编辑快捷键

操作	快捷键
加入过滤器项目	Ctrl+F
加入输入项目	Ctrl+I
加入图层项目	Ctrl+L
加入输出项目	Ctrl+O
加入新的项目	Ctrl+A
加入场景事件	Ctrl+S
编辑当前事件	Ctrl+E
执行序列	Ctrl+R
新建序列	Ctrl+N

七、NURBS编辑快捷键

操作	快捷键
CV约束法线移动	Alt+N
CV约束到U向移动	Alt+U
CV约束到V向移动	Alt+V
显示曲线	Shift+Ctrl+C
显示控制点	Ctrl+D
显示格子	Ctrl+L
NURBS面显示方式切换	Alt+L
显示表面	Shift+Ctrl+S
显示工具箱	Ctrl+T
显示表面整齐	Shift+Ctrl+T
根据名字选择本物体的子层级	Ctrl+H
锁定2D所选物体	Space（Space键即空格键）
根据名字选择子物体	H
柔软所选物体	Ctrl+S

八、FFD快捷键

操作	快捷键
转换到控制点层级	Alt+Shift+C

附录B 材质物理属性表

一、常见物体折射率

1.材质折射率

物体	折射率
空气	1.0003
水（20℃）	1.333
普通酒精	1.360
溶化的石英	1.460
玻璃	1.500
翡翠	1.570
二硫化碳	1.630
红宝石	1.770
钻石	2.417
非晶硒	2.920

续表

物体	折射率
液体二氧化碳	1.200
丙酮	1.360
酒精	1.329
Calspar2	1.486
氯化钠	1.530
天青石	1.610
石英	1.540
蓝宝石	1.770
氧化铬	2.705
碘晶体	3.340

续表

物体	折射率
冰	1.309
30% 的糖溶液	1.380
面粉	1.434
80% 的糖溶液	1.490
聚苯乙烯	1.550
黄晶	1.610
二碘甲烷	1.740
水晶	2.000
氧化铜	2.705
——	——

2.液体折射率

物体	分子式	密度（g/cm³）	温度（℃）	折射率
甲醇	CH_3OH	0.794	20	1.3290
乙醇	C_2H_5OH	0.800	20	1.3618
丙酮	CH_3COCH_3	0.791	20	1.3593
苯	C_6H_6	1.880	20	1.5012
二硫化碳	CS_2	1.263	20	1.6276
四氯化碳	CCl_4	1.591	20	1.4607
三氯甲烷	$CHCl_3$	1.489	20	1.4467
乙醚	$C_4H_{10}O$	0.715	20	1.3538
甘油	$C_3H_8O_3$	1.260	20	1.4730
松节油	——	0.87	20.7	1.4721
橄榄油	——	0.92	0	1.4763
水	H_2O	1.00	20	1.3330

3.晶体折射率

物体	分子式	最小折射率	最大折射率
冰	H_2O	1.309	1.313
氟化镁	MgF_2	1.378	1.390
石英	SiO_2	1.544	1.553
氢氧化镁	$Mg(OH)_2$	1.559	1.580
锆石	$ZrSiO_4$	1.923	1.968
硫化锌	ZnS	2.356	2.378
方解石	$CaCO_3$	1.486	1.740
钙黄长石	$2CaO \cdot Al_2O_3 \cdot SiO_2$	1.658	1.669
碳酸锌（菱锌矿）	$ZnCO_3$	1.618	1.818
三氧化二铝（金刚砂）	Al_2O_3	1.760	1.768
淡红银矿	Ag_3AsS_3	2.711	2.979

中文版 3ds Max 2016 实战基础教程（全彩版）

二、常用家具尺寸

单位：mm

家具	长度	宽度	高度	深度	直径
衣橱	——	700（推拉门）	400~650（衣橱门）	600~650	——
推拉门	——	750~1500	1900~2400	——	——
矮柜	——	300~600（柜门）	——	350~450	——
电视柜	——	——	600~700	450~600	——
单人床	1800、1806、2000、2100	900、1050、1200	——	——	——
双人床	1800、1806、2000、2100	1350、1500、1800	——	——	——
圆床	——	——	——	——	>1800
室内门	——	800~950、1200（医院）	1900、2000、2100、2200、2400	——	——
卫生间、厨房门	——	800、900	1900、2000、2100	——	——
窗帘盒	——	——	120~180	120（单层布）、160~180（双层布）	——
单人式沙发	800~95	——	350~420（坐垫）、700~900（背高）	850~900	——
双人式沙发	1260~1500	——	——	800~900	——
三人式沙发	1750~1960	——	——	800~900	——
四人式沙发	2320~2520	——	——	800~900	——
小型长方形茶几	600~750	450~600	380~500（380最佳）	——	——
中型长方形茶几	1200~1350	380~500或600~750	——	——	——
正方形茶几	750~900	430~500	——	——	——
大型长方形茶几	1500~1800	600~800	330~420（330最佳）	——	——
圆形茶几	——	——	330~420	——	750、900、1050、1200
方形茶几	——	900、1050、1200、1350、1500	330~420	——	——
固定式书桌	——	——	750	450~700（600最佳）	——
活动式书桌	——	——	750~780	650~800	——
餐桌	——	1200、900、750（方桌）	75~780（中式）、680~720（西式）	——	——
长方桌	1500、1650、1800、2100、2400	800、900、1050、1200	——	——	——
圆桌	——	——	——	——	900、1200、1350、1500、1800
书架	600~1200	800~900	——	250~400（每格）	——

三、室内物体常用尺寸

1.墙面尺寸

单位：mm

物体	高度
踢脚板	60~200
墙裙	800~1500
挂镜线	1600~1800

2. 餐厅

物体	高度	宽度	直径	间距
餐桌	750~790	——	——	>500（其中，座椅占500）
餐椅	450~500	——	——	——
二人圆桌	——	——	500~800	——
四人圆桌	——	——	900	——
五人圆桌	——	——	1100	——
六人圆桌	——	——	1100~1250	——
八人圆桌	——	——	1300	——
十人圆桌	——	——	1500	——
十二人圆桌	——	——	1800	——
二人方餐桌	——	700×850	——	——
四人方餐桌	——	1350×850	——	——
八人方餐桌	——	2250×850	——	——
餐桌转盘	——	——	700~800	——
主通道	——	1200~1300	——	——
内部工作道宽	——	600~900	——	——
酒吧台	900~1050	500	——	——
酒吧凳	600~750	——	——	——

3. 商场营业厅

单位：mm

物体	长度	宽度	高度	厚度	直径
单边双人走道	——	1600	——	——	——
双边双人走道	——	2000	——	——	——
双边三人走道	——	2300	——	——	——
双边四人走道	——	3000	——	——	——
营业员柜台走道	——	800	——	——	——
营业员货柜台	——	——	800~1000	600	——
单靠背立货架	——	——	1800~2300	300~500	——
双靠背立货架	——	——	1800~2300	600~800	——
小商品橱窗	——	——	400~1200	500~800	——
陈列地台	——	——	400~800	——	——
敞开式货架	——	——	400~600	——	——
放射式售货架	——	——	——	——	2000
收款台	1600	600	——	——	——

4. 饭店客房

单位：mm/ m²

物体	长度	宽度	高度	面积	深度
标准间	——	——	——	16（小）、16~18（中）、25（大）	——
床	——	——	400~450、850~950（床靠）	——	——
床头柜	——	500~800	500~700	——	——
写字台	1100~1500	450~600	700~750	——	——
行李台	910~1070	500	400	——	——
衣柜	——	800~1200	1600~2000	——	500
沙发	——	600~800	350~400、1000（靠背）	——	——
衣架	——	——	1700~1900	——	——

5. 卫生间

物体	长度	宽度	高度	面积
卫生间	——	——	——	3~5
浴缸	1220、1520、1680	720	450	——
座便器	750	350	——	——
冲洗器	690	350	——	——
盥洗盆	550	410	——	——
淋浴器	——	2100	——	——
化妆台	1350	450	——	——

6. 交通空间

单位：mm

物体	宽度	高度
楼梯间休息平台	≥2100	——
楼梯跑道	≥2300	——
客房走廊	——	≥2400
两侧设座的综合式走廊	≥2500	——
楼梯扶手	——	850~1100
门	850~1000	≥1900
窗	400~1800	——
窗台	——	800~1200

7. 灯具

单位：mm

物体	高度	直径
大吊灯	≥2400	——
壁灯	1500~1800	——
反光灯槽	——	≥2倍灯管直径
壁式床头灯	1200~1400	——
照明开关	1000	——

8. 办公用具

单位：mm

物体	长度	宽度	高度	深度
办公桌	1200~1600	500~650	700~800	——
办公椅	450	450	400~450	——
沙发	——	600~800	350~450	——
前置型茶几	900	400	400	——
中心型茶几	900	900	400	——
左右型茶几	600	400	400	——
书柜	——	1200~1500	1800	450~500
书架	——	1000~1300	1800	350~450

附录 B　材质物理属性表

附录C 常见材质参数设置表

一、玻璃材质

材质名称	示例图	贴图	参数设置		用途
普通玻璃材质		——	漫反射	漫反射颜色=红:129，绿:187，蓝:188	家具装饰
			反射	反射颜色=红:20，绿:20，蓝:20；高光光泽=0.9；反射光泽=0.95；细分=10	
			折射	折射颜色=红:240，绿:240，蓝:240；细分=20；烟雾颜色=红:242，绿:255，蓝:253；烟雾倍增=0.2	
			其他		
窗玻璃材质		——	漫反射	漫反射颜色=红:193，绿:193，蓝:193	窗户装饰
			反射	反射颜色=红:134，绿:134，蓝:134；反射光泽=0.99；细分=20	
			折射	折射颜色=白色；光泽度=0.99；细分=20；烟雾颜色=红:242，绿:243，蓝:247；烟雾倍增=0.001	
			其他		
彩色玻璃材质		——	漫反射	漫反射颜色=黑色	家具装饰
			反射	反射颜色=白色；细分=15	
			折射	折射颜色=白色；细分=15；烟雾颜色=自定义；烟雾倍增=0.04	
			其他		
磨砂玻璃材质		——	漫反射	漫反射颜色=红:180，绿:189，蓝:214	家具装饰
			反射	反射颜色=红:57，绿:57，蓝:57；反射光泽=0.95	
			折射	折射颜色=红:180，绿:180，蓝:180；光泽度=0.95；折射率=1.2；烟雾颜色=自定义；烟雾倍增=0.04	
			其他	——	
龟裂缝玻璃材质			漫反射	漫反射颜色=红:213，绿:234，蓝:222	家具装饰
			反射	反射颜色=红:119，绿:119，蓝:119；高光光泽=0.8；反射光泽=0.9；细分=15	
			折射	折射颜色=红:217，绿:217，蓝:217；细分=15；烟雾颜色=红:247，绿:255，蓝:255；烟雾倍增=0.3	
			其他	凹凸通道=贴图、凹凸强度=-20	
镜子材质		——	漫反射	漫反射颜色=红:24，绿:24，蓝:24	家具装饰
			反射	反射颜色=红:239，绿:239，蓝:239；菲涅耳折射率=20	
			折射		
			其他		
水晶材质			漫反射	漫反射颜色=红:248，绿:248，蓝:248	家具装饰
			反射	反射颜色=红:250，绿:250，蓝:250	
			折射	折射颜色=红:200，绿:200，蓝:200；折射率=2	
			其他	——	

二、金属材质

材质名称	示例图	贴图	参数设置		用途
亮面不锈钢材质		——	漫反射	漫反射颜色=红:49，绿:49，蓝:49	家具及陈设品装饰
			反射	反射颜色=红:210，绿:210，蓝:210；高光光泽=0.8；细分=16；菲涅耳折射率=20	
			折射		
			其他	双向反射=微面GTR（GGX）	
亚光不锈钢材质		——	漫反射	漫反射颜色=红:40，绿:40，蓝:40	家具及陈设品装饰
			反射	反射颜色=红:180，绿:180，蓝:180高光光泽=0.815；反射光泽=0.8；细分=20；菲涅耳折射率=20	
			折射		
			其他	双向反射=微面GTR（GGX）	

中文版 3ds Max 2016 实战基础教程（全彩版）

材质名称	示例图	贴图	参数设置		用途
拉丝不锈钢材质			漫反射	漫反射颜色=红:58、绿:58、蓝:58	家具及陈设品装饰
			反射	反射颜色=红:152，绿:152，蓝:152；反射通道=贴图；高光光泽=0.9；高光光泽通道=贴图；反射光泽=0.9；细分=20；菲涅耳折射率=20	
			折射		
			其他	双向反射=微面GTR（GGX）；各向异性=0.6；旋转=-15；反射与贴图的混合量=14；高光光泽与贴图的混合量=3；凹凸通道=贴图；凹凸强度=3	
银材质		——	漫反射	漫反射颜色=红:136，绿:141，蓝:146	家具及陈设品装饰
			反射	反射颜色=红:98，绿:98，蓝:98；反射光泽=0.8；细分=为20；菲涅耳折射率=10	
			折射		
			其他	双向反射=微面GTR（GGX）	
黄金材质		——	漫反射	漫反射颜色=红:80，绿:23，蓝:0	家具及陈设品装饰
			反射	反射颜色=红:223，绿:164，蓝:50；反射光泽=0.83；细分=为15；菲涅耳折射率=10	
			折射		
			其他	双向反射=微面GTR（GGX）	
亮铜材质		——	漫反射	漫反射颜色=红:40，绿:40，蓝:40	家具及陈设品装饰
			反射	反射颜色=红:240，绿:178，蓝:97；高光光泽=0.65；反射光泽=0.9；细分=为20；菲涅耳折射率=15	
			折射		
			其他	双向反射=微面GTR（GGX）	

三、布料材质

材质名称	示例图	贴图	参数设置		用途
绒布材质（注意，材质类型为标准材质）			明暗器	（O）Oren-Nayar-Blin	家具装饰
			漫反射	漫反射通道=贴图	
			自发光	自发光=勾选；自发光通道=遮罩贴图；贴图通道=衰减贴图（衰减类型=Fresnel）；遮罩通道=衰减贴图（衰减类型=阴影/灯光）	
			反射高光	高光级别=10	
			其他	凹凸强度=10；凹凸通道=噪波贴图；噪波大小=2（注意，这组参数需要根据实际情况进行设置）	
单色花纹绒布材质（注意，材质类型为标准材质）			明暗器	（O）Oren-Nayar-Blin	家具装饰
			自发光	自发光=勾选；自发光通道=遮罩贴图；贴图通道=衰减贴图（衰减类型=Fresnel）；遮罩通道=衰减贴图（衰减类型=阴影/灯光）	
			反射高光	高光级别=10	
			其他	漫反射颜色+凹凸通道=贴图；凹凸强度=-180（注意，这组参数需要根据实际情况进行设置）	
麻布材质			漫反射	通道=贴图	——
			反射	——	
			折射	——	
			其他	凹凸通道=贴图；凹凸强度=20	
抱枕材质			漫反射	漫反射通道=抱枕贴图；模糊=0.05	家具装饰
			反射	反射颜色=红:34，绿:34，蓝:34；反射光泽=0.7；细分=20	
			折射		
			其他	凹凸通道=凹凸贴图	
毛巾材质			漫反射	漫反射颜色=红:252，绿:247，蓝:227	家具装饰
			反射	——	
			折射	——	
			其他	置换通道=贴图；置换强度=8	
半透明窗纱材质		——	漫反射	漫反射颜色=红:240，绿:250，蓝:255	家具装饰
			反射		
			折射	折射通道=衰减贴图；前=红:180，绿:180，蓝:180；侧=黑色；光泽度=0.88；折射率=1.001	
			其他		
花纹窗纱材质（注意，材质类型为混合材质）			材质1	材质1通道=VRayMtl材质；漫反射颜色=红:98，绿:64，蓝:42	家具装饰
			材质2	材质2通道=VRayMtl材质；漫反射颜色=红:164，绿:102，蓝:35；反射颜色=红:162，绿:170，蓝:75；高光光泽=0.82；反射光泽=0.82；细分=15	
			遮罩	遮罩通道=贴图	
			其他		

材质名称	示例图	贴图	参数设置		用途
软包材质			漫反射	漫反射通道=衰减贴图；前通道=软包贴图；模糊=0.1；侧通道=红:248，绿:220，蓝:233	家具装饰
			反射	——	
			折射	——	
			其他	凹凸通道=软包凹凸贴图；凹凸强度=45	
普通地毯			漫反射	漫反射通道=衰减贴图；前通道=地毯贴图；衰减类型=Fresnel	家具装饰
			反射	——	
			折射	——	
			其他	凹凸通道=地毯凹凸贴图；凹凸强度=60；置换通道=地毯凹凸贴图；置换强度=8	
普通花纹地毯			漫反射	漫反射通道=贴图	家具装饰
			反射	——	
			折射	——	
			其他	——	

四、木纹材质

材质名称	示例图	贴图	参数设置		用途
亮光木纹材质			漫反射	漫反射通道=贴图	家具及地面装饰
			反射	反射颜色=红:100，绿:100，蓝:100；高光光泽=0.8；反射光泽=0.9；细分=15	
			折射	——	
			其他	凹凸通道=贴图；环境通道=输出贴图	
亚光木纹材质			漫反射	漫反射通道=贴图	家具及地面装饰
			反射	反射颜色=红:100，绿:100，蓝:100；反射光泽=0.6	
			折射	——	
			其他	凹凸通道=贴图；凹凸强度=60	
木地板材质			漫反射	漫反射通道=贴图；瓷砖（平铺）U/V=6	地面装饰
			反射	反射颜色=红:55，绿:55，蓝:55；反射光泽=0.8；细分=15	
			折射	——	
			其他	——	

五、石材材质

材质名称	示例图	贴图	参数设置		用途
大理石地面材质			漫反射	漫反射通道=贴图	地面装饰
			反射	反射颜色=红:228，绿:228，蓝:228；细分=15	
			折射	——	
			其他	——	
人造石台面材质			漫反射	漫反射通道=贴图	台面装饰
			反射	反射颜色=红:228，绿:228，蓝:228；高光光泽=0.65；反射光泽=0.9；细分=20	
			折射	——	
			其他	——	
拼花石材材质			漫反射	漫反射通道=贴图	地面装饰
			反射	反射颜色=红:228，绿:228，蓝:228；细分=15	
			折射	——	
			其他	——	
仿旧石材材质			漫反射	漫反射通道=混合贴图；颜色#1通道=旧墙贴图；颜色#2通道=破旧纹理贴图；混合量=50	墙面装饰
			反射	——	
			折射	——	
			其他	凹凸通道=破旧纹理贴图；凹凸强度=10；置换通道=破旧纹理贴图；置换强度=10	
文化石材质			漫反射	漫反射通道=贴图	墙面装饰
			反射	反射颜色=红:30，绿:30，蓝:30；高光光泽=0.5	
			折射	——	
			其他	凹凸通道=贴图；凹凸强度=50	

材质名称	示例图	贴图	参数设置		用途
砖墙材质			漫反射	漫反射通道=贴图	墙面装饰
			反射	反射颜色=红:18，绿:18，蓝:18；高光光泽=0.5；反射光泽=0.8	
			折射		
			其他	凹凸通道=灰度贴图；凹凸强度=120	
玉石材质		——	漫反射	漫反射颜色=红:88，绿:146，蓝:70	陈设品装饰
			反射	反射颜色=红:111，绿:111，蓝:111	
			折射	折射颜色=白色；光泽度=0.9；细分=20；烟雾颜色=红:88，绿:146，蓝:70；烟雾倍增=0.2	
			其他	半透明类型=硬（蜡）模型；背面颜色=红:182，绿:207，蓝:174、散布系数=0.4；正/背面系数=0.44	

六、陶瓷材质

材质名称	示例图	贴图	参数设置		用途
白陶瓷材质		——	漫反射	漫反射颜色=白色	陈设品装饰
			反射	反射颜色=红:131，绿:131，蓝:131；细分=15	
			折射	折射颜色=红:30，绿:30，蓝:30；光泽度=0.95	
			其他	半透明类型=硬（蜡）模型；厚度=0.05mm（该参数要根据实际情况而定）	
青花瓷材质			漫反射	漫反射通道=贴图；模糊=0.01	陈设品装饰
			反射	反射颜色=白色	
			折射	——	
			其他	——	
马赛克材质			漫反射	漫反射通道=马赛克贴图	墙面装饰
			反射	反射颜色=红:100，绿:100，蓝:100；反射光泽=0.95	
			折射	——	
			其他	凹凸通道=灰度贴图	

七、漆类材质

材质名称	示例图	贴图	参数设置		用途
白色乳胶漆材质		——	漫反射	漫反射颜色=红:250，绿:250，蓝:250	墙面装饰
			反射	反射颜色=红:30，绿:30，蓝:30；高光光泽=0.8；反射光泽=0.85；细分=20	
			折射	——	
			其他	环境通道=输出贴图；输出量=1.2；跟踪反射=关闭	
彩色乳胶漆材质		——	漫反射	漫反射颜色=自定义	墙面装饰
			反射	反射颜色=红:18，绿:18，蓝:18；高光光泽=0.25；细分=15	
			其他	跟踪反射=关闭	
烤漆材质		——	漫反射	漫反射颜色=黑色	电器及乐器装饰
			反射	反射颜色=红:233，绿:233，蓝:233；反射光泽=0.9；细分=20	
			折射	——	
			其他	——	

八、皮革材质

材质名称	示例图	贴图	参数设置		用途
亮光皮革材质			漫反射	漫反射颜色=贴图	家具装饰
			反射	反射颜色=红:79，绿:79，蓝:79；高光光泽=0.65；反射光泽=0.7；细分=20	
			折射	——	
			其他	凹凸通道=凹凸贴图	
亚光皮革材质			漫反射	漫反射颜色=红:250，绿:246，蓝:232	家具装饰
			反射	反射颜色=红:45，绿:45，蓝:45；高光光泽=0.65；反射光泽=0.7；细分=20；菲涅耳折射率=2.6	
			折射	——	
			其他	凹凸通道=贴图	

九、壁纸材质

材质名称	示例图	贴图	参数设置		用途
壁纸材质			漫反射	通道=贴图	墙面装饰
			反射	——	
			折射	——	
			其他	——	

十、塑料材质

材质名称	示例图	贴图	参数设置		用途
普通塑料材质		——	漫反射	漫反射颜色=自定义	陈设品装饰
			反射	反射颜色=红:200，绿:200，蓝:200；高光光泽=0.8；反射光泽=0.7；细分=15	
			折射	——	
			其他	——	
半透明塑料材质		——	漫反射	漫反射颜色=自定义	陈设品装饰
			反射	反射颜色=红:200，绿:200，蓝:200，高光光泽=0.4；反射光泽=0.6；细分=10	
			折射	折射颜色=红:221，绿:221，蓝:221；光泽度=0.9；细分=10；折射率=1.6；烟雾颜色=漫反射颜色；烟雾倍增=0.05	
			其他	——	
塑钢材质		——	漫反射	漫反射颜色=自定义	家具装饰
			反射	反射颜色=红:233，绿:233，蓝:233；反射光泽=0.9；细分=20	
			折射	——	
			其他	——	

十一、液体材质

材质名称	示例图	贴图	参数设置		用途
清水材质		——	漫反射	漫反射颜色=红:123，绿:123，蓝:123	室内装饰
			反射	反射颜色=白色；细分=15	
			折射	折射颜色=红:241，绿:241，蓝:241；细分=20；折射率=1.333	
			其他	凹凸通道=噪波贴图；噪波大小=0.3（该参数要根据实际情况而定）	
游泳池水材质		——	漫反射	漫反射颜色=红:15，绿:162，蓝:169	公用设施装饰
			反射	反射颜色=红:132，绿:132，蓝:132；反射光泽=0.97	
			折射	折射颜色=红:241，绿:241，蓝:241；折射率=1.333；烟雾颜色=漫反射颜色；烟雾倍增=0.01	
			其他	凹凸通道=噪波贴图；噪波大小=1.5（该参数要根据实际情况而定）	
红酒材质		——	漫反射	漫反射颜色=红:146，绿:17，蓝:60	陈设品装饰
			反射	反射颜色=红:57，绿:57，蓝:57；细分=20	
			折射	折射颜色=红:222，绿:157，蓝:191；细分=30；折射率=1.333；烟雾颜色=红:169，绿:67，蓝:74	
			其他	——	

十二、自发光材质

材质名称	示例图	贴图	参数设置		用途
灯管材质（注意，材质类型为VRay灯光材质）		——	颜色	颜色=白色；强度=25（该参数要根据实际情况而定）	电器装饰

中文版 3ds Max 2016 实战基础教程（全彩版）

材质名称	示例图	贴图	参数设置			用途
电脑屏幕材质（注意，材质类型为VRay灯光材质）			颜色	颜色=白色；强度=25（该参数要根据实际情况而定）；通道=贴图		电器装饰
灯带材质（注意，材质类型为VRay灯光材质）		——	颜色	颜色=自定义；强度=25（该参数要根据实际情况而定）		陈设品装饰
环境材质（注意，材质类型为VRay灯光材质）			颜色	颜色=白色；强度=25（该参数要根据实际情况而定）；通道=贴图		室外环境装饰

十三、其他材质

材质名称	示例图	贴图	参数设置		用途
叶片材质（注意，材质类型为标准材质）			漫反射	漫反射通道=叶片贴图	室内/外装饰
			不透明度	不透明度通道=黑白遮罩贴图	
			反射高光	高光级别=40；光泽度=50	
			其他		
水果材质			漫反射	漫反射通道=贴图；模糊=15（根据实际情况来定）	室内/外装饰
			反射	反射颜色=红:15，绿:15，蓝:15；高光光泽0.7；反射光泽0.65；细分=16	
			折射		
			其他	半透明类型=硬（蜡）模型；背面颜色=红:251，绿:48，蓝:21；凹凸通道=贴图；凹凸强度=15	
草地材质			漫反射	漫反射通道=草地贴图	室外装饰
			反射	反射颜色=红:28，绿:43，蓝:25；反射光泽=0.85	
			折射	——	
			其他	凹凸通道=贴图；凹凸强度=15	
镂空藤条材质（注意，材质类型为标准材质）			漫反射	漫反射通道=藤条贴图	家具装饰
			不透明度	不透明度通道=黑白遮罩贴图	
			反射高光	高光级别=60	
			其他		
沙盘楼体材质		——	漫反射	漫反射颜色=红:17，绿:17，蓝:17；加载VRay边纹理贴图、颜色=白色；像素0.3	陈设品装饰
			反射		
			折射	折射颜色=红:218，绿:218，蓝:218；折射率=1.1	
			其他		
书本材质			漫反射	漫反射通道=贴图	陈设品装饰
			反射	反射颜色=红:80，绿:80，蓝:80；细分=20	
			折射		
			其他		
画材质			漫反射	漫反射通道=贴图	陈设品装饰
			反射		
			折射		
			其他		
毛发地毯材质（注意，该材质用VRay毛皮工具进行制作）		——	根据实际情况，对VRay毛皮的参数进行设定，如长度、厚度、重力、弯曲、结数、方向变量和长度变化等。另外，毛发颜色可以直接在"修改"面板中进行选择。		地面装饰

附录D 3ds Max 2016常见问题速查

一、软件的安装环境

  3ds Max 2016必须在Windows7或以上的64位系统中才能正确安装。所以，要正确使用3ds Max 2016，首先要将计算机的系统换成Windows7或更高版本的64位系统，如右图所示。

二、贴图重新链接的问题

  在打开场景文件时，经常会出现贴图缺失的情况，这就需要我们手动链接缺失的贴图。本书所有的场景文件都将贴图整理归类在一个文件夹中，如果在打开场景文件时，提示缺失贴图，读者请在"实用程序"面板 中单击"更多"按钮 更多... ，然后在弹出的"实用程序"对话框中选择"位图/光度学路径"选项，并单击"确定"按钮 确定 ，如右图所示。

  在"路径编辑器"卷展栏中单击"编辑资源"按钮 编辑资源... 打开"位图/光度学路径编辑器"对话框即可指定贴图路径。

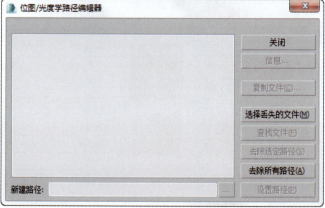

三、场景无法重置等异常问题

  当读者发现软件有时会出现以下一些情况，那么代表本机的3ds Max 2016软件可能中了网络流行的"MAX病毒"。病毒的具体表现有以下几种。

  第1种： 重置场景或退出场景，且选择"不保存"的时候，系统会自动保存场景。

  第2种： 按快捷键Ctrl+Z时，系统会崩溃退出。

  第3种： 在场景中创建灯光或材质后，系统不显示，偶尔出现软件崩溃退出。

  当读者发现本机的软件出现类似情况，代表本机软件可能已经中毒，且病毒会随着保存的.max文件继续传播。若读者遇到这些问题，只需要在网络上搜索"MAX病毒"，下载Autodesk公司提供的杀毒脚本安装在本机，即可清除并防御该类病毒。

中文版 3ds Max 2016 实战基础教程（全彩版）